TRAITÉ

D'ANALYSE CHIMIQUE

QUANTITATIVE

PAR LA VOIE HUMIDE,

PAR

Is. KUPFFERSCHLAEGER

PROFESSEUR A L'UNIVERSITÉ DE LIÉGE.

LIBRAIRIE POLYTECHNIQUE

ÉMILE DECQ,	DECQ & DUHENT,
Rue de la Régence, 22,	Rue de la Madeleine, 9,
LIÉGE	BRUXELLES

1878

LIÉGE. — IMP. H. VAILLANT-CARMANNE.

PRÉFACE.

Le *Traité d'Analyse chimique quantitative* que nous faisons paraître aujourd'hui, est le complément de celui que nous avons publié en 1874.

Voulant achever l'œuvre commencée alors, nous avons décidé de faire connaître les procédés adoptés dans notre enseignement pour séparer et doser tous les corps dont il est question dans le *Traité d'Analyse qualitative.* Toutefois, nous avons envisagé d'une façon plus spéciale l'analyse des minerais des métaux usuels, parce qu'ils sont plus importants pour les industriels, et par suite de cela, nous avons décrit les procédés d'essais par les voies sèche, humide et volumétrique qui présentent quelque utilité pratique, même pour déterminer les falsifications des produits commerciaux.

L'exposé en est fait avec tous les détails que comportent leur compréhension et leur exécution, parce que nous sommes convaincu qu'on ne peut exécuter exactement ce qu'on n'a pas compris suffisamment, et qu'en analyse quantitative, il suffit d'ignorer ou d'oublier un détail pour ne pouvoir réussir ses opérations.

Le *Traité des Essais par la voie sèche, de Berthier*, et le *Traité de Docimasie, de Rivot*, étant épuisés et déjà anciens, quoique bons à consulter encore, nous en avons fait une espèce d'abrégé, qui contient les nouveaux procédés d'analyse que l'expérience a déjà sanctionnés. En cela, nous croyons avoir répondu, en partie du moins, au désir si souvent exprimé, de voir publier un ouvrage dans le genre de ceux de Berthier et de Rivot.

L'ordre que nous avons suivi est le même que celui du *Traité d'Analyse qualitative* : vient d'abord l'exposé des principes généraux de l'*Analyse quantitative* par la voie sèche, par la voie humide et par la voie volumétrique; puis la séparation et le dosage des métaux, tant dans leurs minerais que dans leurs produits artificiels; ensuite ceux des métalloïdes et de leurs acides, et enfin, l'analyse des calcaires, des argiles, des phosphates, des eaux, des combustibles et des gaz.

Dans tout le cours de cet ouvrage, nous avons visé à être clair et précis, et à ne rien faire intervenir d'inutile; aussi nous sommes persuadé d'avoir fait un livre que les diverses catégories de personnes qui s'occupent d'analyses chimiques consulteront avec fruit.

Liége 1878.   Is. KUPFFERSCHLAEGER.

TRAITÉ

D'ANALYSE CHIMIQUE QUANTITATIVE

INTRODUCTION.

Dans l'étude de l'analyse qualitative, nous avons vu (1) qu'il importe de savoir à quel état de combinaison les corps reconnus se trouvent dans la substance analysée ; mais cela ne suffit pas pour la science, ni pour l'industrie ; il faut, en outre, en déterminer les quantités.

Au point de vue de la science, *Peser et Mesurer* sont les grands moyens dont la recherche expérimentale se sert toujours pour arriver à des lois précises.

Avec l'expérience, le poids et la mesure sont entrés dans la science et lui ont donné un caractère définitif ; en effet, *la mesure trouve les constantes de la nature, ainsi que les lois fixes qui règlent les phénomènes, et permet de traduire ces résultats en nombre.* Ceux-ci ne sont pas le but de la mesure, mais ils sont le moyen indispensable pour arriver au but final de la recherche, car les nombres seuls peuvent nous révéler la loi ; c'est sur la détermination exacte du poids des corps réagissants ou combinés, qu'est basé l'ensemble des lois fondamentales de la chimie, *la théorie atomique et l'Isomorphisme.* « Sans les lois, a-t-on dit, la science

(1) Voyez notre Traité d'analyse qualitative.

n'est qu'une énumération sèche et stérile; sans les faits, elle n'apparaît que comme une série d'hypothèses et n'a pas sa raison d'être. »

Rappelons encore que c'est l'analyse quantitative des divers composés de l'Azote, du chlore et du soufre avec l'oxygène, qui a démontré que ces corps y sont combinés en proportions pondérales bien définies, indiquant nettement le rapport entre le nombre des atomes des différents éléments, et que cette découverte a permis de formuler la loi des proportions multiples. Lorsque, au contraire, on ne trouve pas des rapports définis entre les poids des corps isolés par l'analyse, on en conclut que le composé qu'ils formaient n'était pas le résultat d'une combinaison chimique, mais bien d'un mélange plus ou moins intime, selon son homogénéité.

Au point de vue de l'industrie, il importe surtout de savoir si le corps recherché se trouve en quantité suffisante dans la substance donnée pour pouvoir la traiter avantageusement en grand. Exemples : *les Galènes* et *les Blendes argentifères*, *les Halloysites cuprifères* et les minerais de *fer titanifères*, renferment-ils respectivement assez d'argent, de cuivre et de titane pour être considérés comme minerais de ces trois derniers métaux ?

Il est bien entendu que cette observation est relative aux lieux, aux appareils, au prix de la main d'œuvre, aux traités de commerce et aux autres circonstances plus ou moins favorables à l'exploitation, à la réduction des minerais et à tout ce qui concerne l'économie industrielle.

Considérés en masses et tels qu'ils sont versés sur les carreaux des mines, les minerais des métaux chers ont, en général, une faible valeur; mais elle augmente par *le triage*, *le lavage* et les autres opérations mécaniques qui en élèvent le titre (la teneur). C'est ainsi que dans les mines de cuivre des plus importantes du Cornwal, il y a des minerais qui ne renferment qu'un à deux pour cent de cuivre, mais qui après avoir été triés et lavés en contiennent jusqu'à 7 et 8 %.

En 1836, les *solfatares* de la Sicile ayant été mises en régie, le prix du soufre s'éleva tellement, que de partout on chercha à se le procurer d'une autre façon.

La Société des usines de *Chessy et de Saint-Bel*, près de *Lyon,* qui possédait une exploitation de cuivre sulfuré et pyriteux, dont la teneur en cuivre allait de 3 à 4 %, conçut alors le projet de ne plus laisser dissiper en pure perte les produits du grillage, mais d'en retirer de l'acide sulfurique, lequel fit l'objet principal de ces usines ; d'autre part, elle obtint, *sans frais spéciaux*, des oxydes ferrique et cuivrique plus faciles à réduire pour en extraire le cuivre.

L'analyse quantitative devient donc le complément indispensable de l'analyse qualitative ; elle a non-seulement pour but de faire connaître si les quantités des éléments qui entrent dans la composition d'un minerai, permettront de le traiter en métallurgie, mais encore si la présence de certaines matières nuisibles n'y mettra pas obstacle : ainsi le phosphore, l'arsenic et le soufre sont des éléments nuisibles dans les minerais, et il a fallu trouver les moyens de les éliminer des métaux ; c'est pourquoi on est resté si longtemps avant de retirer le zinc de la Blende.

Autre exemple : une partie de chlorure calcique, ou magnésique, ou de carbonate potassique, ou d'un autre sel déliquescent, tel que l'azotate sodique, empêche quatre parties de sucre de betterave de cristalliser, ce qui constitue une perte pour le fabricant (il se forme des composés doubles), parce qu'on ne peut les éliminer du jus par la filtration sur le noir d'os. Donc, si par l'analyse quantitative on constate 12 à 13 % de sucre dans le jus de betterave et 3 % de l'un ou de l'autre des sels déliquescents cités, il en résulte que le titre saccharimétrique de ces betteraves est nul. Ce fait est possible, car il dépend de la nature du terrain et des engrais ; plus de 3 % de sels alcalins dans le sol sont nuisibles, bien que les betteraves s'y développent luxueusement. D'autres matières déliquescentes peuvent aussi produire le même effet : une partie de Glucose empêche une partie et demie de sucre de canne de cristalliser, parce qu'elle donne lieu à un sirop visqueux. Bien d'autres cas semblables pourraient encore être cités, mais ceux-ci suffisent pour faire comprendre l'importance de l'analyse quantitative complète, et rejeter l'emploi des nitrates potassique ou sodique dans la culture de la betterave et préférer les sels ammoniacaux.

Divisions de l'Analyse quantitative.

L'analyse quantitative se divise en analyse par *la voie sèche* ou *pyrolytique*, et en analyse par *la voie humide* ou *par dissolution.*

La *voie sèche*, moins générale que la *voie humide*, permet cependant d'arriver souvent à la détermination des quantités respectives des éléments d'une substance donnée ; dans son exécution, on agit sur des portions assez notables de matières et en se rapprochant plus ou moins des procédés suivis en *métallurgie*. Elle est moins générale que la seconde méthode, parce qu'elle ne permet de séparer les uns des autres que les corps volatils d'avec les fixes ; les réductibles d'avec les irréductibles, les sulfurables d'avec les non-sulfurables, les chlorurables d'avec ceux qui ne le sont pas, etc. Le zinc, le cadmium, le mercure, l'antimoine et le plomb peuvent être séparés des métaux plus fixes qu'eux.

De ce qui précède, il ne faut cependant pas conclure que la méthode par la *voie sèche* est inutile, au contraire ; en l'exécutant exactement, on parvient, au moyen d'opérations simples et faciles, à séparer un grand nombre de métaux d'avec les substances terreuses auxquelles ils se trouvent mêlés. Par exemple : en réduisant dans un creuset brasqué des scories provenant du traitement du plomb, et qui contiennent, en outre, de l'étain et du cuivre, on obtient, d'une part, un alliage de ces trois métaux, et, d'autre part, une matière vitrifiée, qui se sépare plus facilement ensuite des métaux que si l'on avait opéré directement par la voie humide, car dans la plupart des cas, ces scories ne sont pas même attaquables par cette voie.

Si dans les opérations de la *voie sèche* les séparations ne s'effectuent pas avec autant de précision que dans celles de la *voie humide*, elles se font cependant avec un degré d'approximation suffisant pour le métallurgiste ; en outre, offrant beaucoup de rapports avec ce qui se fait en grand, ses résultats sont tout-à-fait pratiques et fournissent, d'après la manière dont l'essai a réussi avec tel ou tel réactif, à tel ou tel degré de chaleur, des indications utiles, souvent même nécessaires pour diriger le traitement du minerai en grand.

Si les appareils et les instruments qu'on emploie dans l'exécution de la méthode par la *voie sèche*, ne sont ni aussi sensibles, ni aussi précis que ceux employés aux déterminations purement scientifiques, il faut y suppléer en manipulant avec délicatesse et conscience ; de la sorte, on obtient, dans quelques cas, des résultats aussi certains que ceux de la *voie humide :* telle est la coupellation des métaux précieux.

Ces sortes d'analyses sont appelées *Essais Docimastiques,* c'est-à-dire des analyses exactes au moyen desquelles on parvient à connaître la nature et la quantité des matières métalliques contenues dans un minerai quelconque, et à évaluer avec justesse le produit qu'on peut en retirer par les travaux métallurgiques.

Les métaux les plus anciens sont ceux qu'on a découverts à l'état pur dans la nature, notamment l'or et l'argent ; ensuite le cuivre et l'étain, puis leurs oxydes, qui se réduisent aisément par le carbone. On comprend bien qu'il a dû en être ainsi, parce qu'on ne pouvait pas soupçonner la présence de métaux dans des matières terreuses avant de les avoir y découverts par l'analyse chimique, et que, d'autre part, les procédés métallurgiques n'étaient pas encore connus, vu qu'ils ne se sont développés qu'avec les progrès de la science.

L'histoire ne nous a pas transmis le nom de celui qui eut le premier l'idée de retirer les métaux des minerais, dont l'extérieur ne faisait guère soupçonner alors les substances qu'ils récelaient (aujourd'hui les caractères extérieurs des minerais nous indiquent les métaux qu'ils contiennent). Les *Egyptiens* attribuaient cette découverte à leurs premiers souverains, et les *Phéniciens* à leurs divinités.

Celui qui le premier a réuni les différents procédés connus seulement des mineurs, qui se les transmettaient de père en fils, est *Agricola*, dans le septième livre de son remarquable ouvrage intitulé *De re metallica*, publié en 1546. Vinrent ensuite Ecker, Fuchs, Borba, Stalh, Kessling, Cramer et Bergmann ; puis dans ce siècle, Berthier, Gay-Lussac, Thénard, Bergélius, Rose, Plattner, etc., qui ont amené l'analyse chimique à une précision rigoureusement exacte.

On distingue trois sortes d'essais, qui peuvent être pratiqués dans diverses circonstances et avec plus ou moins d'avantages ; ce sont : *l'essai par la voie sèche, l'essai par la voie mécanique et l'essai par la voie humide.*

Nous les décrirons successivement, en commençant par la *voie sèche.*

CHAPITRE PREMIER.

Essai par la voie sèche. — Réactifs.

Les essais par la voie sèche réclament presque toujours le concours d'autres agents que le calorique, c'est-à-dire des réactifs.

Il n'y a qu'un très-petit nombre d'opérations analytiques qui puissent s'exécuter au moyen du calorique seul, comme, par exemple, la séparation du mercure d'avec les autres métaux fixes par la simple distillation ; l'élimination de l'eau, celles de l'acide carbonique et de l'oxygène par la calcination ; quelquefois aussi celles du soufre et de l'arsenic, mais très-rarement, parce qu'on ne peut ou les éliminer complétement ou sans qu'ils entraînent avec eux un autre élément ; alors le dosage de ces corps est inexact. $2 (FeO, Co^2) = Fe^2O^3 + Co + Co^2$.

Mais, comme dans la plupart des essais par la voie sèche on doit détruire des combinaisons, afin de mettre le corps principal en liberté, ou bien en déterminer la liquéfaction pour parvenir à le séparer de ceux auxquels il est uni, il est nécessaire de faire usage de réactifs qui agiront différemment selon les divers effets à produire. Nous allons les faire connaître, ainsi que leur mode d'emploi.

Réactifs de la voie sèche.

Les réactifs employés dans cette méthode d'analyse sont appelés *Flux ou fondants*, parce qu'ils déterminent souvent la fusion de la matière soumise à l'essai.

Berthier les a rangés dans les cinq classes suivantes, d'après leur manière spéciale d'agir ; ce sont : 1° les *Réductifs*, 2° les *oxydents*, 3° les *Désulfurants*, 4° les *Sulfurants* et 5° les *Fondants*, proprement dits.

Réductifs.

Les réductifs sont les réactifs employés pour enlever l'oxygène, le soufre et le chlore à certains métaux, et, par conséquent, à séparer les corps réductibles de ceux qui ne le sont pas. Les plus énergiques sont : l'*hydrogène*, le *carbone*, le *potassium*, le *sodium*, le *fer*, le *plomb*, le *cyanure potassique* et le *bitartrate potassique*. Viennent, en outre, les *huiles grasses*, le *suif*, les *résines*, l'*acide oxalique*, le *sucre*, la *fécule* et les *gommes*, indiqués par Berthier, mais qui ne sont plus usités, parce qu'on les a remplacés par de meilleurs.

Voici ce qui concerne chacun d'eux :

a *L'hydrogène* réduit un grand nombre d'oxydes de sulfures et de chlorures métalliques à une température rouge ou blanche ; mais comme il opère cette réduction à une température insuffisante pour fondre les métaux *usuels* réduits et les séparer de leurs gangues, on n'en fait pas usage dans ces cas ; il exige, en outre, un appareil spécial pour le produire, et cela complique considérablement l'essai. Il présente cependant l'avantage de fournir le métal réduit pur, sans qu'il s'y combine, ce qui n'a pas lieu avec le réductif suivant.

b *Le carbone*, à l'état de charbon, est le réductif le plus usité : ainsi que l'hydrogène, il possède la propriété de réduire la plupart des composés métalliques, mais à une température beaucoup plus élevée, ce qui détermine la fusion et la séparation du métal réduit.

Comme c'est le charbon de bois pulvérisé et passé au tamis de soie qu'on emploie, on ne doit pas oublier qu'il contient 2 à 3 % de substances minérales, dont une moitié s'en va à l'état d'acide carbonique et de vapeur d'eau, et l'autre reste fixe à l'état de cendre ; il faut donc en tenir compte.

Au lieu du charbon de bois, on peut employer du noir de fumée purifié, ou du charbon provenant de la carbonisation de la fécule ou du sucre, qui ne laisse pas de cendre ; c'est lorsqu'il s'agit de réduire des composés facilement réductibles et qu'on veut arriver à une plus grande exactitude.

L'emploi du charbon comme réductif, présente les deux inconvénients suivants : le 1er, de se combiner avec certains métaux à l'état naissant, tels que le manganèse, le fer, le zinc, le cadmium, le cobalt, le nickel, le cuivre, le potassium et le sodium ; le 2^{d} de ne pouvoir entrer en combinaison avec les matières vitrifiables, et par suite d'empêcher, lorsqu'il est en excès, les globules métalliques de se réunir en un seul culot, car ils restent disséminés dans la masse, d'où on ne peut les retirer assez complétement pour peser le tout. Examinons la valeur de ces deux inconvénients.

Le premier semble d'abord très-important, puisqu'il aurait pour effet de fausser le résultat de l'opération en augmentant le poids du métal réduit ; mais si l'on se rappelle que le carbone ne s'y combine qu'en une très-faible proportion, 3 ou 4 centièmes au plus, que, d'autre part, l'expérience a démontré que cette quantité de carbone compense à peu près celle de l'oxyde dont les scories empêchent la réduction, parce qu'elles le retiennent en combinaison, on comprendra que cet inconvénient perd toute son importance, et qu'il tourne même à l'avantage de l'industriel en reproduisant exactement ce qui se passe dans le haut fourneau. Quant au second, celui qui tient à l'infusibilité du carbone, il est plus réel ; heureusement qu'il disparaît par l'emploi des creuzets brasqués, dont le charbon n'empêche jamais la réunion des globules réduits.

De ce qui précède, il résulte que si l'on avait à déterminer la quantité de fer métallique d'une façon rigoureusement exacte pour les besoins de la science, afin d'en connaître le degré d'oxydation, on réduirait son oxyde par l'hydrogène, et l'on obtiendrait tout le fer à l'état de pureté et tout l'oxygène à l'état d'eau qu'on pèserait; mais ce fer pur ne pourrait fournir aucune indication utile au métallurgiste sur les propriétés du fer commercial, qui est de la fonte, ni sur le procédé de fabrication.

c Le *potassium* et le *sodium* sont des réductifs extrêmement énergiques et qui ne sont employés que pour réduire des composés alcalino-terreux et terreux; on se sert notamment du sodium pour réduire le magnésium et l'aluminium; mais ils sont trop chers pour les employer aux essais des métaux usuels, en tant que ces essais doivent être imités en grand.

d Le *fer* et le *plomb* peuvent enlever l'oxygène et le soufre aux métaux moins électropositifs qu'eux : le fer enlève même l'oxygène aux hydrates potassique et sodique et les réduit à l'état métallique; cependant ces réductifs ne sont plus employés, même pour réduire la *galène* et la *stibine*, parce que d'autres sont plus convenables.

e Le *cyanure potassique* est aujourd'hui le réductif par excellence et d'un fréquent usage; il agit par le cyanogène et le potassium, et offre à l'état naissant les éléments réductifs les plus puissants, ce qui dispense de recourir à une très-haute température.

f Le *bitartrate potassique* est aussi un excellent réductif; comme il est à la fois réductif par son acide tartrique et fondant par sa potasse, il en sera question plus loin.

g Viennent ensuite les *huiles grasses*, le *suif*, les *résines*, l'*acide oxalique*, le *sucre*, la *fécule* et les *gommes*. Ces matières ne sont plus employées actuellement, parce que, se décomposant à des températures trop basses et plus ou moins tumultueusement, elles sont insuffisantes, dérangent l'homogénéité du mélange et peuvent occasionner des pertes par projections. On peut cependant ajouter un peu d'huile ou de suif aux mélanges à réduire, afin de rendre l'adhérence plus complète et d'empêcher le départ d'un composé volatilisable avant sa décomposition : ainsi on ajoute un peu d'huile au mélange d'acide arsénieux et de charbon, pour éviter qu'une partie de l'acide arsénieux ne s'échappe avant sa réduction ; dans ce cas, les corps gras sont les auxiliaires des réductifs.

Berthier a évalué le pouvoir des réductifs d'après le poids de plomb qu'une partie de chacun d'eux produit en la chauffant avec un excès de litharge ; il résulte de ses expériences que

le charbon de bois calciné (privé d'eau et d'air) produit 31,80 fois son poids de plomb pur.

— ordinaire .	28	—	—
l'huile animale . . .	17,40	—	—
le suif	15,20	...	—
le sucre	14,50	—	—

Le pouvoir des autres réductifs (résine, fécule, gommes) va en diminuant.

La conséquence est qu'on fera usage de l'un ou de l'autre de ces réductifs selon la quantité d'oxygène à absorber et la difficulté à l'enlever.

Oxydants.

Les *oxydants* sont les réactifs employés à oxyder les corps, particulièrement dans les essais de quelques minerais sulfurés.

Beaucoup de réactifs peuvent agir comme oxydants, mais nous n'indiquerons que ceux dont l'emploi présente quelque avantage. Ce sont : *l'oxygène de l'air*, la *litharge*, la *céruse*, les *azotates potassique* et *ammonique*, les *alcalis caustiques* et les *carbonates alcalins*.

a L'oxygène de l'air ayant la propriété de s'unir directement à un grand nombre de corps, il suffit de les y chauffer pour les transformer en oxydes ou en acides ; il intervient aussi dans la scorification, la coupellation et le grillage. Pour réussir ces opérations, il faut agir avec précaution et multiplier les points de contact ; les détails seront indiqués à propos de la désulfuration, qui est extrêmement délicate à conduire.

b La *litharge* ou oxyde plombique, a la propriété d'oxyder la plupart des métaux, moins le mercure et les métaux nobles. Elle a de plus la propriété de s'unir à certains oxydes et de former ainsi des composés très-fusibles : telle est sa double manière d'agir dans la coupellation, ce qui permet de séparer l'argent et l'or de tous les autres métaux, ceux-ci étant transformés en scories fusibles, immédiatement absorbées par la coupelle, tandis que l'argent et l'or restent intacts.

On se sert préférablement de la litharge qui contient *un peu* de minium, parce qu'elle est ordinairement plus pure, sa préparation étant mieux soignée ; mais si elle contient trop de minium, c'est un inconvénient, parce que celui-ci peut oxyder de l'argent ; c'est pourquoi il faudra donner la préférence au *massicot* ou litharge des verriers, si l'on peut s'en procurer, parce que, la préparant eux-mêmes, on est plus sûr de sa pureté ; elle ne doit pas contenir de l'argent.

c La *céruse ou carbonate plombique* est employée aux mêmes usages que la litharge et lorsqu'on veut éviter la présence du minium ; mais les falsifications qu'on lui fait éprouver par la craie, ou la Barytine, ou le blanc de zinc, font qu'on l'emploie très-rarement. En outre, la céruse française renfermant souvent de l'acétate tri-plombique, l'acide acétique réduit de l'oxyde plombique par la chaleur seule, sans qu'il y ait présence d'un autre corps qui prenne l'oxygène. Il faut essayer ces deux réactifs avant de les employer : ils doivent se dissoudre dans les acides nitrique et acétique, et ces dissolutions, après avoir été précipitées par le sulfide hydrique, ne doivent contenir ni chaux, ni baryte, ni zinc.

d Les *nitrates alcalins* sont des oxydants très-énergiques, qui peuvent porter la plupart des métaux à leur maximum d'oxydation, excepté l'argent et l'or. Comme ils déflagrent fortement pendant leur décomposition, il faut les fondre au préalable, excepté l'azotate ammonique qui, se décomposant à une température moins élevée que les azotates potassique et sodique, peut les remplacer convenablement dans certains cas ; afin d'en retarder la décomposition, on les emploie en grains et non en poudre.

e Les *alcalis caustiques* agissent comme oxydants en transformant les minéralisateurs des minerais en acides d'abord, puis en sels alcalins, et les métaux usuels en oxydes.

f Les *carbonates alcalins* ont la propriété d'oxyder certains métaux par l'oxygène d'une partie de leur acide carbonique, notamment le fer, le zinc, le cadmium et l'étain, avec lesquels ils forment des mélanges compactes d'alcali, d'acide carbonique et d'oxyde métallique. Avec les composés du plomb, du cuivre et de l'argent, ils donnent ces métaux réduits.

Désulfurants.

Les *désulfurants* sont les réactifs destinés à enlever le soufre et l'arsenic aux minerais. Nous citerons l'*oxygène de l'air*, le *carbone*, le *fer*, la *litharge*, les *alcalis caustiques*, les *carbonates alcalins*, le *cyanure potassique* et l'*azotate potassique* ou l'*ammonique*.

a L'*oxygène de l'air* est le réactif le plus communément employé à la désulfuration des minerais, dont le soufre et le métal s'oxydent en même temps. Cette opération, appelée grillage, doit être exécutée de la manière suivante : le sulfure étant réduit en poudre fine, est étalé en couche

le plus mince possible sur le fond d'un têt en terre réfractaire, puis chauffé en présence de l'air de façon à ne pas
produire la fusion, parce qu'une fois fondu, le sulfure se
recouvre d'une croûte qui empêche l'oxygène d'arriver
dans l'intérieur de la masse, et alors la désulfuration s'arrête ; pour éviter cela, il faut agiter continuellement,
afin de ne pas laisser les mêmes parties au fond du têt.
D'autre part, si l'oxygène agit trop vivement dès le principe
du grillage, il peut y avoir formation de sulfate et le soufre
reste dans le minerai , ou bien peroxydation du métal, ce
qui est un grave inconvénient surtout en grand , parce
qu'elle empêche la réduction complète des oxydes transformés en silicates pendant la fusion ; en outre, les scories
qui contiennent de l'oxyde ferrique notamment , sont
peu fluides et retiennent une assez notable proportion
de grenailles métalliques. On chauffera donc modérément
d'abord , en agitant continuellement jusqu'à la fin du
grillage, c'est-à-dire jusqu'à cessation de production d'une
flamme bleue et d'odeur d'acide sulfureux dans le cas des
sulfures, et jusqu'à cessation de fumée blanche et d'odeur
alliacée dans le cas des arséniures ; alors on élèvera la
température jusqu'au point de fondre la masse, afin d'être
certain d'expulser complétement les minéralisateurs.

b Le *charbon* est un désulfurant très-peu employé ; il a
la propriété d'enlever le soufre aux sulfures de fer, de
zinc, de cadmium , d'antimoine, d'étain et de mercure, en
donnant lieu à du sulfide carbonique ; mais le zinc, le
cadmium , l'antimoine et le mercure se volatilisant en
même temps, on n'emploie pas le charbon pour griller ces
sulfures. On a conseillé d'en ajouter en grains aux sulfures
trop fusibles et qui se ramollissent pendant le grillage alors
même qu'on prend les plus grandes précautions : il inter-
cepte la réunion des parcelles du sulfure et favorise l'introduction de l'oxygène de l'air. Ajouté aux alcalis, aux

carbonates alcalins et à l'oxyde de fer, il en augmente le pouvoir désulfurant.

c Le *fer* peut enlever le soufre complétement à l'argent, au mercure, au plomb, au bismuth, à l'étain et au zinc, et partiellement au cuivre. On l'utilise en limaille, en pointes de paris, ou en fil très-fin et découpé ; de la sorte on peut en retirer l'excédant après la désulfuration. Dans certains cas, on peut le remplacer (si l'on n'a pas du fer pur) par de l'oxyde des battitures, auquel on a mêlé du charbon pour le réduire et présenter le fer à l'état naissant au soufre.

Quoi qu'il en soit, le fer n'est plus guère employé.

d La *litharge* est un excellent désulfurant des *métaux fins*: elle en fait dégager le soufre à l'état d'acide sulfureux, et le plomb réduit s'allie avec le métal désulfuré, duquel on le sépare ensuite par la coupellation. La litharge peut aussi servir à désulfurer les métaux proprement dits, dont le soufre s'en va à l'état d'acide sulfureux et le métal s'allie avec le plomb réduit, ou bien il se combine à l'état d'oxyde avec l'excédant de litharge et forme un composé très-fusible.

La quantité de litharge à employer varie selon que les sulfures sont plus ou moins sulfurés, ou qu'on veut produire des alliages ou des scories fusibles.

e *Alcalis caustiques* et *carbonates alcalins*—les premiers décomposent tous les sulfures ; les seconds aussi quand ils sont mêlés avec du charbon.

Dans ces décompositions, la désulfuration n'est complète qu'avec les sulfures dont le métal est volatil , tels que le mercure, le cadmium et le zinc, sans cela le sulfure alcalin qui se forme retient du sulfure primitif en quantité d'autant moindre qu'on emploie moins du réactif et un feu plus fort ; le charbon la diminue également et empêche toujours la formation de sulfate, ce qui arrive avec les métaux avides d'oxygène, tandis qu'avec ceux qui ne le sont pas, on peut obtenir un culot métallique ; il se produit alors une désulfuration et une réduction. Le sesqui-carbonate ammonique facilite et complète la désulfuration de la blende, de la stibine et de la galène en empêchant la formation de sulfates.

Les oxydes barytique, strontique et calcique, mêlés de charbon, se comportent de la même manière avec les sulfures, mais ils forment des scories presque infusibles, et les deux premiers coûtent trop cher pour être employés communément.

f Le *cyanure potassique* contenant à la fois du carbone et le métal le plus électro positif, ne peut manquer d'être un désulfurant très-énergique ; c'est pourquoi, d'après les expériences de M. Levol, on l'emploie à désulfurer la *galène*, la *stibine* et d'autres sulfures naturels.

g Le *nitre* ou *azotate potassique* ou le *sodique* attaque très-fortement tous les sulfures, même lorsqu'il a été fondu au préalable, et rend l'opération difficile à conduire sans projections, si l'on n'y ajoute un carbonate alcalin. Lorsque le nitre est en excès, tout le soufre du sulfure métallique se transforme en acide sulfurique et le métal en oxyde, excepté l'argent et l'or ; s'il n'est qu'en proportion strictement nécessaire pour transformer *tout* le soufre en acide sulfurique, le métal sera réduit s'il est peu oxydable, tels que cuivre, plomb et argent ; si, enfin, le nitre est en quantité insuffisante pour brûler tout le soufre, la désulfuration sera incomplète, et alors le sulfure non décomposé restera dans la scorie alcaline à l'état de sulfure double, ainsi que de l'oxyde métallique, si le métal est avide d'oxygène.

Dans certains cas, le nitrate ammonique peut remplacer avantageusement l'azotate potassique.

Sulfurants.

Les *sulfurants* sont des réactifs presque inusités actuellement : nous citerons seulement le *soufre* et les *per-sulfures alcalins*.

a Le *soufre* n'est pas le sulfurant le plus employé, à cause de sa facile réduction en vapeur, qui ne permet pas de chauffer jusqu'à la fusion de la plupart des métaux ; on lui préfère généralement les per-sulfures alcalins, qui peuvent supporter une plus haute température avant d'être ramenés à leur minimum de sulfuration. Le soufre s'employait dans les essais de quelques métaux précieux, parce qu'il ne se combine pas directement avec l'or, tandis qu'il a une grande affinité pour le cuivre.

b Les *per-sulfures alcalins* sont les sulfurants les plus énergiques par suite de leur tendance à devenir monosulfures sous l'influence de la chaleur et en présence de corps capables d'absorber du soufre. Ils peuvent sulfurer la plupart des métaux, même l'or et les oxydes de titane, de chrôme et de cérium, qui sont difficiles à réduire et exigent un creuset brasqué. Lorsqu'on chauffe un persulfure alcalin avec un métal ou un oxyde en présence du charbon, on obtient un sulfure double et une partie du sulfure alcalin se volatilise ou pénètre dans la brasque. Si l'on traite ensuite le sulfure double par de l'eau, il se décompose le plus souvent et le sulfure alcalin se dissout, tandis que le sulfure métallique reste isolé parfaitement pur. Avec l'or, le molybdène, le tungstène et l'antimoine (métaux négatifs), la combinaison est stable et soluble dans l'eau, ce qui permet de les séparer des autres sulfures métalliques.

Comme les per-sulfures alcalins sont difficiles à conserver, on peut employer un mélange correspondant à leur composition et formé de 54 p. de fleur de soufre pour 46 p. de carbonate potassique sec, ou 60 p. de soufre pour

40 p. de carbonate sodique sec, mélange avec lequel on traite le corps à sulfurer dans un creuset brasqué.

Fondants.

Les *fondants* sont les réactifs employés à produire la fusion des métaux réduits, afin de leur permettre de traverser les gangues et de se réunir en un seul culot.

Les anciens Égyptiens employaient déjà comme fondant les cendres des végétaux, sous le nom de *Borith* (c'était du carbonate potassique), avec plus ou moins de silicate pour affiner les métaux. On les emploie dans les cas suivants : 1° Déterminer la fusion d'une substance infusible ou difficilement fusible par la chaleur seule ; 2° amener une substance très-réfractère à un état particulier de vitrification, et la changer en verre, ou en émail, ou en porcelaine, etc.; 3° fondre les matières étrangères accompagnant un métal, afin de pouvoir les séparer par différence de densité ; 4° déterminer une combinaison dans laquelle un oxyde se trouve engagé et empêché d'être réduit par le charbon ; tels sont en général les silicates anhydres, mais pas le silicate de zinc, que Berthier a cité erronément comme ne pouvant donner du zinc métallique sans l'aide d'un fondant (1) ; 5° empêcher certains alliages de se former, afin de pouvoir les séparer les uns des autres ; par exemple, quand on chauffe un mélange d'oxydes de fer et de manganèse avec un fondant convenable dans un creuset brasqué, on obtient tout le fer, tandis que l'oxyde de manganèse entre dans la scorie qui surnage; mais si l'on n'avait pas ajouté de fondant le manganèse aurait été réduit et accompagnerait le fer. L'or et l'argent peuvent aussi être

(1) En 1846 M. Chandelon a démontré qu'on le réduit plus complétement en le chauffant avec du charbon seul qu'avec addition d'un fondant.

séparés d'un grand nombre d'autres métaux par l'intermédiaire d'un fondant ; 6° scorifier quelques-uns des métaux existant dans une substance à essayer et obtenir les autres en alliage avec un métal contenu dans le fondant : l'or et l'argent qu'on allie au plomb dans la scorification ; 7° enfin, on emploie un fondant, uniquement pour rassembler en un seul culot les grenailles métalliques qui, sans cela resteraient disséminées et ne permettraient pas de déterminer le poids du métal réduit.

Comme les fondants sont nombreux, on les a divisés en plusieurs catégories, savoir : fondants *non-métalliques* et fondants *métalliques* ; fondants *généraux* et fondants *spéciaux*.

Les *fondants non métalliques* sont : la *silice*, la *chaux*, l'*alumine*, les silicates de ces bases, le *borax*, le *verre*, la *fluorine*, les *carbonates potassique* et *sodique*, les *azotates de ces bases*, le *chlorure sodique*, le *flux noir* ou ses équivalents, le *bi-tartrate potassique* et le *cyanure carbonate-potassique*. Ces trois derniers sont à la fois fondants et réductifs.

Les *fondants métalliques* sont la *litharge*, la *céruse*, les *silicates* et les *borates plombiques*.

Berthier cite encore d'autres fondants dans chacune de ces deux catégories, mais comme ils ne sont jamais employés, nous les passons sous silence.

Les *fondants généraux* sont ceux qui peuvent vitrifier la guangue, quelle que soit sa nature, et permettent ainsi d'obtenir du premier coup le rendement du minerai ; ce sont le borax, le verre et les carbonates alcalins. On les emploie particulièrement pour fondre les gangues siliceuses.

Les *fondants spéciaux* sont ceux dont la composition varie d'après celle de la gangue à fondre ; leur proportion n'est pas indéterminée, car elle doit être en rapport avec celle de la gangue, afin d'obtenir une scorie parfaitement fondue et qui permette au métal réduit de se réunir en un seul culot, ce que l'on doit toujours produire dans les essais.

Fondants non métalliques.

La *silice* est employée pour opérer la fusion des gangues dans les essais qui se font à une haute température, et plus rarement lorsque les essais n'exigent que 50 à 60° pyrométriques. C'est la silice pure, très-divisée provenant des analyses par la voie humide, qu'il faut employer.

À son défaut, on se sert de sable de mer ou de quartz cristallin purifié par le chloride hydrique bouillant et le lavage ensuite.

Cet acide se combine à toutes les bases métalliques et donne lieu à des silicates qui se comportent différemment au feu : les uns sont infusibles, les autres le sont plus ou moins, enfin, quelques-uns sont très-fusibles. Voici ce qui en est sous ce rapport :

Les *silicates potassiques et sodiques* formés de trois parties de carbonate potassique ou sodique pour une partie de silice, donnent des silicates fusibles à 50° pyrométriques ; mais s'il n'y a qu'une très-petite quantité d'alcali, le silicate formé peut ne se fondre qu'à 150°.

Quant aux silicates terreux simples, aucun n'est parfaitement fusible, bien qu'on puisse combiner l'acide silicique respectivement avec la baryte, la chaux, la magnésie et l'alumine à une température supérieure à 2000°, mais ces silicates seront infusibles. Les silicates doubles, au contraire, se fondent parfaitement lorsque les bases s'y trouvent en certaines proportions : ainsi, les silicates calcique et aluminique, pris isolément sont infusibles, tandis que combinés, ils forment un silicate double d'une grande fusibilité, si la chaux et l'alumine s'y trouvent dans un rapport convenable. D'où il résulte qu'on peut toujours faire fondre un silicate infusible par lui-même, en le combinant avec une proportion convenable d'un silicate fusible.

Berthier a constaté que, parmi les combinaisons que la silice peut former avec la chaux et l'alumine, les plus fusibles sont celles dont la composition est comprise entre les deux formules suivantes :

$3\,CaO, Al^2 O^3, 6\,Si\,O^2$ et $6\,CaO, 2\,Al^2\,O^3, 3\,SiO^2$, ou en centièmes:

Silice.	.	57,15 . . .	25,9
Chaux	.	26,66 . . .	46,3
Alumine.		16,19 . . .	27,8
Total,		100,0 . . .	100,0

Dans ces compositions, on peut augmenter la chaux et diminuer l'alumine, ou réciproquement, pourvu que le rapport entre l'oxygène des bases et celui de l'acide soit toujours comme 1 à 2. Cependant, il résulte des expériences de Berthier, que ces doubles silicates sont d'autant plus fusibles que leurs bases se rapprochent davantage du rapport suivant : six atomes de chaux pour un d'alumine ; qu'ils fondent encore assez bien quand les rapports sont trois atomes de chaux pour un d'alumine, mais qu'ils deviennent beaucoup moins fusibles lorsque les rapports sont trois de chaux pour un d'alumine.

Ainsi le silicate représenté par :

$6\,Ca\,O, Al^2\,O^3, 9\,Si\,O^2$ sera très-fusible.

Celui : $3\,Ca\,O, Al^2\,O^3, 6\,Si\,O^2$ sera moyennement fusible.

Et celui : $3\,Ca\,O, 2\,Al^2\,O^3, 9\,Si\,O^2$ sera peu fusible.

La plupart des argiles plastiques, très-réfractaires ont une composition qu'on peut représenter par un atome d'alumine et trois d'acide silicique, ou en centièmes par 63,8 de silice et 36,2 d'alumine. Or, en y ajoutant une fois et demie leur poids de chaux vive, ou deux fois et demie de carbonate calcique, elles deviennent assez fusibles au fourneau à vent pour que les grenailles métalliques puissent les traverser et se réunir en un seul culot au fond du creuset.

Mais si les argiles sont mêlées d'hydrate d'alumine, il est nécessaire d'y ajouter de la chaux et de la silice pour obtenir le rapport que nous venons d'indiquer. Il est à observer que les silicates de chaux et d'alumine peuvent renfermer un excès de chaux sans cesser d'être fusibles, mais qu'au contraire ils le sont d'autant moins qu'ils contiennent plus d'alumine. La présence d'une petite proportion de magnésie ou d'oxyde de manganèse augmente de beaucoup la fusibilité des doubles silicates, et c'est pourquoi on ne tient pas compte des petites quantités d'oxydes autres que la chaux et l'alumine qui peuvent se trouver dans les gangues des minerais.

Lorsqu'on se propose de réduire un minerai, il est de la plus grande importance de composer les fondants dans des rapports bien définis, c'est-à-dire de façon à établir entre leurs constituants et les matières étrangères (gangues) un rapport tel que la scorie qui en résultera fonde à une température déterminée, parce qu'elle joue un rôle très-important pendant la réduction. Soit, par exemple, un minerai de fer : au *rouge-cerise* la réaction du carbone commence sur l'oxyde ferrique ; si la température de fusion des matières stériles est supérieure, on est certain que quand elles fondront, l'oxyde ferrique sera réduit à l'état métallique et ne pourra, par conséquent, former du silicate de fer ; donc pas de perte, tandis qu'il s'en formera si les fondants se liquéfient avant la réduction de l'oxyde ferrique. *Au blanc-soudant*, la silice, en contact avec le charbon et le fer réduit, se décompose en oxygène et silicium, lequel se dissout dans le fer et en augmente le poids. Enfin, entre le *rouge-*

cerise et le *blanc-soudant*, le soufre et le phosphore passent aussi dans la scorie à l'état de sels sans rester unis au métal.

Dans ces cas, la voie sèche est encore plus utile aux métallurgistes que la voie humide.

Pour bien préparer ces mélanges, il faut d'abord déterminer exactement la quantité des gangues qui composent un minerai, afin de pouvoir calculer ce qu'on devra y ajouter pour en faire l'essai ; nous allons éclaircir ce point par des exemples.

1° Une limonite est composée de 70 % d'hydrate ferrique et de 30 % de guangue ; celle-ci renfermant 14 p. d'alumine, 15 p. de silice et un p. de chaux, on demande quelles sont les quantités de fondants à y ajouter pour obtenir une scorie de la formule 6 Ca O, $Al^2 O^3$, 9 Si O^2 ?

Il faut d'abord traduire cette formule en nombres, comme il suit :

$$6 \text{ de Ca O} = 336$$
$$1 \text{ de } Al^2 O^3 = 102$$
$$9 \text{ de Si } O^2 = 540$$

et de la comparaison de ces quantités, on conclut qu'il faudra ajouter de la chaux et de la silice, qu'on déterminera par deux proportions, en disant :

D'alumine.   De chaux.   D'alumine.
$$102 : 336 = 14 : x = 46{,}12 \text{ de chaux.}$$

De silice.
$$102 : 540 = 14 : y = 74{,}41 \text{ de silice.}$$

Mais comme la guangue contient une partie de chaux, on ne devra en ajouter que 45,12, et comme il y a 15 p. de silice, on n'en ajoutera que 59,1.

2° Un oligiste contient 97,03 d'oxyde ferrique, 1,60 d'acide silicique, 0,82 d'alumine et 0,55 de chaux ; on demande quelles sont les quantités de fondants à y ajouter pour obtenir une scorie de la formule $3\,Ca\,O,\ Al^2\,O^3,6\,Si\,O^2$?

Comme plus haut, on représentera cette formule par des nombres :

$$
\begin{aligned}
3 \text{ de chaux} &= 168 \\
1 \text{ d'alumine} &= 102 \\
6 \text{ de silice} &= 360
\end{aligned}
$$

Puis on dira si :

D'alumine. Ca O

$$102 : 168 = 0,82 : x = 1,35 \text{ de chaux.}$$

Si O^2

$$102 : 360 = 0,82 : y = 3,60 \text{ de silice.}$$

Comme il y a déjà 0,55 de chaux, on n'en ajoutera que 0,90 et 2 de silice.

Les silicates métalliques doubles sont généralement fusibles ; les silicates zinciques simples qui, ainsi que quelques autres sont infusibles, peuvent se fondre par l'addition de diverses bases, telles que la chaux ou l'alumine, ou l'oxyde ferrique, ou le plombique ; ce dernier fait fondre tous les silicates, sans exception, quand il y est ajouté en proportions convenables.

B) *La chaux* qu'on emploie comme fondant n'est ni la chaux vive, ni la caustique, parce qu'elles sont d'une conservation trop difficile, et qu'en outre, pendant la pesée et le mélange elles absorbent l'humidité et l'acide carbonique de l'air.

On se sert préférablement de marbre blanc pur, dont l'acide carbonique ne se dégage qu'à une haute température, ce qui retarde la fusion des gangues ; mais lorsqu'on n'a pas du marbre pur à sa disposition, on le remplace par du blanc d'Espagne, ou de la craie bien pure ; quant au calcaire commun, il contient trop de corps étrangers pour qu'on puisse en faire usage convenablement dans les essais.

C *L'alumine* doit être pure et très-divisée aussi ; la plus convenable est celle qui a été séparée dans les analyses par la voie humide. Lorsqu'on n'en possède pas, il faut en préparer en traitant du kaolin $(Al^2O^3, 2\,SiO^2)$. bien divisé par du chloride hydrique, afin de lui enlever le fer, la chaux, la magnésie, la potasse, et tout ce qu'il contiendrait d'étranger à sa composition et se dissoudrait dans le chloride hydrique ; après ce premier traitement et un lavage suffisant, on décompose ce kaolin par de l'acide sulfurique au moyen de la chaleur, afin d'en séparer l'acide silicique et de former du sulfate aluminique soluble. Lorsque la masse est desséchée, on la reprend par de l'eau qui dissout ce dernier, on le filtre, puis on en précipite l'alumine par de l'ammoniaque, ou du carbonate ammonique ; après le repos, l'alumine est filtrée, lavée, suffisamment desséchée, puis calcinée pour la déshydrater.

D *Silicates aluminico-calciques.* On emploie comme fondants divers silicates doubles d'alumine et de chaux, dont les rapports entre les constituants sont bien connus. Il est convenable d'en avoir trois à sa disposition, savoir: le premier, dans lequel la chaux domine, pour l'ajouter aux matières siliceuses ; le deuxième, dans lequel la silice domine, pour l'ajouter aux matières calcareuses ; et le troisième, formant la combinaison la plus fusible, pour l'ajouter aux minerais ou aux produits d'usines à réduire et qui ne contiennent pas de gangue.

Ces silicates doubles se préparent au moyen d'une argile pure, de composition connue, à laquelle on ajoute de la silice et du carbonate de chaux dans les proportions convenables, et on fait fondre ce mélange dans un creuset au fourneau à vent ; après le refroidissement, on le réduit en poudre et on le conserve pour l'usage. Voici la composition de trois de ces silicates doubles :

1er 12 CaO, 2 Al²O³, 9 SiO² | 2e 5 CaO, Al²O³, 9 SiO² | 3e 3 CaO, Al²O³, 6 SiO².

Silice,	38,14	66,66	57,15
Chaux,	47,46	20,75	26,66
Alumine,	14,40	12,59	16,19
	100,00	100,00	100,00

Dans ces trois silicates, les rapports de l'oxygène des bases et des acides sont les suivants : dans le premier, 1 à 1 ; dans le deuxième, 1 à 3 ; et dans le troisième, 1 à 2. Or, pour avoir des silicates très-fusibles, semblables au troisième, il faut, ainsi qu'il est dit plus haut, ajouter le premier silicate, qui représente la composition moyenne du laitier des hauts-fourneaux, à des gangues riches en silice, parce qu'il contient une plus forte proportion de bases que les deux autres; le deuxième, à des gangues riches en chaux; et le troisième, à des minerais qui ne renferment pas ou presque pas de gangues.

Le borax ou biborate sodique n'est pas un bon foudant pour les essais qui exigent une température élevée, car alors il s'en volatilise plus ou moins, soit à l'état d'acide borique, soit à celui de borax, ce qui arrive lorsqu'on le chauffe fortement avec des sur-silicates, soit, enfin, de laisser séparer de la soude lorsqu'on le chauffe avec des sous-silicates ; on ne peut plus contrôler l'exactitude des essais.

On peut cependant l'employer à une température élevée, comme réactif auxiliaire et en présence du charbon, pour les essais de nickel et de fer ; il offre même un avantage sur les silicates terreux, celui de retenir moins d'oxyde non-réduit dans la scorie. Si l'on veut diminuer sa fusibilité, on y ajoute de la chaux.

Mais pour les essais qui se font à une température moyennement élevée, comme ceux de l'étain, du plomb, du cuivre, de l'argent et de l'or, etc., le borax convient très-bien, parce qu'il est un excellent fondant pour tous les oxydes métalliques. Il convient encore pour faire ce qu'on appelle *une fonte crue*, c'est-à-dire pour séparer les métaux, leurs sulfures et leurs arséniures, des composés terreux (gangue) avec lesquels ils sont mélangés, parce que le borax n'est ni oxydant, ni désulfurant, et qu'il se borne, dans ce cas, à faire fondre les matières terreuses.

Ainsi, si l'on veut connaître la quantité de sulfure plombique contenue dans une galène, on la fondra avec du borax, et l'on obtiendra par le refroidissement un culot de sulfure plombique débarrassé de sa gangue, et non du plomb métallique.

On ne doit employer que du borax fondu, qui est formé de 31 p. de soude et de 69 d'acide borique, tandis que cristallisé, il contient 47 % d'eau, laquelle dérange l'essai en se volatilisant brusquement. Il doit être exempt de sulfate sodique, qui produirait du sulfate plombique et du sulfure cuivrique indécomposables.

F) *Le verre*, qui est un double silicate calcico-sodique n'est guère employé comme fondant, à moins qu'on ne veuille réunir des grenailles métalliques en un seul culot ou empêcher la réduction de l'oxyde de manganèse, dont le métal s'unirait au fer ; ou bien encore comme auxiliaire d'un autre fondant, pour servir de couverture à l'essai et le soustraire au contact de l'air.

G) *La fluorine, spathfluor, fluorure calcique,* est rarement usitée dans les essais des minerais, quoique ce soit un bon fondant pour certaines substances, notamment pour les sulfates insolubles, avec lesquels il forme des composés fusibles. Comme il n'a pas d'action sur les sulfures métalliques, il peut, ainsi que le borax, servir à faire des *fontes crues* à une haute température.

Le fluorure calcique ne doit jamais être employé quand le minerai contient de la silice, parce qu'il donnerait lieu à du gaz fluoride silicique, qui, s'échappant, ne permettrait pas de contrôler l'exactitude de l'essai.

Pour être certain de la pureté de ce réactif, il faut employer le fluorure calcique artificiel.

H) *Les carbonates potassique et sodique* agissent comme fondants sur la plupart des silicates, qui en expulsent l'acide carbonique et forment des silicates alcalins ; la présence du charbon facilite cette décomposition, et il y a dégagement d'oxyde carbonique ; en outre, l'oxyde métallique privé de son acide silicique naturel est ensuite plus facilement réduit par le charbon qu'on a ajouté au mélange.

Les oxydes métalliques décomposent généralement les carbonates alcalins au rouge, en expulsant une partie de leur acide carbonique, auquel ils se substituent pour former des mélanges d'oxydes métalliques et de carbonate alcalin décomposables par l'eau, qui en précipite l'oxyde métallique ; pour être fusibles, ces mélanges doivent renfermer un excès de carbonate alcalin.

L'oxyde ferrique ne forme pas de semblable combinaison avec les carbonates alcalins, mais si l'on y ajoute de la limaille de fer pour l'amener à l'état ferreux, il se fond alors avec 6 parties de carbonate ; la sidérose se fond avec 4 parties ; les oxydes cuivrique et manganique avec 3 parties ; les oxydes zincique et stannique avec 5 parties ; la litharge se fond en toute proportion et les argiles avec 6 parties ; enfin, la fluorine, le gypse et la barytine forment des composés fusibles avec les carbonates alcalins.

La chaux, la magnésie et l'alumine ne contractent pas de combinaison avec les carbonates alcalins, mais elles y sont retenues par simple adhérence, sous la forme d'une poussière inerte, et diminuent beaucoup la fluidité de la masse.

Ces deux carbonates se combinent aussi avec les carbonates terreux qui peuvent supporter la chaleur rouge sans se décomposer, et forment des composés très-fusibles ; cependant, si l'on élève trop la température, le carbonate terreux se décompose, son acide carbonique se dégage, la masse s'épaissit et devient enfin infusible.

Le carbonate potassique à employer doit être pur : on l'obtient tel en faisant déflagrer un mélange de 1 à 2 parties de nitre et de 1 p. de crême de tartre blanche, et le produit obtenu porte le nom de *flux-blanc*.

i Les *azotates alcalins* se décomposant à la chaleur blanche, pour ne laisser que leurs oxydes, agissent comme si l'on avait employé ces derniers, mais à une plus haute température et n'attaquent pas les creusets.

j Le *chlorure sodique* ou *sel marin* n'est guère employé comme fondant, parce qu'il est volatil au rouge-blanc, et présente des inconvénients analogues à ceux du borax. Il n'entre pas en combinaison avec les borates, ni avec les silicates, et si l'on doit en faire usage, il faut le fondre au préalable, parce que cru, il décrépite trop fortement. Par sa grande légèreté, il peut préserver le métal réduit du contact de l'air en surnageant l'essai lorsqu'il est liquéfié. C'est un auxiliaire des fondants.

k Le *flux noir et ses équivalents.* On entend par ces expressions un mélange de carbonate potassique et de charbon dans un grand état de division ; il est à la fois réductif par son charbon et fondant par son alcali. C'est un des plus anciens réactifs connus, très-employé et d'un bon usage.

On prépare d'avance divers flux noirs plus ou moins riches en charbon, parce qu'il convient parfois d'employer le moins possible d'alcali fixe, afin de réduire une plus forte proportion d'oxyde métallique.

Le *flux noir* ordinaire contient 90 % de carbonate potassique, 5 p. de charbon et 4 à 6 p. de carbonate calcique (provenant de la crême de tartre naturelle). On le prépare en plaçant dans un vase de fonte un mélange bien sec de 1 p. de Nitre et de 2 p. de crême de tartre brute auquel on met le feu par un charbon allumé; on peut également rougir le vase de fonte au préalable et y projeter le mélange par portions successives. La combustion étant achevée, on broie la matière, on la passe au tamis de crin serré et on l'enferme aussitôt dans des bocaux bien bouchés.

On obtient des *flux noirs* de plus en plus riches en carbone en augmentant la proportion de la crême de tartre brute; mais il faut faire attention à ceci, que s'il y a trop de charbon pour la quantité d'oxygène à enlever, l'essai ne devient pas assez fluide; d'autre part, s'il y en a trop peu, la réduction est incomplète; c'est pourquoi on doit connaître la composition du *flux noir*.

Si l'on tient à employer du *flux blanc* ou *gris sodique*, il faut calciner de l'acétate sodique qui a été préparé avec de l'acide *acétique pyroligneux*.

On entend par les équivalents du *flux noir* des mélanges formés de carbonate sodique pur, anhydre et de charbon de bois sec en poudre fine, même porphyrisée, et dont on varie les proportions selon le composé à réduire. Mais quel que soit le soin apporté à la préparation de ces mélanges, ils n'ont jamais la même homogénéité, et n'acquièrent pas la même fluidité que le *flux noir*; aussi observe-t-on que le charbon s'en sépare, se rassemble à la surface lorsque après la fusion il en reste encore une portion assez forte, et alors son action cesse. C'est pourquoi on a conseillé de remplacer ces mélanges par d'autres formés de 100 p. de carbonate sodique et de 10 à 15 p. de farine de froment ou de seigle.

Quand on se sert de ces flux, il faut avoir le soin de ne remplir le creuset qu'aux deux tiers environ, car le mélange se boursouflant considérablement pourrait déborder.

1 Le *bitartrate potassique* étant rougi dans un vase de

fonte couvert, fournit un résidu gris ou noir, bulleux et friable, qui produit le même effet que le *flux noir*. Le résidu obtenu par le tartre brut contient 15 p. de charbon, 81 p. de carbonate potassique et 4 p. de carbonate calcique; celui du tartre blanc contient 9 p. de charbon, 87 de carbonate potassique et 4 p. de carbonate calcique. Ces flux contenant plus de charbon que les *flux noirs* indiqués plus haut, sont plus réductifs, mais moins fondants; on y fera donc attention lorsqu'on devra s'en servir.

m Le *cyanure carbonate potassique*, c'est-à-dire le mélange de cyanure et de carbonate potassiques secs est le fondant réductif par excellence, parce qu'il présente à l'état naissant les éléments les plus énergiques pour produire la fusion et la réduction. En remplaçant le carbonate potassique par le sodique, le mélange attire moins l'humidité.

Il est à observer que tous les flux composés d'alcali et de charbon, outre qu'ils sont fondants, réductifs et désulfurants, produisent encore un autre effet, celui d'introduire une certaine quantité de potassium ou de sodium dans le métal réduit, lorsque le flux est trop riche en charbon, ce qui arrive avec la crême de tartre charbonnée. La quantité du métal alcalin allié à l'autre est d'autant plus forte que l'on chauffe plus fortement et plus longtemps; quantité presque insignifiante toutefois, excepté avec l'antimoine.

Fondants métalliques.

Ces réactifs agissent quelquefois comme fondants, mais le plus souvent ils forment des alliages du métal qu'ils contiennent avec celui de la substance essayée. La plupart de ces flux ont été indiqués précédemment.

a La *litharge* et la *céruse* ne sont employées en qualité de fondants qu'à une température de 50 à 60° pyrométriques. La litharge se fond en toute proportion avec les alcalis et leurs bases sans contracter de combinaison; elle ne paraît pas non plus pouvoir se combiner avec les terres, mais elle les retient en suspension. Les silicates terreux s'y combinent et forment des silicates doubles, fusibles.

La *céruse* agit comme la litharge, mais à une température un peu plus élevée, parce qu'elle doit abandonner son acide carbonique.

b Les *silicates* et les *borates plombiques* sont préférables à la litharge pour essayer des matières qui ne contiennent pas de silice, mais bien des terres ou des oxydes ne se combinant à l'oxyde plombique qu'à la faveur de la silice ou de l'acide borique.

Ces flux, dont on varie la composition selon les besoins, ne sont plus employés aujourd'hui. On peut, du reste, les remplacer par des mélanges équivalents, tels que du verre et de la litharge, ou du borax et de la litharge.

Le sulfure de plomb étant décomposé par la silice et les terres, on peut le traiter par le borate plombique ou ses équivalents.

Tels sont les réactifs qui permettent de faire tous les essais par la voie sèche ; en les traitant, nous avons raisonné dans l'hypothèse d'*essais docimastiques* exécutés soigneusement et avec des réactifs purs, afin d'arriver aux résultats les plus exacts ; mais s'il s'agit de répondre à la question de savoir ce qui se passera en grand avec de la castine, de l'argile et du combustible minéral dans le but de constater s'ils conviennent, on comprend qu'on devra opérer en se plaçant le plus possible dans les conditions de l'usine, à part la justesse des pesées et la délicatesse des manipulations, mais en employant des mêmes matériaux; c'est ainsi qu'agissent les anglais dans la plupart des essais par la voie sèche.

CHAPITRE DEUXIÈME.

Essais par la voie mécanique. — Réactifs.

Les procédés d'essais par la *voie mécanique* sont d'un usage beaucoup plus restreint que ceux de la voie sèche, parce qu'ils ne peuvent être appliqués qu'au dosage de corps qui, bien qu'unis intimement, ne sont pas combinés.

Ils ne peuvent donc produire qu'un nombre très-limité de séparations, lesquelles, en outre, ne sont jamais aussi exactes que celles déterminées par des réactions chimiques et leurs résultats sont simplement approximatifs.

Les moyens et les réactifs employés dans ce mode d'essai sont les suivants :

Le *calorique*, l'*électro-magnétisme*, la *lumière polarisée*, la *différence des densités*, les *dissolvants mécaniques*, la *cristallisation* et la *dialyse*.

a) Le *calorique* appliqué à une matière complexe, contenant des corps fixes et d'autres volatils non décomposables, permet de séparer ces derniers assez exactement pour en déterminer ensuite le poids : ainsi le chlorure ammonique, les carbonates ammoniques, le mercure, ses sulfures, chlorures, bromures et iodures, le soufre, l'arsenic, ses sulfures et les acides arsénieux, et benzoïque, peuvent être séparés complétement des matières fixes par la sublimation et puis pesés.

Par *la distillation* on sépare les liquides volatils d'avec d'autres plus fixes ; en opérant la distillation à des températures déterminées au moyen d'un thermomètre, on parvient à séparer les liquides de volatilité différente et à doser leurs quantités respectives.

Citons comme exemple de ces séparations la distillation fractionnée du pétrole brut, qui est un liquide très-complexe.

Par *la fusion* on sépare les corps aisément fusibles de ceux qui sont réputés infusibles ou difficilement fusibles : le soufre est ainsi séparé de la terre argileuse de la *solfatare*, la cire et les graisses sont séparées des os, des cartilages, etc.

Par *la dessiccation* on détermine très-exactement la quantité d'eau hygroscopique de toutes les substances qui en contiennent.

B *L'électro-magnétisme* permet de séparer complétement les grenailles de fer qui sont disséminées dans les scories, les matières terreuses ou salines ou dans la brasque : c'est en y passant les barreaux aimantés ou l'électro-aimant en forme de fer à cheval jusqu'à ce qu'il n'y adhère plus rien, qu'on en retire tout le fer, qu'on dose ensuite. Dans les cas analogues on pourra séparer le nickel, le cobalt, le chrome et l'aluminium d'avec les autres métaux ou les matières terreuses.

C *La lumière polarisée* ne sert guère dans les essais des substances minérales, mais on l'emploie avantageusement pour déterminer la richesse saccharine du jus des betteraves.

D *La différence entre les densités* est mise à profit pour séparer, au point de pouvoir les doser, les diverses substances qui constituent des mélanges. C'est ainsi qu'au moyen du débourbage, de la lévigation et de décantations successives, on parvient à connaître les proportions relatives des constituants de la terre arable, de l'argile sablo-calcareuse, des grenailles métalliques disséminées dans les matières terreuses, des parcelles d'or dans les sables aurifères et des mouches de Galène dans les sables du l'Eifel ; la stibine et la cassitérite peuvent être séparées aussi de leurs gangues assez complétement pour en connaître le poids après dessiccation.

E *Les dissolvants mécaniques* sont les réactifs qui permettent d'effectuer le plus grand nombre de séparations, soit par entraînement, soit par solution. Ainsi on entraîne complétement la *fécule* de la pulpe de pommes de terre au moyen d'un filet d'eau froide et le *gluten* de la farine de froment.

Par solution au moyen de l'eau froide ou de l'alcool, on sépare tout le sucre des autres matières insolubles dans ces dissolvants ; les gommes sont également séparées des résines et des matières grasses par la solution au moyen de l'eau froide. Ce dissolvant permet encore d'exécuter beaucoup de séparations spéciales en faisant varier sa température.

L'alcool ordinaire sert à séparer totalement les chlorures *strontique, ferrique, antimonieux, bismuthique* et *mercurique*, d'avec les *barytique, plombique* et les autres qui y sont insolubles ; l'alcool absolu ou l'alcool éthéré sépare complétement le nitrate calcique du strontique, qui y est insoluble. En faisant varier les degrés de force de l'alcool on peut aussi effectuer un plus grand nombre de séparations.

L'éther éthylique dissout le brome, les graisses, etc., et permet de les séparer exactement des matières qui y sont insolubles.

Tous les autres dissolvants mécaniques agiront d'une façon analogue, selon les cas, notamment dans la séparation et le dosage des alcaloïdes.

La cristallisation, après la solution dans un liquide, permet aussi de séparer assez complétement les corps qui cristallisent dans des systèmes différents, surtout en la répétant plusieurs fois.

La dialyse ou diffusion liquide peut également produire

des séparations assez nettes pour qu'on l'applique à l'analyse quantitative, surtout lorsqu'il s'agit de traiter des mélanges dont les constituants se comportent différemment avec le liquide qui leur sert de véhicule ; en outre, en faisant varier la nature de ce dernier on a toute latitude pour effectuer les séparations à volonté. (Voir notre *Traité d'Analyse qualitative.*)

On peut citer l'analyse de la poudre à tirer d'après le procédé de Link, comme un excellent exemple d'analyse par la voie mécanique : la poudre desséchée et repesée est d'abord traitée par de l'eau chaude, qui enlève tout l'azotate potassique, qu'on pèse après l'évaporation à siccité ; ensuite par le sulfide carbonique, qui dissout tout le soufre, lequel est aussi pesé après la volatilisation de son dissolvant ; enfin, en desséchant le charbon et le pesant, on a terminé l'analyse quantitative de la poudre à tirer sans avoir eu recours à aucune réaction chimique.

CHAPITRE TROISIÈME.

Essais par la voie humide.

On entend par ces expressions, des analyses quantitatives partielles ou incomplètes, ne concernant que le dosage exact ou approximatif du corps que l'on a en vue et selon son importance ; tel est le cas de l'argent contenu dans un minerai ou un alliage en l'absence du plomb : on attaquera la prise d'essai par de l'acide nitrique, on étendra d'eau la dissolution et on en précipitera tout l'argent au moyen du chlorhide hydrique ; après un repos suffisant, on recueillera le chlorure argentique et on le pèsera.

Ces sortes d'essais peuvent suffire dans plusieurs cas pour les besoins de l'industrie, lorsqu'il ne s'agit que d'établir la valeur commerciale d'une substance donnée, mais non pour les exigences de la science, parce qu'ils sont incomplets et ne conduisent pas à des découvertes. L'analyse quantitative complète par la voie humide est la seule qui puisse donner une solution définitivement acceptable et qui permette de réaliser ce que nous avons rapporté à la première page de ce traité. Par suite de cela, elle est d'une application générale, et c'est d'elle que nous allons nous occuper dans le présent chapitre.

Analyse quantitative par la voie humide.

L'analyse quantitative par la voie humide est, de tous les travaux chimiques, le plus difficile à exécuter avec la précision convenable.

« Pour l'entreprendre, a dit Berzélius, il faut bien posséder *l'art des manipulations chimiques*, c'est-à-dire avoir l'habitude de peser exactement, de transvaser les liquides sans en rien perdre et sans laisser couler la dernière goutte le long de la paroi extérieure du vase ; il faut encore observer une multitude de petites précautions, dont la négligence annule un travail déjà long et pénible ; enfin, que nulle distraction ni aucune circonstance imprévue ne viennent fausser les résultats obtenus.

Mais avant d'avoir acquis la pratique nécessaire, l'élève éprouve souvent le désagrément de perdre le fruit de son travail par défaut de soin et de prévoyance ; cependant il est de règle que l'on doit recommencer une analyse manquée, sans chercher à en rectifier le résultat par des corrections probables.

Quelque désagréable qu'il puisse être d'en agir ainsi, il le serait bien plus encore à la fin d'un travail de longue haleine, d'avoir la conviction que, malgré le temps, la peine et les dépenses qu'on y a consacrés, le résultat est inexact, sans valeur pour la science et pour l'instruction de celui qui l'a exécuté. L'analyse quantitative met à l'épreuve tout à la fois les connaissances, le jugement et l'exactitude des chimistes. » Ajoutons leur patience aussi.

Berzélius variait ses procédés, les contrôlait l'un par l'autre, et apprenait ainsi, comme il l'a dit modestement, à découvrir les fautes qu'il avait d'abord commises ; aussi son habileté analytique n'a jamais été dépassée, ni peut-être même égalée par qui que ce soit, et il est considéré, à bon droit, comme le père de la chimie analytique, parce qu'il a donné des procédés pour arriver à reconnaître et à doser tous les corps connus à son époque.

Que l'étudiant se pénètre bien de cette vérité : c'est que la science est comme la fortune ; elle vend ce que l'on croit qu'elle donne, et l'on n'acquiert ses richesses qu'au prix du travail et d'une application constante et soutenue. Celui qui ne prend pas la résolution de contrôler ses analyses quand les résultats sont douteux, et de les recommencer quand ils sont inexacts, ne doit pas s'adonner à cette science.

L'analyse quantitative par la voie humide s'exécute par divers moyens, qui consistent tous en des réactions chimiques déterminées par les affinités différentes que les corps ont les uns pour les autres, et que l'analyste peut faire varier dans une foule de circonstances ; la connaissance de ces dernières est donc indispensable à tous ceux qui veulent entreprendre de semblables travaux.

Abordons actuellement les opérations préliminaires de l'analyse quantitative.

La matière que l'on doit pulvériser pour être analysée, doit représenter le mieux possible la composition de sa

masse, de sa provision, de sa mine, s'il s'agit d'un minerai;
c'est-à-dire qu'il ne faut pas choisir un morceau trop riche,
ni un morceau trop pauvre, mais faire un mélange qui
représente la composition moyenne du tout ou du gisement;
on est guidé dans ce choix par l'aspect, la nuance, la compacité, la dureté et toutes les propriétés physiques des
divers morceaux, qu'on rassemble pour en former ce qu'on
appelle le *lot*. « Le *lotissage* est indispensable, a dit Fourcroy, parce que si l'on ne tentait que l'essai d'un échantillon riche, on pourrait concevoir des espérances trop
flatteuses; si l'on n'essayait que des échantillons trop
pauvres, on tomberait dans le découragement. » Ces paroles
naïves, mais très-claires, nous dispensent de toute explication ultérieure. *Lotir* c'est donc choisir l'échantillon.

Dans l'industrie, lorsqu'il s'agit de déterminer la teneur
métallique d'un minerai entre vendeur et acheteur, on
procède au *lotissage* de la manière suivante : si le minerai
est amené par wagons ou par bateaux, on convient de
former, lors du déchargement, un tas spécial sur le côté,
avec chaque cinquantième ou centième panier ou brouettée
(selon la quantité de l'envoi), duquel on prélève l'échantillon
qu'on broie assez finement pour le rendre homogène, et
dont on fait trois parts égales : la première est remise à
l'acheteur, qui la fera analyser; la seconde au vendeur et la
troisième est scellée par les représentants des deux parties
et réservée pour servir à la constatation arbitrale de la
teneur, dans le cas où les intéressés ne s'accorderaient pas
sur la détermination ; de la sorte, il est impossible que le
vendeur fraude.

Pulvérisation. On prend une assez forte quantité de l'échantillon déjà concassé, et on achève de la pulvériser
finement, en ayant le soin de bien mêler ensemble les
portions qui ont passé successivement au tamis, et de ne
jamais rejeter les parties les plus dures, sous le prétexte

d'aller plus vite, car on fausserait la composition de la matière à analyser. La poudre obtenue est ensuite desséchée à une température de 110 à 120°, avant de la peser, afin de lui enlever toute son humidité, car sans cela on ne retrouverait pas, à la fin de l'analyse, le poids exact de la prise d'essai, vu que les déterminations de ses constituants se font après une dessiccation complète ; en outre, ce minerai essayé ultérieurement ne fournirait plus les mêmes résultats si l'on ne le desséchait pas chaque fois de la même façon. Lorsque la poudre ne diminue plus de poids, on procède à la pesée de la *prise d'essai* ou quantité à analyser.

Pesée. « La détermination du poids des matières et des produits avant et après les expériences, étant la base de tout ce qu'on peut faire d'utile et d'exact en chimie, on ne saurait y apporter trop d'exactitude, » a dit *Lavoisier*. Entrons dans quelques détails sur la pesée de la prise d'essai et celle des corps séparés pendant l'analyse.

En général, on opère sur une faible quantité de matière, parce qu'il faut moins de temps et moins des réactifs que lorsqu'on opère sur une forte quantité : si la matière est binaire ou ternaire, 5 à 7 décigrammes suffisent, surtout lorsqu'il y a de l'oxyde ferrique ou aluminique, dont les hydrates sont extrêmement volumineux ; si elle est quaternaire, on peut en prendre un gramme ; si elle est penternaire, un gramme et demi à deux grammes ; plus compliquée, on doit en employer trois grammes et même cinq, lorsqu'elle contient certains éléments en petite quantité ; par exemple, lorsqu'on veut doser la chaux dans une argile, ou la potasse dans un kaolin ; mais comme dans ces cas les précipités sont nombreux et les liquides très-volumineux (ce qui augmente les difficultés), il est préférable de faire une analyse sur une forte prise d'essai et spécialement pour doser chacun des corps existant en petite quantité, tels que ceux que nous venons de citer, ou difficiles à éliminer, comme l'acide phosphorique et l'arsenic.

Il est même des cas où il faut en prendre deux cents grammes et plus ; c'est quand le corps qui fait l'objet de l'analyse n'existe qu'en minime quantité, et qu'il exige des opérations longues et compliquées pour être séparé de ses associés : tels sont les cas de séparation et de dosage de l'or dans les Pyrites aurifères, du Cæsium, du Rubidium, de l'Indium et du Gallium ; la prise d'essai est alors laissée à l'appréciation de l'opérateur.

On peut déterminer le poids des corps par des *méthodes directes* et par des *méthodes indirectes*.

1° *Méthodes directes*. La détermination du poids des corps doit toujours se faire par la double pesée, au moyen d'une balance exacte et de poids vérifiés ; les contrepoids doivent être inaltérables et avoir le plus petit volume possible, afin qu'ils ne déplacent pas plus d'air que la prise d'essai ; il ne faut pas se contenter du dosage par différence (1), parce que les pertes, inévitables dans les analyses, se reportent sur les corps dosés par l'absence, et donnent des résultats inexacts ; qu'en outre, ce mode de dosage ne fournit aucune certitude sur la pureté, ni sur la composition exacte de la matière. Par exemple : veut-on déterminer les quantités respectives d'acide carbonique et de chaux contenues dans 5 grammes de craie (composé naturel contenant plus ou moins d'eau hygroscopique, de l'air, du carbonate ferreux et peut-être des matières organiques)? Si après avoir pesé très-exactement les 5 grammes de craie on les soumet à la calcination jusqu'à ce que deux pesées correspondent, et que l'on considère la perte de poids comme étant l'acide carbonique volatilisé, il est certain que les résultats seront fautifs, car

(1) Qui fait partie des méthodes indirectes, mais que nous plaçons ici pour la faire mieux comprendre et différencier.

tout ce qui est absent n'est pas seulement l'acide carbonique, mais encore l'air, l'humidité et les produits organiques ; ce qui reste n'est pas que de l'oxyde calcique, mais encore l'oxyde de fer provenant du carbonate ferreux, transformé en oxyde ferroso-ferrique avec perte d'oxyde carbonique. On voit, par ce simple exemple, que les choses peuvent être embrouillées, au point de ne pouvoir rien conclure des résultats obtenus. Dans quelques cas, on peut cependant admettre le dosage par différence ; c'est lorsqu'il n'y a aucun doute sur la réalité des résultats et qu'on peut les vérifier : ainsi, si l'on a affaire à du carbonate calcique pur et sec, il est de fait qu'après sa calcination on pourra en doser l'acide carbonique par différence ; mais encore est-il prudent de ne pas s'habituer à ce mode de dosage, car on n'arrivera pas à des découvertes, pas même à celles de ses fautes, et l'on se contentera d'un à peu près.

Lorsqu'on veut déterminer exactement le poids d'un corps, il faut connaître préalablement le changement qu'il est susceptible d'éprouver dans les circonstances où l'on sera obligé de le placer pour le peser ou le mesurer. Si ce corps doit être pesé, il faut, cette opération ne pouvant s'exécuter qu'au contact de l'air, qu'il ne puisse se volatiliser, ni attirer l'humidité, ni s'unir à l'acide carbonique ; il faut, en un mot, qu'on puisse le retirer du vase tel qu'on l'y a placé. Ainsi, on peut peser exactement et sans précaution du carbonate calcique, parce qu'il est stable à l'air, tandis que l'oxyde calcique en absorbe plus ou moins l'eau et l'acide carbonique ; il faut donc le peser en vase fermé.

En général, tout corps susceptible de changer de poids pendant la pesée, doit être engagé dans une combinaison où cet inconvénient ne se présente pas, même par une dessiccation complète ; qu'elle soit bien définie, afin de pouvoir en calculer la composition élémentaire, qu'elle ait le poids atomique le plus élevé, et, autant que possible, que ce soit celle qui a servi à isoler le corps de sa dissolution complexe, ce qui ne peut pas toujours avoir lieu cependant. Ainsi, lorsqu'on veut doser l'acide sulfurique le plus exactement, on le transforme en sulfate barytique, qui est son sel le plus insoluble, bien défini, desséchable, pesable sans altération, et qui a un poids atomique très-élevé; mais la chaux, qu'on précipite le plus complétement à l'état d'oxalate calcique, ne se dose jamais sous cet état, parce que sa dessiccation complète l'amène à un état incertain de composition, et il faut la transformer en carbonate calcique ou mieux en oxyde ; on précipite complétement le zinc à l'état de carbonate zincique, et on le dose à l'état d'oxyde; il en est de même pour beaucoup d'autres corps. Les deux cyanures de fer et de potassium précipitent un grand nombre de composés, mais sous un état de composition qui n'en permet pas le dosage.

Pour bien faire comprendre ces préceptes, appliquons-les au dosage du soufre.

On le transformera en un composé bien défini; voyons lequel : la composition de l'acide sulfurique anhydre est la mieux établie, il est vrai; mais ce composé n'est pas susceptible d'une évaluation exacte, parce qu'il s'hydrate très-rapidement et que son poids atomique est bien moins élevé que ceux des sulfates barytique et plombique, qui, en outre, sont stables ; c'est aussi pour ces motifs que l'on donne la préférence à l'un ou à l'autre de ces deux sels plutôt qu'au sulfate potassique ou sodique; en voici l'explication : si en pesant un gramme de soufre il y a une erreur d'un centième, due à une cause quelconque (balance ou poids), la même cause ne produira plus qu'une inexactitude inappréciable sur ce gramme de soufre transformé en sulfate plombique ou barytique, car au lieu de peser un gramme, le sulfate plombique pèsera neuf grammes, quarante-sept centigrammes ; par conséquent l'erreur sur le soufre sera neuf fois et demie plus petite, c'est-à-dire à peu près nulle et négligeable. Et que serait-elle si l'on avait conservé les anciens poids atomiques ? On aurait alors 1895,66 pour poids du sulfate plombique et 1458 pour celui du sulfate barytique. On a donc mal fait en ramenant le poids atomique de tous les corps simples à celui de l'hydrogène représenté par l'unité : on a perdu de vue ce précepte basé sur l'expérience et admis par les analystes et les physiciens, *que le moyen d'amoindrir les erreurs et les inexactitudes consiste à augmenter les quantités qui les produisent.* C'est aussi l'avis de M. Berthelot, puisqu'il dit, dans son ouvrage *Sur la Synthèse chimique*, de 1876, à la page 165 : « Quant aux métaux, l'adoption des nouveaux poids atomiques, outre qu'elle est contraire à l'étude des densités gazeuses, a pour effet de compliquer extrêmement l'étude des sels et l'exposé général de leurs actions. »

D'après ces considérations, pour doser l'azote très-exactement, il faut le transformer en chlorure platinico-ammonique, dont le poids atomique est beaucoup plus élevé que celui du chlorure ammonique, et l'erreur ou la perte porte sur un plus grand nombre d'éléments.

La potasse, la soude et les autres alcalis ne seront pas dosés à l'état d'oxydes simples ou hydratés, ni à l'état d'azotate, de phosphate, d'arséniate, ni à celui d'aucune combinaison altérable à l'air ou à la chaleur nécessaire pour les dessécher complétement.

D'une manière générale, on ne peut doser à l'état libre que le cuivre, le mercure, l'argent et les métaux précieux ; le soufre et le sélénium peuvent, jusqu'à un certain point, être dosés à l'état libre dans quelques circonstances ; mais tous les corps simples doivent préférablement être engagés dans des combinaisons convenables.

Parmi les composés oxydés du premier ordre on ne

peut doser que les oxydes insolubles, fixes et indécomposables par la chaleur nécessaire à leur déshydratation, tels que aluminique, ferrique, cérique, chromique, bismuthique, plombique, stannique, cuivrique, mercurique, nickélique, cobaltique, zincique et même le calcique en vase clos; enfin, les acides silicique tungstique et borique.

Autant que possible, ne pas doser les corps à l'état de sulfures, phosphures, arséniures, etc., parce que ces composés s'altèrent promptement et ont une composition variable : les sulfures, en se vitriolisant, deviennent hyposulfites, sulfites et sulfates, et, par conséquent, laissent l'opérateur dans le doute. Pour ce qui est des chlorures, bromures, iodures, fluorures et cyanures, on ne peut doser sous ces états que ceux qui sont insolubles et indécomposables dans les conditions où ils doivent être placés pour être pesés : tels sont les chlorures argentique, mercureux, plombique et les chlorures doubles platinicopotassique, cæsique, rubidique et ammonique.

Parmi les composés du deuxième ordre, les sulfates potassique, sodique, lithique, barytique, strontique, calcique, magnésique, zincique, nickélique et cobaltique, peuvent servir au dosage de leurs bases et de l'acide sulfurique, parce qu'on peut les obtenir anhydres, et que le résultat du dosage est toujours susceptible de contrôle par l'évaluation ultérieure de l'acide sulfurique contenu dans chacun d'eux.

Le dosage par la *voie analytique*, c'est-à-dire par la pesée des corps séparés, ne donne pas dans tous les cas la certitude de la composition des corps complexes : ainsi, si l'on soumet à l'analyse deux solutions contenant un même poids de potasse saturée par du chlore, mais dont l'une l'a été sous l'influence d'une grande quantité d'eau, et l'autre sous l'influence d'une faible quantité, le dosage par la voie analytique y découvrira des proportions atomiques de chlore égales à celles du potassium, bien que les deux solutions renfermeront des composés différents, comme l'indiquent les formules suivantes :

$$1° \quad 12 \text{ Cl} + 6 \text{ K}^2 \text{ O} = 3 \text{ (K}^2 \text{ O, Cl}^2 \text{ O)} + 3 \text{ K}^2 \text{ Cl}^2$$
$$2° \quad 12 \text{ Cl} + 6 \text{ K}^2 \text{ O} = \text{K}^2 \text{ O, Cl}^2 \text{ O5} + 5 \text{ K}^2 \text{ Cl}^2.$$

La première renfermera de l'hypochlorite et du chlorure potassiques ; en outre, elle sera odorante et décolorante, tandis que la seconde contiendra du chlorate et du chlorure potassiques, mais ne sera ni odorante, ni décolorante.

Citons encore deux solutions de potasse saturées par du soufre sous des volumes d'eau et à des températures différents : on aura des produits de composition différente aussi ; de même que deux atomes de soufre et cinq d'oxygène peuvent former un atome d'acide sulfurique et un d'acide sulfureux, ou un seul atome d'acide hyposulfurique. Dans ces cas, le dosage par la *voie synthétique* donne certainement la composition de la matière dont il s'agit, parce que la synthèse emploie les quantités pesées et puis les met en présence dans les conditions propres à l'obtention du composé à produire (synthèse, placer en présence) : ayant pesé des quantités atomiques égales de potasse et de chlore, on les placera dans des conditions autres pour produire de l'hypochlorite que pour produire du chlorate, et ainsi pour tous les divers cas analogues, car ce ne sont pas uniquement les quantités des mêmes corps qui donneront toujours les mêmes produits, mais surtout les mêmes conditions : deux volumes d'hydrogène et deux d'oxygène ne donneront point de l'eau oxygénée si l'on ne réalise pas strictement les conditions spéciales pour la formation de ce produit. La *synthèse* vient donc confirmer ou infirmer la conclusion du dosage par la *voie analytique ;* elle a rendu et rend encore les plus grands services à la chimie ; par elle, on a pu affirmer la composition de l'eau ordinaire, de l'acide carbonique et de l'air atmosphérique, et de nos jours elle est, pour ainsi dire, le pivot de la chimie organique.

2° *Méthodes indirectes.* Celles-ci comprennent *le dosage par différence* (dont il a été question), *l'isomorphisme, les doubles décompositions* et *le calcul.* Ces méthodes se sont introduites dans l'analyse quantitative depuis que la théorie des proportions chimiques est adoptée.

L'*isomorphisme*, employé d'abord pour déterminer la composition de l'alumine, de la glucine, de l'yttria, de la magnésie, etc., dont les éléments ne pouvaient être séparés par aucun moyen connu, a été appliqué ensuite à d'autres composés, afin d'en fixer la composition.

Double décomposition. Par la double décomposition des chlorures de phosphore et de l'eau mis en présence, il se forme respectivement de l'acide chlorhydrique, de l'acide phosphoreux ou phosphorique, selon le chlorure de phosphore employé ; or, comme la composition des deux chlorures de phosphore était bien établie par la synthèse, on a pu, au moyen de leur double décomposition avec l'eau, déduire celle des deux oxacides.

Lorsque les doubles décompositions sont complètes, elles sont si précises qu'on peut calculer le poids des nouveaux composés produits sans les peser, et c'est sur ce fait que reposent les analyses volumétriques par double décomposition ; exemples : le dosage de l'argent par le chlorure sodique et celui de la baryte par l'acide sulfurique, etc.

Calcul des Moyennes.

Quand l'analyse quantitative d'une substance a été répétée trois ou cinq fois par les mêmes procédés, et que les résultats concordent, la somme des quantités trouvées doit représenter, à très-peu près, le poids de la prise d'essai ;

cependant, dans l'immense majorité des cas, la somme trouvée sera plutôt moindre, parce qu'il y a toujours un déficit ; dans quelques cas seulement on constate une augmentation de poids.

D'après cela, il est admis que dans les sciences d'observation et d'expériences, lorsqu'on répète plusieurs fois une détermination, on trouve généralement des résultats différents dus à des erreurs inévitables, provenant des opérations et dus circonstances qui varient d'un instant à l'autre. Ces erreurs sont de deux sortes, constantes ou régulières et accidentelles. Les premières sont inhérentes à la méthode, c'est-à-dire à l'état sous lequel on a fait apparaître et dosé le corps : ainsi il y aura probablement perte en acide sulfurique lorsqu'on le dosera à l'état de sulfate plombique, qui n'est pas tout-à-fait aussi insoluble dans l'eau (pour le lavage) que le sulfate barytique, lequel donne un résultat plus exact ; il y aura également déficit sur le dosage du plomb en grillant le sulfate plombique, qui adhère au filtre, parce qu'une partie du plomb réduit se volatilisera Il y aura excédant de poids si la matière est susceptible d'absorber l'oxygène, ou l'acide carbonique, ou l'eau à l'atmosphère pendant le lavage, ou la dessiccation, ou la pesée. Or ces erreurs dépendant de l'état de la matière, se reproduiront constamment pour la même quantité, si le manipulateur opère toujours très-exactement et de la même façon; il pourra donc savoir à quoi est dû le déficit ou l'augmentation et en tenir compte.

Les secondes proviennent de l'inexactitude des pesées, des mesurages, des lavages et des dessiccations insuffisants, des projections ou des gouttes perdues, des changements de température, de pression d'hygrométricité, et peuvent être évitées en apportant tout le soin possible dans l'exécution des opérations, car on comprend qu'on ne peut connaître la valeur d'une inexactitude qui varie peut-être à l'insu de l'opérateur.

Les écarts entre les résultats sont ordinairement plus grands quand on varie les procédés ; c'est pourquoi il faut y faire attention lorsqu'on veut prendre les moyennes ; mais il n'est pas mauvais de contrôler les procédés, afin de savoir quels sont les résultats que l'on doit adopter dans tels ou tels cas ; l'exemple suivant le prouve à suffisance : Plattner qui avait analysé à plusieurs reprises un minéral provenant de l'île d'Elbe et nommé Pollux, n'arrivait qu'à 92,75 au lieu de 100 ; il ne força point les chiffres et il eut raison, car en 1864, M. Pisani, ayant repris l'analyse du Pollux, y constata du *cœsium* au moyen du spectroscope, ce qui fit disparaître le déficit, et amena une découverte que l'on n'aurait pas faite si Plattner eût admis le nombre 100 pour résultat de son analyse.

Par suite de ce qui précède, on doit faire la somme des résultats obtenus dans les analyses concordantes, et en prendre la moyenne arithmétique, qu'on divisera par le nombre de ces analyses.

Les moyennes adoptées servent ensuite à calculer la composition de la substance analysée, au moyen de simples proportions, quelquefois au moyen d'équations, et à l'aide des formules qui expriment la composition des corps que l'on a pesés. Pour cela, on se sert des poids atomiques pour établir les rapports existant entre eux et les quantités trouvées, en ayant le soin de calculer les résultats en centièmes, afin de les rendre comparables avec d'autres. Exemple : 1 gramme de matière analysée a produit 0,8 de sulfate barytique ; on demande combien 100 p. de cette matière renferment d'acide sulfurique et de soufre ? On détermine d'abord la quantité d'acide sulfurique contenue dans le gramme, puis on la multiplie par cent. On dira donc : si P. atomique du sulfate Barytique

233 : 80 d'acide sulfurique = 0,8 en contiendront-ils ?

x = 0,27 d'acide sulfurique, qui, multiplé par 100 = 27 %. Ensuite, pour déterminer la quantité de soufre, on dira; si 80 de SO3 : 32 de soufre = 0,27 en contiendront-ils? y = 0,108, qui, multiplié aussi par 100 = 10, 8 % de soufre dans la matière dont il s'agit.

Au moyen des équations on calcule les quantités respectives des corps qu'on ne peut séparer convenablement, ou que très-difficilement comme l'oxyde ferreux d'avec le ferrique, les chlorures, les bromures et les iodures alcalins les uns des autres, etc. On désigne ces modes de faire sous le nom d'*analyses indirectes*, nous en donnons des exemples plus loin, à propos de la potasse et de la soude.

Passons ensuite aux autres opérations générales, pour rappeler quelques précautions à observer.

Dissolution. — Elle doit se faire avec peu d'acide ajouté d'abord, afin d'éviter les réactions trop énergiques qui donneraient lieu à des projections ou à l'entrainement d'une certaine quantité de la prise d'essai. Les portions d'acide à ajouter ultérieurement ne seront versées qu'après qu'on aura enlevé au moyen d'eau distillée le composé salin formé, afin de mettre toujours une nouvelle portion de la substance à dissoudre en contact direct avec l'acide, et non celui-ci dans la dissolution, attendu que plusieurs acides produisent dans ce cas des précipités : ainsi l'acide nitrique précipite les azotates barytique, plombique, argentique et d'autres ; l'acide chlorhydrique précipite également les chlorures alcalins et redissout le chlorure argentique ; enfin l'acide sulfurique redissout le sulfate barytique récemment précipité.

Fusion. — Quant à la fusion, elle concerne les essais par la voie sèche, et sera traitée d'une manière spéciale à propos de l'essai de chaque métal usuel dont nous nous occuperons.

Précipitation. Cette opération étant de la plus grande importance pour l'analyse quantitative par la voie humide, nous déclarons qu'on ne peut entreprendre un travail délicat sans la connaître parfaitement. Nous nous bornerons seulement à rappeler les trois principes généraux suivants :

1° De précipiter les corps sous leur forme la plus insoluble ;

2° De concentrer autant que possible la liqueur quand le précipité n'est pas rigoureusement insoluble, et d'y aider même par un liquide autre que l'eau, afin d'en augmenter l'insolubilité ;

3° D'abandonner le vase à un long repos, à une douce chaleur jusqu'à parfait éclaircissement.

Pour éviter un trop grand volume de liquide, on doit, lorsqu'on le peut, employer le précipitant solide ou gazeux.

Filtration et lavage. On ne filtre que quand le liquide est bien clair, afin de garder le précipité dans le vase où on le lave plus facilement et avec peu d'eau chaque fois.

On ne doit jamais oublier d'ajouter les eaux de lavage aux liqueurs filtrées ; par suite de cela, il importe beaucoup d'en avoir le moindre volume possible, et, comme les premières eaux qui passent à travers le filtre sont assez concentrées (les trois premières), on les ajoute immédiatement à la liqueur primitive, tandis que les suivantes sont concentrées pendant qu'on achève le lavage, la dessiccation et le grillage du précipité. On gagne du temps, vu qu'on peut faire bouillir ces eaux faibles et non les premières.

Analyses volumétriques ou par liqueurs titrées.

Dans l'analyse volumétrique, ou par les liqueurs titrées, ou détermine les quantités des corps à l'aide de réactifs liquides, d'une composition fixée d'avance, dont on n'emploie que tout juste le volume nécessaire et duquel on déduit immédiatement la quantité du corps à doser.

Cette méthode, supprimant les pesées, les filtrations, les lavages et toutes les autres opérations qui rendent les analyses longues et difficiles, permet d'en faire beaucoup en peu de temps.

Son principe fondamental est le suivant : la solution *titrée* ou *normalisée* d'un réactif, est une liqueur dont la quantité de substance agissante y contenue est exactement connue et également répartie dans chaque unité de volume ; c'est-à-dire que des volumes égaux renferment une même quantité de cette substance. Une telle liqueur ajoutée à la dissolution d'un corps à analyser, y occasionne certains changements, tels que apparition ou disparition d'une couleur, naissance ou cessation d'un précipité ou d'une effervescence, etc ; changements qui se manifestent aussitôt que la liqueur titrée a été versée en quantité déterminée ; alors on note exactement le volume employé, et, comme on sait quelle quantité de réactif la liqueur normale tient en solution, on arrive à connaître combien le liquide analysé renferme du corps dont il s'agit.

Descroizilles a, le premier, employé cette méthode à l'alcalimétrie, en 1806, puis Gay-Lussac, en 1829, aux essais des alliages d'argent et de cuivre, ensuite à ceux d'or, d'argent et de cuivre. Depuis lors, M. Mohr et beaucoup d'autres chimistes ont imaginé des procédés volumétriques pour doser la plupart des corps simples, mais, nous devons bien le dire, ces procédés sont loin d'être aussi simples qu'ils devraient être, d'après ce qui est indiqué plus haut ; plusieurs même sont plus compliqués que les procédés de dosage par les pesées, et tous ne visent que la détermination d'un seul corps dans la dissolution, laquelle est le plus souvent complexe et ne permet pas de les exécuter avantageusement dans la plupart des cas. Néanmoins, nous décrirons les procédés qui présentent quelque utilité.

Phénomènes produits par les liqueurs titrées.

Ces phénomènes sont :

1º *La saturation*, c'est-à-dire que les propriétés des acides sont éteintes par l'addition de liqueurs titrées de corps basiques, comme cela a lieu dans l'acidimétrie et, *vice-versa*, les propriétés des bases alcalines sont éteintes par des liqueurs acides titrées, ce qui constitue *l'alcalimétrie*.

2º *La précipitation*. Dans la dissolution d'un corps à essayer, désigné par *a*, un précipité est produit par l'addition d'un liquide titré *b*, tant qu'il y a du corps *a* en dissolution ; c'est-à-dire tant que *b* n'aura pas été ajouté en quantité suffisante : soit de l'argent dissous et qu'on le précipite par une solution de chlorure sodique.

3º *L'oxydation et la réduction*. Un corps *a* en dissolution est, ou suroxydé, ou réduit par l'addition d'une liqueur titrée *b*, qu'on ajoute en quantité déterminée ; ainsi pour l'oxydation du sulfate ferreux dissous, on y versera une quantité suffisante de permanganate potassique titré ; et pour la réduction du chlorure potassique en ferreux, on fera usage d'une solution titrée de chlorure stanneux. Par conséquent, il faut bien faire attention au moment où le phénomène se produit, parce qu'il marque le terme de l'opération, ou le *point d'arrêt*, comme on dit ordinairement.

Lorsque l'oxydation a pour objet de former un acide, ou bien un acide plus oxygéné, comme la transformation de l'acide arsénieux en acide arsénique, la dissolution doit être neutre, ou préférablement alcaline, parce que cela favorise l'acidification ; dans le cas de la réduction, au contraire, s'il doit se former un oxyde, comme la transformation de l'acide permanganique en oxyde manganeux, la dissolution doit être acide ; c'est du reste conforme à l'affinité.

Les caractères auxquels on reconnaît que l'oxydation et la réduction sont suffisantes, sont généralement si nets que, dans la plupart des cas, on n'est jamais incertain même d'une goutte du réactif à devoir ajouter.

Les substances qui absorbent l'oxygène sont titrées directement jusqu'à leur complète oxydation au moyen d'un agent oxydant d'une composition connue ; les corps qui, au contraire, cèdent de l'oxygène, sont d'abord réduits au moyen d'une quantité connue et ajoutée en excès d'un agent réductif, dont on mesure ensuite l'excès en employant un agent d'oxydation titré par rapport à lui : ainsi, l'or est précipité à l'état réduit par de l'acide oxalique, et l'excès de celui-ci est mesuré immédiatement après au moyen d'une solution de permanganate potassique titrée par rapport à l'acide oxalique.

Réactifs de l'analyse volumétrique.

On emploie comme *agents oxydants*, le permanganate potassique, le chlore, l'eau de Brôme, la teinture d'iodure potassique ioduré, le bichromate potassique.

Comme *réductifs*, l'acide sulfureux, le sufite et l'hyposulfite sodiques, le chlorure stanneux, les sels ferreux, les acides oxalique, phosphoreux et arsénieux, l'arsénite sodique, le cyanure ferroso-potassique, le zinc métallique.

Toutes ces substances n'ont pas la même valeur au point de vue analytique.

Voici les conditions que les réactifs doivent réunir : 1° qu'on puisse se les procurer facilement purs ; 2° qu'ils se conservent en dissolutions étendues, sans s'altérer, surtout les réductifs ; 3° qu'ils indiquent la fin de l'opération par un phénomène très-net ; 4° qu'ils soient solides, non volatils et non hygroscopiques, afin qu'on puisse peser très-exactement la quantité à en dissoudre pour préparer la liqueur normale.

Or, toutes les substances citées plus haut ne réunissent pas ces conditions, et c'est pourquoi on a fait un choix : parmi les oxydants, on préfère le bichromate potassique, le permanganate potassique et l'iodure potassique ioduré ; parmi les réductifs, on désigne le chlorure stanneux, les acides oxalique et arsénieux, l'arsénite sodique, le bisulfite sodique, le cyanure ferroso-potassique et le zinc.

Dans les divers essais volumétriques, on peut employer deux procédés différents, savoir : le *dosage direct* et le *dosage par reste*.

Par le premier procédé, on détermine la quantité du corps à doser en agissant directement sur lui et en n'employant que juste la quantité de réactif nécessaire pour produire l'effet voulu, soit l'apparition d'une couleur, ou la cessation d'un précipité : dans le cas du ferreux transformé en ferrique, la couleur devient rosée par le permanganate potassique ; la cessation du précipité de sulfate barytique indique qu'il n'y a plus d'acide sulfurique dans la liqueur qu'on essaie.

Par le second ou par reste, si la substance à déterminer ne peut présenter avec le réactif un phénomène très-net et facilement appréciable, on produit d'abord la réaction avec une quantité connue et en excès de ce réactif, et on mesure ensuite l'excédant au moyen d'un second susceptible de donner lieu à un phénomème évident : nous avons cité tantôt l'emploi du permanganate potassique pour mesurer l'excès d'acide oxalique dans la réduction de l'or ; citons encore la solution titrée de bichromate potassique pour mesurer l'excès d'azotate argentique dans le dosage du chlore et produire un précipité rouge-pourpré ; la solution d'hypochlorite sodique pour mesurer l'excès d'acide arsénieux employé dans la sulfhydrométrie. Cette manière de faire peut en outre servir de contrôle au dosage direct.

Liqueurs normales et appareils employés.

Les *solutions titrées ou normales* des réactifs, sont ou *rationnelles* ou *empiriques* : les premières contiennent par itre (1000 cc) et à la température de 17°5 un équivalent ou un poids atomique de la substance active ou 1/10 ou 1/100 ou 1/1000 d'atome, mais toujours une quantité en rapport avec ce dernier, suivant qu'on veuille doser des centièmes ou des millièmes, comme pour l'argent et l'or ; on dit alors *solutions décimes, centimes* ou *centièmes* et *millièmes.*

Les *solutions empiriques* renferment par litre des proportions de la substance active qui ne correspondent ni à un atome ni à 1/100 ni à 1/1000 d'atome; elles sont titrées de manière que si l'on en emploie un centimètre cube, cela indique qu'il y a dans la dissolution essayée 1 pour cent du corps qui doit être dosé = *liqueurs normales empiriques.*

Pour préparer les *solutions normales ou titrées,* on prendra le réactif à l'état anhydre, s'il est solide ; on en pèsera une quantité correspondant à un atome ou à une fraction d'atome, si l'on veut obtenir une *liqueur rationnelle,* et un ou plusieurs grammes, si la liqueur doit être empirique, puis on le dissoudra au moyen d'eau distillée bouillie, ou d'un acide ou d'un alcali, d'après la formule indiquée par le procédé à suivre pour exécuter l'analyse. La solution étant obtenue au volume d'un litre, on la titrera en dissolvant, d'autre part, un poids atomique ou un gramme du corps pur au dosage duquel on destine cette liqueur, et fractionnant la dissolution de ce corps en trois ou cinq volumes égaux, dont on tiendra note, on y versera successivement de la solution du réactif placée dans une burette graduée et jusqu'à production finale d'effet ; on obtiendra, de la sorte, en en retranchant un demi centimètre cube (lorsqu'on opérera sur un demi litre de dissolution) comme ayant servi à indiquer le point d'arrêt, des résultats qui permettront d'adopter un facteur pour fixer le titre de la liqueur ainsi normalisée.

Titrer c'est, pour ainsi dire, peser sans balance, car on ne fait qu'une pesée, celle de la prise d'essai.

Les liqueurs titrées seront conservées soigneusement à l'abri de toute cause qui pourrait les modifier ; néanmoins, chaque fois qu'on devra les employer après quelques jours d'intervalle, on en éprouvera le titre, afin d'éviter des inexactitudes ; d'autre part, les dissolutions dans lesquelles on les versera, devront toujours avoir le même degré de dilution que celle qui a servi pour le titrage.

Les appareils qu'on emploie dans ces sortes d'analyses sont des Matras de verre, de la capacité d'un litre et en-dessous, et divisés en demi-centimètres cubes ; puis des burettes également divisées en demi-centimètres et en millimètres, pourvues d'un flotteur qui indique plus nettement le niveau intérieur du liquide, et d'un robinet pour régler l'écoulement. Tous ces vases doivent être connus de ceux qui ont appris à manipuler avant d'aborder les opérations analytiques.

CHAPITRE QUATRIÈME.

Séparation et dosage des corps électro-positifs.

Toutes les généralités de l'analyse quantitative ayant été passées en revue, nous allons exposer les meilleurs procédés spéciaux à suivre pour séparer le plus exactement possible les corps des combinaisons dans lequelles ils sont engagés et en déterminer le poids ; les procédés reconnus insuffisants ou inexacts seront passés sous silence, afin de ne pas augmenter inutilement ce volume.

Nous suivrons l'ordre que nous avons adopté dans le *Traité d'analyse qualitative*, c'est-à-dire que nous nous occuperons d'abord des corps *électro-positifs*, ensuite des corps *électro-négatifs*.

Premier groupe.

Il comprend les métaux alcalins *potassium*, *sodium*, *ammonium*, *cœsium*, *rubidium* et *lithium*.

NOTIONS PRÉLIMINAIRES.

Les dissolutions de ces métaux n'étant précipitées par aucun des réactifs génériques, et tous leurs sels étant solubles dans l'eau, il faut les doser à l'état de sel anhydre, ou de composé double insoluble dans l'alcool.

POTASSIUM $K = 39.11$.

Le *potassium* peut se doser sous les états suivants : *de sulfate, de chlorure, de nitrate* et *de carbonate*. *L'hydrofluo-silicate potassique, le perchlorate* et *l'hyposulfite bismuthico-potassique*, étant insolubles dans l'eau alcoolisée, peuvent aussi servir à doser le potassium ; mais les quatre premiers genres sont suffisants et donnent des résultats plus précis.

Voici comment on exécute ces divers dosages.

1° *De sulfate.* — Si la solution ne renferme rien de fixe que le sulfate potassique, on l'évapore à siccité avec précaution dans une capsule de platine, puis on calcine progressivement, mais très-lentement (pour éviter des pertes par la décrépitation), le résidu jusqu'à ce qu'il ne diminue plus de poids, duquel on détermine par le calcul la quantité de potassium.

Il est bien entendu que si la liqueur contient, en outre, de l'acide nitrique et un chlorure quelconque, on l'évaporera d'abord à siccité dans une capsule de porcelaine, et puis on calcinera le résidu dans un creuset de platine.

Si le résidu de l'évaporation à siccité est du bisulfate potassique, il faut le calciner en posant dessus un morceau de carbonate ammonique, qui lui enlève l'excédant d'acide sulfurique et laisse, après plusieurs additions de carbonate ammonique, du sulfate potassique neutre, qu'on pèse et admet définitivement lorsque le creuset ne diminue plus de poids. Ces calcinations doivent se faire sans produire des projections et le creuset doit être fermé par un couvercle de platine convexe. — Après la pesée on dissout le sulfate potassique dans de l'eau, afin de constater s'il est bien neutre, et s'il ne contient pas du platine, qu'il faudrait défalquer du poids obtenu.

2° *De chlorure.* — Si le potassium existe à l'état de chlorure dans la solution, on évapore celle-ci à siccité dans une capsule de platine, puis on chauffe peu à peu le résidu de façon à le porter au rouge (pas au-delà, parce qu'il est volatil) sans qu'il décrépite, et on le pèse. Le creuset doit être fermé de manière à empêcher l'entrée de l'air, dont le courant pourrait entraîner du chlorure potassique.

3° *De nitrate.* — La liqueur sera également évaporée à siccité, et le résidu maintenu à une température de 105 à 110° jusqu'à ce que son poids ne diminue plus. Une température supérieure décomposerait plus ou moins le nitrate potassique et le dosage serait inexact. S'il y a présence de substance organique, ce procédé ne peut convenir.

Pour s'assurer de l'exactitude du résultat, on transforme 1° le nitrate pesé en sulfate potassique, duquel on enlève l'excédant d'acide et dont on achève la détermination du poids comme il est indiqué plus haut ; 2° ou bien, en chlorure potassique au moyen de plusieurs calcinations avec du chlorure ammonique exécutées dans un creuset de porcelaine ; 3° ou enfin, en calcinant le nitrate potassique à plusieurs reprises dans un creuset de platine avec de l'acide oxalique, qui le transforme complétement en carbonate potassique anhydre, qu'on pèse.

4° *De carbonate.* — On évapore aussi à siccité la liqueur qui renferme ce sel, qu'on calcine au rouge jusqu'à cessation de diminution de poids. Si la liqueur est trop alcaline, c'est qu'elle contient de l'hydrate potassique ; alors il faut l'évaporer dans une capsule de porcelaine, puis calciner le résidu dans un creuset de platine avec additions de carbonate ammonique, pour être certain d'obtenir du carbonate potassique neutre qu'on pèse. Mais comme ce sel est très-avide d'humidité, il est difficile d'en faire une pesée exacte ; il est préférable de le transformer en sulfate ou en chlorure, comme il a été indiqué.

5° On peut encore doser la potasse par des *Méthodes volumétriques*, soit en déterminant les quantités d'acide carbonique contenues dans le carbonate neutre et le bicarbonate, soit par la quantité qu'il faut employer d'un acide titré pour saturer la potasse contenue dans la prise d'essai.

6° *Présence de substances organiques.* — Il faut d'abord séparer la potasse des substances organiques, si celles-ci n'y sont que mêlées et insolubles dans l'eau. Dans les cas contraires, comme ceux des sels à acides organiques, il faut les détruire par des grillages avec du nitrate ammonique, qui donnera une masse blanche composée de carbonate et de nitrate potassiques, qu'on calcinera ensuite avec du chlorure ammonique pour obtenir tout chlorure potassique ; ou bien avec du sulfate ammonique pour avoir du sulfate potassique, en procédant comme plus haut. Ces calcinations s'exécuteront dans des creusets de porcelaine ou d'argent.

SODIUM Na = 23.

Le *sodium*, quand il existe seul comme sel fixe dans une solution, peut être dosé sous les mêmes états que le potassium. Son chlorure étant plus fixe que celui du potassium, et son carbonate n'étant nullement avide d'humidité, rendent les dosages plus faciles.

Lorsqu'il est combiné à l'acide phosphorique, il faut d'abord séparer celui-ci par l'azotate argentique, puis enlever l'excès de ce dernier par de l'acide chlorhydrique et la filtration, évaporer la liqueur à siccité et calciner le chlorure sodique obtenu. S'il l'on a affaire au borax, on éliminera l'acide borique par un excès d'acide chlorhydrique et la filtration ; pour être sûr que tout l'acide borique est éliminé, on évaporera le chlorure à siccité, on le calcinera, puis on le redissoudra et on en dosera le chlore par l'azotate argentique, ce qui permettra de calculer le sodium.

Quant aux opérations chimiques qui ont pour but de transformer le sodium en sulfate, ou en chlorure, ou en carbonate, elles s'exécutent avec les mêmes précautions que pour le potassium. Nous en dirons autant des dosages volumétriques de la soude, et de la manière d'opérer lors de la présence de substances organiques.

SÉPARATION DU POTASSIUM D'AVEC LE SODIUM.

Il existe deux méthodes pour déterminer les proportions relatives de potassium et de sodium qui se trouvent dans un mélange.

La première, ou *méthode directe*, consiste à transformer d'abord ces deux métaux en chlorures doubles alcalino-platiniques, dont celui du potassium est suffisamment insoluble dans l'alcool éthéré pour être séparé complétement de celui du sodium, ce qui permet ensuite de les peser respectivement ; la seconde, ou *méthode indirecte*, conseillée il y a déjà longtemps par *Richter*, consiste à transformer ces deux métaux en sulfates ou en chlorures alcalins bien anhydres, que l'on pèse, puis à déterminer par le nitrate barytique ou l'argentique la quantité d'acide sulfurique ou de chlore y contenue, et à calculer ensuite les proportions de potassium et de sodium qui y sont combinées. Voici la manière d'exécuter ces deux méthodes :

A. — *Méthode directe.*

1° *Par le chlorure platinique.* — La solution ne doit contenir ni silice, ni alumine, ni fer, ni baryte, ni chaux, ni magnésie, ni acide sulfurique, ni phosphorique, ni nitrique. Le mieux est que le potassium et le sodium soient à l'état de chlorures anhydres auquel on les amène par les moyens indiqués précédemment. Alors on pèse la masse solide qui, supposons-le, ne renferme rien d'autre, puis on la dissout dans une capsule de porcelaine par la moindre quantité possible d'eau froide et l'on y verse immédiatement une solution neutre et concentrée de chlorure platinique, en quantité plus que suffisante pour que les deux métaux alcalins soient transformés en chlorures doubles platiniques, et afin d'être sûr que du chlorure sodique ne se précipitera pas en même temps que le chlorure platinico-potassique et n'en augmentera pas le poids. Ensuite on évapore au bain-marie jusqu'à consistance de miel *au plus*, afin que le chlorure platinico-sodique ne perde pas son eau de cristallisation, car il deviendrait moins soluble. En refroidissant, la masse se solidifie; on la reprend par de l'alcool de 0,83 additionné du cinquième de son volume d'éther, ou seulement par de l'alcool de 85°. Après avoir bien agité le précipité et laissé éclaircir le liquide pendant plusieurs heures, on filtre celui-ci, qui, s'il est coloré en jaune foncé, indique qu'il y a suffisamment du chlorure platinique. Le précipité ayant été lavé complétement avec de l'alcool éthéré, est reçu dans un filtre taré, puis desséché à 120° et pesé ; en multipliant ensuite le poids trouvé par 0,3054, on obtient celui du chlorure potassique (ou 100 p. du double chlorure = 16 de potassium, qui correspondent à 19,09 de potasse), lequel étant soustrait du poids de la prise d'essai, donne pour reste la quantité de chlorure sodique.

Pour contrôler l'exactitude de l'analyse, on peut décomposer le chlorure platinico-potassique en le chauffant avec le filtre dans un creuset de porcelaine, d'abord au rouge faible pour éviter toute volatilisation, puis en y faisant arriver un courant d'hydrogène et dosant ensuite le chlorure potassique restant ou son chlore.

Mais il est préférable de déterminer directement la quantité de chlorure sodique : à cet effet, on évapore à siccité, dans une capsule de porcelaine et avec précaution pour qu'il ne prenne pas feu, le liquide alcoolo-éthéré qui contient le chlorure platinico-sodique ; alors on humecte celui-ci avec une solution concentrée d'acide oxalique et on chauffe à feu nu de façon à décomposer tout le chlorure platinique, ce à quoi aide beaucoup l'acide oxalique. Après plusieurs additions de cet acide, tout le chlorure platinique est réduit : on laisse refroidir, on épuise le résidu par de l'eau chaude, qui doit donner une solution parfaitement incolore, qu'on filtre, évapore à siccité dans un creuset de platine fermé, chauffe au rouge et pèse, pour connaître le poids exact du chlorure sodique.

Il va de soi que si l'analyse a été bien exécutée on trouvera le poids de la prise d'essai en faisant la somme des deux chlorures.

Ce mode de séparation et de dosage du potassium et du sodium est le plus convenable, et peut s'appliquer à tous leurs sels dont l'acide est soluble dans l'alcool.

Si l'on a quelque doute sur la séparation du sodium par une seule précipitation au moyen du chlorure platinique, on peut redissoudre le chlorure platinico-potassique par de l'eau bouillante, puis l'évaporer avec un peu de chlorure platinique et reprendre la masse comme il a été dit ; de la sorte le précipité sera exempt de sodium.

Lorsque les deux sels existent à l'état de sulfates, voici comment on peut les transformer en chlorures : 1° en les chauffant à plusieurs reprises avec du chlorure ammonique ainsi que nous l'avons indiqué ; 2° en les précipitant, d'après L. Smith, par une solution d'acétate plombique neutre, dont on évite un excès, y ajoutant un peu d'alcool, et filtrant après l'éclaircissement de la liqueur ; précipitant ensuite l'excès de plomb par du sulfide hydrique, filtrant et évaporant à siccité le liquide additionné de chloride hydrique, reprenant le résidu par de l'eau froide et filtrant sa solution pour la priver du soufre, puis la traitant par le chlorure platinique, comme il vient d'être indiqué.

B. — Méthode indirecte.

Quand on ne peut peser séparément, sous une forme quelconque, les corps qu'il s'agit de doser, on est obligé alors d'en déterminer le poids d'une manière indirecte en les pesant d'abord ensemble : s'agit-il du potassium et du sodium, on dose d'abord collectivement les deux métaux alcalins à l'état de chlorures ou de sulfates anhydres, en les y amenant par les moyens indiqués, puis on en précipite tout le chlore ou tout l'acide sulfurique par de l'azotate argentique ou du chlorure barytique, et l'on dose la quantité totale de chlore ou d'acide sulfurique trouvée. Ensuite on cherche par le calcul à quelle proportion chimique de potassium et de sodium ces corps électro-négatifs sont respectivement combinés en procédant de la manière suivante :

1° Dans cinq grammes d'un mélange sec de chlorures potassique et sodique, combien y a-t-il de chacun ?

L'atome de potassium = 39,11 ; l'atome de chlore = 35,5 ; donc l'atome de chlorure potassique est = à 74,61.

1 at. de Na = 23. 1 at. de Ch = 35,5 ; donc l'at. de Na Cl = 58,5.

On détermine d'abord, au moyen du nitrate d'argent, la quantité totale du chlore, qu'on trouve = à 2 gr. 85 ; on cherche ensuite à quelle quantité de K Cl elle correspond, dans la supposition que le mélange ne renferme que de ce chlorure :

35,5 : 74,61 = 2,85 : x = 5 gr. 99, si tout était du chlorure potassique ; mais puisque la prise d'essai ne pèse que 5 gr., elle doit renfermer du chlorure sodique, dont la quantité est proportionnelle à la différence de 5 gr. 99 — 5 gr. ou = 0,99, et qui sera indiquée par la proportion suivante :

La différence entre le poids atomique du chlorure potassique et celui du chlorure sodique (16,11) est à l'atome de Na Cl (58,5), comme la différence trouvée est au chlorure sodique cherché ; par conséquent on dira, 16,11 : 58,5 = 0,99 : y = 3 g. 595 de Na Cl, en forçant le dernier chiffre, et qui soustraits de :

$$5 \text{ g. } 000 \text{ prise d'essai}$$
$$3, \quad 595$$

donne   1,   405 de K Cl.

Comme preuve, supposons l'inverse, c'est-à-dire que les 2,85 de chlorure sont combinés avec du sodium, pour former du Na Cl ; on dira :

35,5 : 58,5 = 2,85 : x = 4,6965 de Na Cl, si tout en était ; quantité moindre que 5 gr. dont la différence est = à 0,3035, et avec laquelle on posera la proportion suivante :

16,11 : 74,61 = 0,3035 : y = 1,4056 de K Cl, qui soustrait de la prise d'essai

$$5,0000$$
$$1,4056$$

———

donne   3,5944 de Na Cl comme plus haut.

2° Dans 2 grammes, 5 d'un mélange sec de sulfates potassique et sodique, combien y a-t-il de chacun ?

L'acide sulfurique y contenu est = à 1 gr 35, qui transformé en sulfate potassique, donne :

S O^5 — K^2 O, S O^5 — S O^5 trouvé.

80 : 174,22 = 1,35 : X = 2,94 de sulfate potassique.

La différence en trop entre 2,94 et 2,5 prise d'essai, est 0,44 ; elle indique que ce n'est pas tout sulfate potassique, mais que l'excédant est remplacé par du sulfate sodique, dont la quantité est proportionnelle à la différence trouvée, et se calculera comme il suit :

La différence entre le poids atomique du sulfate potassique et celui du sulfate sodique (32,22), est à l'atome de ce dernier (142), comme l'excédant trouvé = 0,44 est au sulfate sodique contenu dans le mélange ; d'où l'on dira :

32,22 : 142 = 0,44 : y = 1,940 de sulfate sodique, qui soustrait des 2,5 grammes

$$2,500$$
$$1,940$$

———

donne 0,560 de sulfate potassique.

ESSAIS DES POTASSES ET DES SOUDES.

Ces essais consistent dans la détermination de la richesse en alcali libre et carbonaté des potasses, des soudes, des lessives caustiques, des cendres, des eaux du gaz, etc.

L'évaluation de ces matières doit se faire à divers points de vue : pour certaines applications, on peut se borner à déterminer le carbonate et l'alcali, tandis que pour d'autres, il faut, en outre, tenir compte du chlorure, du sulfate, du sulfure, du sulfite et de l'hyposulfite qui s'y trouvent. Pour la fabrication du cristal et celle du savon mou, il faut déterminer la quantité de soude qui accompagne la potasse, parce qu'elle est nuisible; pour la fabrication du verre et du savon dur, il faut, au contraire, déterminer la potasse qui accompagne la soude, celle-ci étant la seule convenable.

La détermination de l'alcali, tant libre que carbonaté et sulfuré, dans le cas de la soude, se fait par l'opération désignée sous le nom *d'alcalimétrie*, qui est une saturation opérée au moyen d'un acide normalisé. Pour l'exécuter, on suit le procédé de Gay-Lussac ou celui de Mohr : le premier consiste à dissoudre 4 gr. 70 de la potasse ou 3 gr. 1 de la soude (quantités représentant respectivement 1/20 d'équivalent de chacun des deux alcalis, et capables de saturer exactement 5 gr. d'acide sulfurique à 66°) à essayer dans de l'eau, de façon à produire un litre de solution, que l'on colore en bleu par quelques gouttes de teinture de tournesol, puis à y verser, au moyen d'une burette graduée, d'une liqueur acide normalisée et préparée avec de l'acide sulfurique marquant 66°, jusqu'à ce que la solution alcaline qui était bleue, prenne une couleur rouge et persistante même après une vive ébullition.

D'après Mohr, la liqueur normale acide est préparée avec de l'acide oxalique sec, et versée aussi jusqu'à coloration rouge permanente. Le nombre des divisions employées indique l'alcalinité de la prise d'essai, ou son *titre alcalimétrique*, comme on dit dans le commerce.

La liqueur normale acide peut renfermer 100 gr. d'acide sulfurique à 66° par litre, ou une même quantité d'acide oxalique; ou bien, si l'on opère sur une quantité de potasse ou de soude représentant respectivement leur poids atomique, on préparera les liqueurs normales acides avec des quantités atomiques de ces derniers ; c'est-à-dire 98 gr. de So^3, H^2O, ou 126 gr. de C^2O^5, $3 H^2O$ pour un litre d'eau ; ou bien encore un cinquième ou un dixième de leur poids atomique.

Le procédé alcalimétrique étant décrit dans tous les ouvrages de chimie industrielle, nous n'en dirons pas davantage.

Mais, ainsi que nous l'avons dit page 67, plusieurs des composés qui accompagnent les alcalis, sont décomposés, leurs acides sont mis en liberté et leurs bases prennent de l'acide normalisé pour se saturer ; de façon que la plus grande quantité du réactif employé indique un titre alcalimétrique plus élevé qu'il ne l'est réellement.

C'est pourquoi M. Jarmain a recommandé, en 1876, de procéder à l'essai de la soude brute en employant un acide sulfurique normalisé de telle sorte que chaque centimètre cube neutralise 32 milligrammes d'oxyde sodique, et une solution de ce dernier, telle qu'elle neutralise un volume égal de l'acide sulfurique précédent, dont elle sert à repêcher les centimètres cubes qu'on aurait mis de trop.

Le titrage des deux liqueurs se fait de la manière suivante : on prend 10 gr. 944 de carbonate sodique, dont on a constaté la pureté et chassé complétement l'humidité par une calcination prolongée; on les dissout dans un verre avec un peu d'eau distillée, puis on verse la solution dans une burette de 100ᶜᶜ, et l'on ajoute au rinçage du verre assez d'eau distillée pour obtenir les 100^{cc}. On les verse ensuite dans une bouteille et on y ajoute encore 100^{cc} d'eau distillée ; chaque centimètre cube de cette liqueur contient 32 milligrammes d'oxyde sodique, et sert à préparer, comme il suit, une solution d'acide sulfurique de force égale : On remplit à moitié 1 litre d'eau distillée, on y verse 31^{cc} d'acide sulfurique reconnu pur et marquant 66° Baumé, puis on remplit avec de l'eau distillée et l'on verse le mélange dans un flacon qu'on agite afin de mélanger parfaitement les deux liquides. Après le refroidissement, on constate la force de cet acide en le comparant à la solution type de carbonate sodique. Pour cela, on verse 100^{cc} de cette dernière dans un vase à faire bouillir, on y ajoute 100 autres centimètres cubes d'eau distillée et quelques gouttes de teinture de tournesol ; ensuite on remplit la burette jusqu'au trait de 100^{cc} avec de l'acide sulfurique dilué, et l'on en verse peu à peu dans le vase jusqu'à ce que le tournesol commence à rougir ; alors on fait bouillir pour chasser l'acide carbonique, et on y reverse peu à peu de l'acide sulfurique jusqu'à ce que la couleur rouge persiste en ayant le soin de faire bouillir après chaque addition. Arrivé à ce point, on lit le nombre de centimètres cubes versés, et si, par exemple, on en a employé 94, on devra, pour lui donner la force voulue, ajouter 6 parties d'eau aux 94 de l'acide d'essai.

Pour faire ce mélange, on verse 60^{cc} d'eau distillée dans la mesure à litre, que l'on remplit jusqu'au trait 100 avec de l'acide d'essai, puis on l'introduit dans le flacon ; ce liquide sera l'acide sulfurique type dont chaque centimètre cube neutralisera 32 milligrammes d'oxyde sodique. Ces deux liqueurs étant normalisées, voici comment on procède à l'essai :

On pèse 32 gr.,35 du carbonate sodique à essayer, on les dissout à chaud dans 100^{cc} d'eau distillée et l'on filtre ; on lave le résidu, on le dessèche et on le pèse. Cela fait, on

ajoute quelques gouttes de teinture de tournesol à la solution alcaline, puis on y verse, au moyen de la burette, de la
liqueur type d'acide sulfurique, en procédant comme ci plus
haut, et le nombre de centimètres cubes employés indique
la teneur pour 100 d'alcali effectif contenu dans le sel de
soude essayé. Il n'est pas nécessaire de la calculer, puisque
chaque centimètre cube d'acide, neutralisant 32 milligr.
d'oxyde sodique, on saura tout de suite combien il y a de
ce dernier dans la prise d'essai.

Pour aller plus vite, M. Jarmain conseille de faire usage
de la solution type de soude caustique (qui contient 32 milligrammes de cet oxyde par centimètre cube) pour repêcher les centimètres cubes d'acide sulfurique qu'on aurait
mis de trop en le versant en une fois, comme cela se pratique ordinairement dans les essais commerciaux : si dans
un essai on a d'abord versé 60 centimètres cubes d'acide
sulfurique normalisé, puis 8 centimètres cubes de soude
caustique, pour faire reparaître la couleur bleue, la teneur
pour 100 d'alcali effectif sera 60 — 8, c'est-à-dire 52.

Lorsqu'il s'agit des potasses naturelles, provenant de la
crême de tartre ou du sel d'oseille, on les grille au contact
de l'air afin de détruire les acides organiques et d'obtenir
tout carbonate potassique, que l'on peut ensuite traiter
comme plus haut.

Quoi qu'il en soit des meilleurs procédés volumétriques,
ils sont insuffisants pour déterminer les quantités de chacun des corps qui accompagnent le principal alcali dans les
composés bruts.

M. Tessié a indiqué le procédé suivant, assez rapide et
peu compliqué, pour analyser les potasses et les soudes :
25 grammes pulvérisés au préalable sont desséchés d'abord
à 110 ou 120° et repesés, puis chauffés progressivement
jusqu'au rouge et repesés pour connaître exactement l'eau
et les produits volatilisables. Le produit fixe est épuisé à

froid par 500 centimètres cubes d'eau distillée ; la filtration, la dessiccation et la pesée font connaître le poids des matières insolubles (carbonates de chaux et de magnésie, silice, alumine et oxyde de fer), et par conséquent, celui des matières solubles. Deux portions de 100 cc. chacune servent à déterminer successivement la quantité d'alcali au moyen d'un acide normalisé (on a plus de certitude en faisant deux fois cette détermination). 100 autres centimètres cubes sont employés à doser les sulfates ; puis 50 pour le chlorure, et 10 ou 20 pour déterminer respectivement la potasse et la soude, quand elles y sont toutes les deux. Comme on a suffisamment de la liqueur, on peut répéter chacune de ces déterminations pour les contrôler.

Les potasses brutes renfermant assez souvent de l'acide phosphorique, on peut procéder comme il suit à sa détermination : 10 grammes sont dissous dans de l'eau, et la solution filtrée, puis acidulée d'acide nitrique, est chauffée pour expulser tout l'acide carbonique ; ensuite on y verse peu à peu de l'azotate argentique et on l'abandonne au repos jusqu'à ce qu'elle soit bien éclaircie ; alors on reçoit le précipité de chlorure d'argent dans un filtre taré, et on le pèse après lavage et dessiccation. La liqueur restante est saturée *prudemment* par de l'ammoniaque étendue, qu'on ajoute goutte à goutte en agitant, afin de ne pas redissoudre le précipité de phosphate argentique, qu'on filtre, lave, dessèche et pèse. Il faut beaucoup de délicatesse pour ne pas redissoudre du phosphate argentique par l'ammoniaque ; on pourrait séparer l'argent par le sulfide hydrique, puis précipiter l'acide phosphorique par le réactif triple ou un autre.

AMMONIUM. — $Az^2\,H\,8 = 36$.

L'ammonium peut être dosé à l'état de chlorure, de sulfate, de nitrate, de chlorure platinico-ammonique et par la méthode volumétrique.

1° De *chlorure*. —Si la liqueur ne renferme que de l'ammoniaque caustique, ou un sel ammoniacal à acide volatil, même le sulfhydrate, ou insoluble, on la sature légèrement par du chloride hydrique et on la filtre, s'il est nécessaire, puis on l'évapore à siccité au bain-marie chauffé à 85° au plus, afin de ne pas volatiser de l'ammoniaque ; alors on humecte le produit à plusieurs reprises avec quelques gouttes d'eau pour être certain de chasser l'excès d'acide chlorhydrique, et on le dessèche à 100°, jusqu'à ce qu'il ne perde plus de son poids, puis on note la quantité de chlorure ammonique obtenue.

2° De *sulfate* ou de *nitrate neutre*.—En évaporant au bain-marie et avec précaution la solution qui contient l'un ou l'autre de ces sels, puis pesant le résidu, comme il a été indiqué à propos du potassium et du sodium. Mais si ces sels sont acides, il faut recourir à la précipitation par le chlorure platinique, car on ne peut volatiliser l'excès de ces acides sans volatiliser de l'ammoniaque aussi.

3° De *chlorure platinico-ammonique.* — Ce procédé est applicable aux sels ammoniacaux dont les acides sont solubles dans l'alcool éthéré, c'est-à-dire aux chlorure, sulfate, nitrate, phosphate, etc.

Pour l'exécuter, on verse un excès d'une solution concentrée et neutre de chlorure platinique dans celle du composé ammoniacal, on les mêle parfaitement, et on évapore à la plus basse température possible, à peu près à siccité, dans une capsule de porcelaine, comme s'il s'agissait du potassium. Alors on reprend la masse froide par de l'alcool fort et éthéré, on agite à plusieurs reprises et l'on continue comme pour le potassium, excepté qu'on ne dessèche le précipité qu'à 100° ; son poids multiplié par 0,0761 fait connaître la quantité d'ammoniaque gazeuse.

Pour plus d'exactitude, on doit décomposer le chlorure platinico-ammonique par la chaleur, sous un courant d'hydrogène, et peser le platine réduit, dont le poids multiplié par 0,1717 fera connaître exactement la quantité d'ammoniaque contenue dans la prise d'essai.

On opérera encore de cette façon lorsque l'ammoniaque sera accompagnée de sels dont les acides sont insolubles dans l'alcool éthéré, et qui seront, par conséquent, précipités en même temps que le chlorure platinico-ammonique (sans contracter de combinaison avec le chlorure platinique). Après le lavage et la dessiccation, on calcinera le précipité sous un courant d'hydrogène, afin d'obtenir le platine réduit, dont le poids fera connaître la quantité d'ammoniaque.

S'il s'agit de sels ammoniques insolubles dans l'eau, tels que les phosphate et arséniate magnésico-ammoniques, on les dissout d'abord par de l'acide chlorhydrique, puis on précipite les dissolutions par du chloride platinique, et etc.

Lorsque la matière à analyser contient des corps fixes, qui ne se prêtent pas facilement à la précipitation de l'Ammoniaque sous l'état de chlorure platinico-Ammonique, on la dessèche parfaitement, on la pèse et puis on la calcine très-lentement, mais progressivement, jusqu'à ce qu'elle n'éprouve plus de diminution de poids, laquelle présente l'ammoniaque ou ses sels volatilisés. La calcination doit se faire dans un creuset de platine, excepté lorsqu'il y a présence de Nitrate alcalin.

L'ammoniaque contenue dans l'eau ou dans une liqueur, en est d'abord volatilisée par la distillation avec de la magnésie calcinée, et reçue dans de l'eau pure, d'où on la dose comme il est dit plus haut.

Mais quand l'ammoniaque existe en même temps que des substances Azotées, comme c'est le cas pour le fumier et les autres engrais, Schlœsing recommande de la neutraliser d'abord par de l'acide chlorhydrique faible, et de séparer le liquide du dépôt par la filtration; de distiller ensuite sur de la Magnésie récemment calcinée, en adaptant au ballon un serpentin renversé, c'est-à-dire que la vapeur y entre par le dessous (per Ascensum), afin que le gaz ammoniac seul en sorte par le dessus et que les liquides reviennent dans le ballon ; l'ammoniaque reçue dans de l'eau distillée sera dosée comme plus haut.

Schlæsing recommande ce procédé pour éviter complétement la formation d'ammoniaque avec les corps Azotés organiques, car les nitrates ne donnent pas de l'ammoniaque dans le cas présent.

Lorsqu'on essaye les eaux du gaz, le sulfure d'ammonium et l'hyposulfite peuvent donner lieu à des erreurs ; mais comme ces eaux ne servent qu'à la fabrication du sel ammoniac, on dose la totalité de l'ammoniaque qu'elles contiennent : pour cela, on les sature par du chloride hydrique, on évapore à siccité, puis on détermine la quantité de chlore, au moyen de laquelle on calcule ensuite l'ammoniaque.

SÉPARATION DE L'AMMONIUM D'AVEC LE POTASSIUM ET LE SODIUM.

On peut séparer le chlorure Ammonique des deux autres, en chauffant progressivement la *masse solide* dans un creuset de platine incomplétement fermé et jusqu'à ce qu'il ne diminue plus de poids. On comprend qu'il en est de même pour tous les composés volatils de l'ammoniaque : Si c'est de l'oxalate ammonique ou de l'acide oxalique qui accompagne le chlorure potassique ou le sodique, il peut se former plus ou moins de carbonate fixe, et alors on est dans le doute ; pour être certain, il faut achever la calcination en ajoutant un peu de chloride hydrique ou de chlorure Ammonique, afin de n'avoir pour reste que du chlorure potassique ou sodique, qu'on pèse.

Si les sels sont à l'état de sulfates, on expulse encore

celui d'ammonium par la chaleur; mais comme le sulfate fixe reste avec une partie de l'acide sulfurique de l'ammoniaque expulsée, on le rend neutre en achevant la calcination avec du carbonate ammonique, qui facilite, en outre, l'expulsion du sulfate.

Le mieux est d'avoir recours au chlorure platinique, qui ne précipite pas la soude, mais bien, et en même temps, la potasse et l'ammoniaque en formant deux chlorures doubles. Ce précipité étant pesé (après avoir été lavé et desséché), est ensuite décomposé par la chaleur sous un courant d'hydrogène, qui laisse le chlorure potassique intact et du platine réduit. C'est au moyen de celui-ci qu'on détermine la quantité de chlorure ammonique qui existait dans le double précipité: Connaissant le poids du K Cl, on le transforme par le calcul en chlorure platinico-potassique avec une partie du platine, et le reste en chlorure platinico-Ammonique; ou bien par la différence entre le poids du précipité avant sa réduction et celui du chlorure platinico-potassique :

$$K\,Cl \times 3{,}282 = K\,Cl, Pt\,Cl^2.$$

Lorsque les composés de ces métaux alcalins sont à l'état d'iodures ou de bromures, l'emploi du chlorure platinique ne convient pas, parce qu'il se forme, par son excès, de l'Iodure ou du Bromure platinique insoluble; il faut alors changer le genre des composés alcalins en chlorure ou sulfate.

CÆSIUM Cæ = 132.6 ET RUBIDIUM Ru = 85.5

Ces deux métaux se dosent comme le potassium et l'ammonium, à l'état de chlorures doubles platinico-cæsique et platinico-rubidique.

Comme ils accompagnent souvent le potassium, et que celui-ci est donc précipité en même temps, il faut, pour les séparer exactement, se baser sur leurs différences de solubilité dans l'eau froide : en effet, le *chloro platinate Cæsique* étant dix-huit fois plus insoluble que le sel potassique correspondant, et le *chloro platinate Rubidique* huit fois, il en résulte qu'après les avoir précipités tous les trois, on les séparera ensuite par des redissolutions partielles au moyen de quantités d'eau qui permettront de dissoudre celui des chloro-platinates que l'on voudra. Le cæsium peut encore se séparer du Rubidium en le transformant en chlorure antimonio-cæsique, qui est assez insoluble pour obtenir un dosage exact.

On comprend que pour arriver à une grande exactitude, il faudra opérer délicatement et observer strictement la condition des différences de solubilité.

Le Cæsium et le Rubidium se sépareront de l'Ammonium de la même manière qu'on sépare ce dernier du potassium.

Vu les quantités extrêmement petites de ces deux métaux, il faut opérer sur des prises d'essai d'un poids assez considérable.

LITHIUM Li $= 7$.

Le Lithium peut se doser à l'état de *sulfate*, de *carbonate* et de *Phosphate basique*.

Lorsque la solution ne renferme que du sulfate lithique, on l'évapore à siccité avec précaution, on calcine au rouge le sulfate restant et on le pèse.

Le carbonate lithique étant insoluble dans l'eau froide et indécomposable par la chaleur rouge, peut servir au dosage de ce métal, lorsqu'il n'est pas accompagné d'autre carbonate insoluble.

A l'état de Phosphate Lithique basique.— Mayer a recommandé de précipiter la lithine sous cet état lorsqu'elle est accompagnée d'autres alcalis. A cet effet, on évapore à siccité la dissolution avec une quantité suffisante de phosphate sodique reconnu pur, et assez d'une solution étendue de soude caustique pour que la réaction reste alcaline jusqu'à la fin. Alors on reprend par de l'eau pour dissoudre à une douce chaleur les sels solubles, on y verse un volume égal d'ammoniaque, on fait digérer de nouveau, on filtre au bout de 12 heures, et on lave le précipité avec un mélange à volume égal d'eau et d'ammoniaque. On évapore le liquide filtré et les premières eaux de lavage, puis on traite le résidu de la même façon, et si l'on obtient encore un peu de phosphate lithique, on l'ajoute à la quantité obtenue tout d'abord. Il est bon de redissoudre et d'évaporer deux fois le produit des eaux de lavage.

Après dessiccation et calcination du précipité séparé du filtre, le phosphate lithique qui reste a pour composition un atome d'acide phosphorique et trois d'oxyde lithique.

Pour séparer le lithium d'avec le potassium et le sodium, on les transforme en chlorures anhydres que l'on pèse ; ensuite on épuise la masse par de l'alcool éthéré (à parties égales), qui dissout tout le chlorure Lithique et pas les deux autres. Après avoir évaporé la liqueur à siccité et chauffé le résidu au rouge, on le pèse dans le creuset fermé, et par le calcul on détermine le poids du Lithium.

Lorsqu'il n'est accompagné que de potassium, il est préférable de les transformer en Nitrates, dont le potassique, plus insoluble dans l'alcool éthéré que le chlorure potassique, se séparera du lithium plus exactement.

Comme contrôle, il convient de séparer et de doser, d'autre part, les chlorures potassique et sodique accompagnant le lithium, qui n'est pas précipité par le chloride platinique. Les précipités doivent être redissous par de l'eau et reprécipités plusieurs fois, afin d'obtenir les meilleurs résultats.

Le Lithium n'existant non plus qu'en minime quantité, la prise d'essai doit être assez forte.

Deuxième groupe.

Comprenant les métaux alcalino-terreux *Baryum, Stron-tium, Calcium* et *Magnésium*.

NOTIONS PRÉLIMINAIRES.

Les sulfates de ces métaux étant insolubles, excepté celui de magnésium, ainsi que leurs carbonates, on peut les doser tous les quatre sous ces deux états.

BARYUM   Ba = 137.

Le *baryum* peut se doser à l'état de sulfate, de carbonate et de fluosilicate.

1° De *sulfate barytique*. C'est l'état le plus convenable pour un dosage exact du baryum ; voici comment on procède : la dissolution doit être préférablement à l'état de chlorure un peu acide, étendue et chaude, ne contenir ni acides phosphorique, nitrique, citrique, ni eau régale, ni sels ammonicaux. Dans cet état, on y verse, en agitant, de l'acide sulfurique étendu jusqu'à ce qu'il cesse d'y produire un précipité ; alors on l'abandonne au repos à une douce chaleur, jusqu'à ce qu'elle soit parfaitement éclaircie ([1]), puis on y ajoute encore quelques gouttes d'acide sulfurique étendu, afin d'être sûr que la précipitation est complète, et on la filtre en gardant le précipité dans le vase pour l'y laver le plus possible à l'eau chaude acidulée de chloride hydrique, dans le but de lui enlever le chlorure barytique qu'il retiendrait sans cette précaution ([2]) ; ensuite on

---

([1]) Le sulfate barytique étant très-fin au moment de sa formation, il passerait au travers du filtre si on ne le laissait pas reposer.

([2]) Si l'on avait fait usage d'acide nitrique, le précipité de sulfate barytique aurait plus de chance de renfermer du nitrate.

achève le lavage dans le filtre avec de l'eau chaude, on dessèche d'abord le sulfate barytique, puis on le grille, séparé du filtre, et on le pèse; du poids obtenu, on défalque celui des cendres du filtre et l'on a pour reste la quantité exacte de sulfate barytique.

S'il y a d'autres oxydes dans la dissolution, ils peuvent être plus ou moins entrainés par le sulfate barytique, qu'il faut alors faire bouillir dans de l'eau acidulée, puis filtrer, laver et en achever le dosage comme il vient d'être indiqué.

2° De *carbonate*. C'est en précipitant la dissolution de chlorure barytique neutre par du *carbonate ammonique neutre*, recueillant le précipité après quelques heures de repos à une douce chaleur, le lavant à l'eau chaude contenant un peu du réactif, le desséchant, puis le calcinant séparé du filtre; on obtient, de la sorte, et assez exactement, le poids du baryum qui était en dissolution, laquelle ne doit contenir ni acides phosphorique ni citrique.

Quand la baryte est combinée à des acides organiques, on la transforme en carbonate par une calcination modérée dans un creuset de platine jusqu'à ce qu'il ne se dégage plus rien ; alors on découvre le creuset et l'on continue de chauffer au rouge jusqu'à ce que le résidu soit blanc, puis on l'humecte avec du carbonate ammonique et l'on chauffe de nouveau au rouge ; ensuite on pèse.

3° De *fluosilicate*. La dissolution barytique étant à l'état de chlorure neutre, concentrée et exempte de sel ammoniac, est précipitée par de l'acide hydrofluosilicique, puis additionnée du tiers de son volume d'alcool à 95°. Après l'éclaircissement de la liqueur, on filtre au moyen d'un filtre desséché à 100° et taré, on lave le précipité à l'eau froide alcoolisée, on le dessèche aussi à 100°, ensuite on le pèse.

Si l'on a à doser la baryte contenue dans la barytine, ou tout autre composé inattaquable par les acides, on peut d'abord réduire la substance dans un creuset brasqué, puis dissoudre le composé barytique obtenu par du chloride hydrique étendu ; ou bien encore, fondre la prise d'essai ou la faire bouillir avec un carbonate alcalin, puis enlever tout le sulfate alcalin obtenu par de l'eau, en opérant le plus rapidement possible, et dissoudre ensuite le carbonate barytique par de l'eau acidulée de chloride hydrique.

STRONTIUM Sr = 87, 5.

Le *strontium* se sépare et se dose aussi à l'état de sulfate et de carbonate ; mais le sulfate strontique n'étant pas aussi insoluble que le barytique, la dissolution exempte d'acides libres et de sels ammoniacaux, doit être additionnée d'alcool au préalable ; d'autre part, le carbonate strontique, se décomposant au rouge vif, il faut le calciner au-dessus d'une lampe, mais pas trop longtemps.

Pour mettre en dissolution les composés strontiques insolubles dans les acides, ainsi que pour analyser les sels à acides organiques, on doit procéder comme pour ceux du baryum.

On peut séparer le baryum du strontium, en le précipitant soit au moyen de l'acide hydrofluosilicique, ou du chrômate potassique neutre, ou en faisant digérer suffisamment le mélange des sulfates barytique et strontique dans une solution de carbonate potassique ou ammonique : le sulfate strontique se transforme, par ce traitement répété plusieurs fois, en carbonate strontique qu'on dissout par du chloride hydrique étendu, tandis que le sulfate barytique reste intact. (Voyez plus loin.)

CALCIUM Ca = 40.

Le calcium se dose à l'état d'oxyde, ou de carbonate, ou de sulfate.

1° et 2° *D'oxyde ou de carbonate.* — Le meilleur précipitant des dissolutions calciques neutres est l'oxalate ammonique, qui permet d'en séparer toute la chaux à l'état d'oxalate calcique, qu'on transforme ensuite en carbonate en le chauffant au rouge naissant, ou en oxyde par une chaleur plus élevée et suffisamment prolongée.

Pour exécuter l'opération, la dissolution de chlorure calcique doit être rendue alcaline au préalable par de l'ammoniaque, puis additionnée d'un excès d'oxalate ammonique et abandonnée au repos à une douce chaleur pendant 12 heures au moins. Au bout de ce temps, on y ajoute encore un peu d'oxalate ammonique, afin d'être sûr que toute la chaux est précipitée et on filtre. Le précipité étant suffisamment lavé à l'eau chaude, on le dessèche, puis on le grille à une température modérée, si l'on veut doser la chaux à l'état de carbonate, et au rouge blanc longtemps soutenu si l'on veut la doser à l'état d'oxyde. Pendant la caléfaction, le précipité prend une teinte grise due au charbon de l'acide oxalique, qui disparaît peu à peu. Pour que la chaux soit bien à l'état de carbonate neutre, on arrose le précipité avec un peu de carbonate ammonique, on le dessèche modérément, puis on le réchauffe au rouge sombre et on le pèse.

Mais le degré de température n'étant pas assez précisé par les nuances du *rouge sombre* ou du *rouge naissant,* on n'est pas tout-à-fait certain de la composition du précipité, et c'est pourquoi il est préférable de le chauffer longtemps au rouge blanc, afin de le transformer en oxyde calcique.

Pour hâter l'opération et compléter la destruction du filtre, nous humectons le précipité avec 2 ou 3 gouttes d'acide Nitrique, nous rechauffons d'abord très-lentement et puis au rouge blanc pour obtenir l'oxyde calcique que nous pesons en vase clos.

La dissolution calcique ne doit contenir aucune autre base, ni aucun acide qui se précipiterait en même temps que l'oxalate calcique, ce qu'on apercevrait dès l'addition préalable de l'ammoniaque.

Les sels à acides organiques sont aussi transformés en carbonate ou en oxyde calcique par la calcination.

3° *De sulfate.* — Lorsque la dissolution calcique neutre ne renferme rien d'autre qui puisse se précipiter par l'acide sulfurique, on y ajoute un excès de celui-ci étendu, puis le double de son volume d'alcool et on agite parfaitement. Après 12 à 14 heures de repos, on filtre, on lave le précipité avec de l'alcool, on le dessèche, on grille le filtre à part, et l'on pèse.

La présence de sels alcalins rend la précipitation moins complète.

MAGNÉSIUM Mg = 24.

On peut doser le Magnésium à l'état de sulfate, de Pyro-Phosphate, d'oxyde et de carbonate.

1° *De Sulfate.* — Lorsque la dissolution ne renferme pas d'autre composé fixe que l'oxyde Magnésique (pas même d'acide fixe), on y ajoute la quantité d'acide sulfurique étendu nécessaire pour produire la saturation et l'on évapore dans une capsule de platine tarée. Lorsqu'on est arrivé à siccité, on couvre la capsule et l'on continue de chauffer avec précaution jusqu'à cessation de tout dégagement. Après le refroidissement on pèse et, pour plus de certitude, on ajoute encore quelques gouttes d'acide sulfurique au produit que l'on chauffe de nouveau au rouge, et qu'on repèse lorsqu'il est refroidi; si les deux pesées concordent, on a réussi.

2° *De Pyro-Phosphate.* — La dissolution neutre est additionnée de sel ammoniac en quantité telle que l'ammoniaque qu'on y verse ensuite ne la trouble point ; si cela arrive, il faut y ajouter encore du sel ammoniac et puis de l'ammoniaque, et faire en sorte d'obtenir une liqueur bien claire. Alors on y verse du Phosphate sodique, ou mieux du Phosphate ammoniaco-sodique qu'on y répartit uniformément par l'agitation (sans toucher les parois du vase), et on l'abandonne au repos pendant 12 heures (1).

Au bout de ce temps, toute la Magnésie est précipitée sous l'état de Phosphate Magnésico-Ammonique en cristaux qui adhèrent au vase. On filtre le liquide clair, et si le précipité adhère trop fortement aux parois du vase, on l'en détache en y reversant à plusieurs reprises du liquide filtré, et cela jusqu'à ce qu'on l'ait tout dans le filtre. On le lave à l'eau froide additionnée de deux fois son volume d'ammoniaque, et l'on continue jusqu'à ce que l'eau de lavage ne précipite plus par l'Azotate argentique acidulé d'acide Nitrique. On dessèche alors le précipité, on le grille (le filtre à part), et s'il n'est pas bien blanc, on l'humecte, après y avoir ajouté les cendres du filtre, de quelques gouttes d'acide Nitrique, puis on le chauffe de nouveau jusqu'à cessation de dégagement de vapeur rutilante ; on obtient, de la sorte, le Pyro-phosphate Magnésique parfaitement blanc, que l'on pèse. Il contient 34,26 p. % de Magnésie.

3° *D'oxyde.* — En calcinant d'abord dans un creuset de platine taré tous les sels Magnésiques à acides volatils ou décomposables par la chaleur (tant le carbonate que les sels organiques) jusqu'à ce qu'ils ne dégagent plus rien, et grillant ensuite le résidu, on obtient la Magnésie, que l'on pèse.

C'est ainsi qu'on peut la séparer des alcalis et la doser exactement.

---

(1) Quelques heures suffisent lorsque le réactif précipitant est le sel de phosphore.

4° *De carbonate.* — En précipitant la dissolution neutre par du carbonate ammonique neutre, préparé avec 230 gr. de sesquicarbonate, 180cc d'ammoniaque caustique et de l'eau pour produire un litre. Le carbonate Magnésique étant précipité est recueilli, lavé, desséché jusqu'à ce qu'il ne diminue plus de poids, ou calciné pour être transformé en oxyde, qu'on pèse. On peut également employer ce procédé pour séparer le Magnésium d'avec les alcalis.

SÉPARATION DES MÉTAUX DU DEUXIÉME GROUPE.

1° La dissolution contenant ces quatre métaux à l'état de chlorures, est d'abord additionnée de chlorure ammonique et d'un excès d'ammoniaque, puis de carbonate ammonique, afin d'en précipiter la Baryte, la Strontiane et la chaux, et de maintenir la Magnésie dissoute. Après éclaircissement de la liqueur en vase clos, filtration et lavage du triple précipité avec de l'eau un peu ammoniacalisée, on le redissout par du chloride hydrique étendu et de façon à obtenir une liqueur neutre, de laquelle on précipite d'abord la Baryte au moyen de l'acide hydrofluosilicique, ou du chrômate potassique neutre, en réalisant les conditions spéciales de ces procédés.

La dissolution restante est évaporée à siccité, et le résidu, privé de l'excès du réactif qui a précipité la Baryte, est repris par de l'acide Nitrique, puis évaporé à siccité pour produire des Azotates strontique et calcique anhydres. Ceux-ci sont mis à digérer en vase fermé avec de l'alcool absolu, ou avec un mélange d'alcool et d'éther et agités souvent ; au bout d'un certain temps on filtre le liquide qui contient tout le Nitrate calcique, on le remplace par du nouvel alcool éthéré, qu'on filtre aussi après quelque temps ; on lave suffisamment le dépôt de Nitrate strontique avec de l'alcool éthéré, et puis on le traite par de l'acide sulfurique étendu et la chaleur jusqu'à siccité complète, pour obtenir le sulfate strontique neutre, qu'on pèse.

La solution alcoolo-Ethérée de Nitrate calcique est évaporée à siccité, le produit est redissous par de l'eau (additionnée de quelques gouttes d'acide Nitrique si tout ne se redissolvait pas), puis la chaux en est précipitée par l'oxalate ammonique, ainsi qu'il a été indiqué.

La liqueur qui renferme le chlorure Magnésique pourrait être traitée immédiatement par le chlorure ammonique, l'ammoniaque et le phosphate ammoniaco-sodique dans le but d'en précipiter la Magnésie; mais comme elle pourrait retenir des traces de Baryte, ou de Strontiane, ou de chaux surtout, on y ajoute d'abord de l'oxalate ammonique et on l'abandonne au repos à une douce chaleur: si au bout d'un certain temps elle ne se trouble point, on y verse alors les réactifs qui précipiteront la Magnésie à l'état de phosphate double.

2° On peut aussi séparer les quatre bases du deuxième groupe en les transformant d'abord en sulfates solides, que l'on reprend à plusieurs reprises par de l'eau froide alcoolisée, afin de n'en dissoudre que le sulfate Magnésique, qu'on sépare par filtration. Les trois autres étant restés insolubles, sont lavés à l'alcool absolu jusqu'à ce que le liquide n'ait plus la réaction de l'acide sulfurique ; alors ils sont mis à digérer dans une solution de carbonate potassique ou de carbonate ammonique neutre qu'on agite souvent. Après six ou huit heures, la Strontiane et la chaux sont transformées en carbonates, tandis que la Baryte est restée sulfate ; on filtre, on lave le dépôt d'abord avec de la solution du carbonate alcalin, et puis avec de l'eau froide, ensuite on le traite par de l'eau acidulée de chloride hydrique qui dissout les deux carbonates et laisse dans le filtre le sulfate Barytique intact, qu'on lave, dessèche, grille et pèse.

La dissolution renfermant les chlorures strontique et calcique est traitée comme il a été dit plus haut.

Enfin, la liqueur contenant le sulfate magnésique, étant évaporée à siccité (pour expulser l'alcool) et le résidu chauffé au rouge, puis pesé après le refroidissement, fait connaître le poids de la magnésie. Mais si l'on a quelque doute, on redissout ce sel et on en reprécipite la magnésie sous l'état de phosphate magnésico-ammonique, et etc.

Au moyen de l'acide perchlorique on sépare complétement la potasse d'avec la baryte, la strontiane, la chaux et la magnésie, parce que le perchlorate potassique est tout-à-fait insoluble dans l'alcool à 40° tandis que les autres y sont solubles ; mais il faut éliminer au préalable les acides fixes. Après deux lavages à l'alcool , on redissout le perchlorate potassique par de l'eau , on évapore à sec et on reprend par l'alcool afin de n'avoir que du perchlorate potassique que l'on dessèche et pèse ; en multipliant le poids obtenu par 0,3393, on obtient celui de la potasse contenue dans l'essai (Schlœsing).

DOSAGE VOLUMÉTRIQUE.

La baryte, la strontiane et la chaux peuvent aussi être dosées volumétriquement au moyen d'une liqueur titrée d'acide sulfurique ou chlorhydrique, ou mieux, pour la chaux , d'une solution normale d'oxalate ammonique. Dans ce dernier cas on repêche l'acide oxalique mis en trop au moyen d'une solution normalisée de permanganate potassique ; comme ces procédés ne peuvent être exécutés qu'en l'absence d'autres composés qui s'uniraient aux acides, même à l'acide oxalique, on comprend qu'ils ne sont pas d'un fréquent usage.

Troisième groupe.

Il comprend les métaux terreux suivants :
Aluminium, Gallium, Glucium, Yttrium, Cérium, Chrôme, Tantale, Thorium, Erbium, Lanthane, Zirconium, Didyme, Titane et Niobium.

NOTIONS PRÉLIMINAIRES.

Ces métaux sont dosés à l'état d'oxydes, parce que ceux-ci sont complétement insolubles dans l'eau et indécomposables par la chaleur ; les deux derniers se dosent à l'état d'acides.

Tous ces précipités étant des hydrates légers et assez volumineux, il faut les faire bouillir pour en diminuer le volume et les laver le plus possible dans le vase où ils ont été formés, parce que mis dans les filtres ils en bouchent plus les pores que les précipités pulvérulents.

ALUMINIUM : $Al = 27$.

Lorsque l'alumine est en dissolution, on peut la précipiter par l'ammoniaque, le carbonate, le chlorure et le sulfhydrate ammoniques ou par l'hyposulfite sodique, ou par l'Acétate ou le formiate sodiques basiques.

1° *Par l'ammoniaque* versée peu à peu et jusqu'à un léger excès dans une dissolution aluminique claire, un peu alcaline, additionnée au préalable d'un excès de chlorure ammonique (qui diminue la solubilité de l'alumine dans l'ammoniaque caustique), puis une ébullition modérée dans une capsule de porcelaine (parce qu'un vase de verre serait plus ou moins attaqué par l'ammoniaque à chaud), pour chasser l'excès du réactif.

2° Par le Carbonate Ammonique ajouté à une dissolution

aluminique neutre, et sans qu'il y ait besoin de l'additionner de Chlorure ammonique.

3° *Par le chlorure Ammonique* ajouté à la dissolution de l'alumine dans la potasse caustique.

4° *Par le sulfhydrate ammonique* l'alumine est précipitée complétement et plus rapidement que par les réactifs précédents, même de ses dissolutions étendues et privées de sels ammoniacaux.

5° *Par l'hyposulfite sodique*, qui, versé en excès dans les sels aluminiques neutres et très-étendus, même dans l'alun, précipite toute l'alumine après une ébullition prolongée jusqu'à cessation de dégagement d'acide sulfureux. L'Alumine ainsi précipitée, contenant du soufre réduit, il faut après filtration et lavage complet à l'eau bouillante, la dessécher, puis la chauffer modérément dans un creuset de porcelaine couvert, afin d'en expulser tout le soufre, ensuite la griller fortement jusqu'à incinération complète du filtre et la peser.

Par suite de la longue ébullition à laquelle l'alumine a été soumise, elle est six fois moins volumineuse que lorsqu'on la précipite par les autres réactifs et se lave plus promptement.

Pour l'exécution de ces divers procédés, il est préférable que l'alumine soit en dissolution à l'état d'azotate et non de sulfate, qu'elle retient fortement lorsqu'elle est précipitée, malgré les lavages à l'eau bouillante. Pour être certain qu'elle ne contiendra ni chaux ni magnésie, il faut la redissoudre après lavage par de l'acide chlorhydrique, puis la reprécipiter en y versant peu à peu de l'ammoniaque jusqu'à un excès et chauffer.

Lorsqu'on a affaire à des composés aluminiques insolubles, on doit les réduire en poudre très-fine et les traiter à chaud par de l'acide sulfurique concentré dans une capsule de platine ; ou bien fondre la prise d'essai avec du bi-sulfate sodique, puis reprendre la masse par de l'eau seule ou de l'eau et un acide de manière à dissoudre toute l'alumine. L'analyse qualitative préalable indiquera la manière de procéder dans chaque cas, et surtout lorsqu'il y a présence d'acides phosphorique, arsénique, silicique et borique.

S'il s'agit d'une substance contenant de la matière organique et de l'alumine insoluble dans les acides, il faut l'attaquer à chaud par un mélange de carbonate sodique et de nitre, et puis reprendre aussi la masse refroidie par de l'eau acidulée.

Enfin, si l'alumine est combinée à des acides organiques (*acétates*, *formiates*), on calcine d'abord modérément ces sels, puis on les grille pour obtenir l'alumine seule, que l'on pèse.

GALLIUM : Ga = 68.

Ce métal sera précipité de ses dissolutions par les mêmes réactifs qui précipitent l'alumine et dosé sous le même état.

Si la dissolution Gallique est rendue alcaline par de l'ammoniaque, elle n'est pas précipitée ensuite par le sulfhydrate ammonique, tandis que l'alumine l'est ; c'est donc un moyen de les séparer.

GLUCIUM : Gl = 14.

Les dissolutions Gluciques seront précipitées à chaud par du carbonate potassique ou du sodique, et le précipité recueilli, lavé complétement, desséché, puis calciné et grillé, sera enfin pesé à l'état d'oxyde glucique.

YTTRIUM : Yt = 64,30.

On précipite complétement l'yttria de ses dissolutions

par l'oxalate Ammonique ou par la potasse caustique, dans un excès de laquelle elle est insoluble.

CÉRIUM : Ce = 92.

Les oxydes du cérium sont également précipités par la potasse caustique ; ou bien encore, selon les cas de séparation, par une solution saturée à chaud de sulfate potassique, qui donne lieu à un précipité jaune de *sulfate cérico-potassique*.

CHROME : Cr = 53.

La dissolution chròmique neutre, chaude et pas trop concentrée, est additionnée d'un excès d'ammoniaque, puis abandonnée pendant une demi-heure environ, jusqu'à décoloration à une température voisine de l'ébullition, afin de volatiliser l'excès d'ammoniaque qui pourrait redissoudre de l'hydroxyde chròmique, qu'on recueille dans un filtre lave à l'eau bouillante, dessèche complétement et calcine dans un creuset de platine porté *graduellement* jusqu'au rouge, pour éviter les pertes produites par la décrépitation ; on achève la déshydratation en découvrant le creuset, et l'on pèse l'oxyde chromique lorsqu'il est refroidi.

On peut aussi précipiter l'oxyde chròmique au moyen de l'hyposulfite sodique et l'ébullition ; ou encore sous l'état de chromate barytique.

Ces procédés de dosage ne conviennent pas quand l'oxyde chròmique est uni aux acides silicique, phosphorique, arsénique ou borique, qui seraient précipités en même temps que lui par l'ammoniaque ; il faut donc les en séparer d'abord.

Les autres métaux de ce groupe étant trop rares et peu importants, nous ne nous en occuperons pas davantage. La séparation et le dosage du titane seront indiqués à propos des minerais de fer qui en contiennent.

SÉPARATION DES MÉTAUX DU TROISIÈME GROUPE.

L'alumine peut être séparée de l'oxyde gallique au moyen du sulfhydrate ammonique versé dans leur dissolution mixte, préalablement rendue alcaline par de l'ammoniaque: l'alumine est seule précipitée.

L'alumine peut être séparée de la glucine, de l'yttria, des oxydes céroso-cérique et chrômique, en versant la dissolution qui les contient dans un excès de potasse, puis faisant bouillir: l'alumine reste seule en solution et les autres oxydes sont précipités.

Chaque fois que des corps doivent être séparés les uns des autres par un excès de réactif, il faut y verser la dissolution qui les contient, parce que ainsi celui ou ceux qui y sont solubles ne prennent pas l'état solide, et ne sont pas entraînés par ceux qui restent insolubles. Si, dans un cas spécial, le procédé recommande de verser le réactif dans la dissolution, il faut s'y conformer.

SÉPARATION DE L'ALUMINE D'AVEC LA GLUCINE.

1° On verse leur dissolution mixte, où elles sont à l'état de chlorures, dans une solution concentrée de carbonate ammonique et on l'abandonne au repos en vase fermé pendant un certain temps en l'agitant fréquemment: la glucine d'abord précipitée se redissout et l'alumine reste insoluble; on filtre, on évapore la liqueur à siccité au bain-marie, on reprend le résidu par de l'eau, qui laisse la glucine, qu'on filtre, lave dessèche, grille et pèse. Si l'on a employé trop de carbonate ammonique et trop prolongé son contact, on aura pu dissoudre de l'alumine, 1 % environ.

2° En versant leur dissolution mixte et étendue dans un excès de potasse et à froid, on redissout les deux bases; mais en faisant bouillir ensuite, la glucine se reprécipite. Le premier procédé donne un résultat plus exact.

SÉPARATION DE L'YTTRIA D'AVEC L'ALUMINE ET LA GLUCINE.

En ajoutant d'abord de l'acide tartrique à leur dissolution, puis la versant dans un excès d'ammoniaque, l'yttria est seule précipitée. On peut également employer l'acide oxalique.

SÉPARATION DU CÉRIUM D'AVEC L'ALUMINIUM.

On précipite l'oxyde céroso-cérique au moyen de l'acide oxalique ; ou bien, pour le séparer des autres oxydes du même groupe, on verse dans la dissolution une solution saturée à chaud de sulfate potassique et l'on agite : après quelque temps de repos tout l'oxyde céroso-cérique est précipité à l'état de sulfate cérico-potassique jaune.

SÉPARATION DE L'ALUMINE D'AVEC L'OXYDE DE CHROME.

Leur dissolution de chlorures très-étendue, est traitée par un *léger excès* de carbonate sodique, puis additionnée d'eau de Brôme et chauffée à 80—90° et souvent agitée : le chrome est transformé en chromate sodique soluble, tandis que l'Alumine est complétement précipitée. Après filtration, on acidule la liqueur par de l'acide Acétique, on la fait bouillir et on y verse de l'Acétate Barytique ; après le refroidissement, on y ajoute de l'alcool, afin de compléter la précipitation du chromate Barytique. Celui-ci est filtré, lavé à l'eau froide contenant la moitié d'alcool, puis desséché à 120° ou 130° jusqu'à ce qu'il ne diminue plus de poids ; on peut aussi le griller modérément après l'avoir séparé du filtre et humecté d'Azotate ammonique.

A l'analyse spéciale de chaque minerai (à partir du groupe suivant), nous indiquerons les séparations et les dosages d'une façon plus détaillée.

Quatrième Groupe.

Il comprend le *Fer*, le *Manganèse*, le *Zinc*, le *Nickel*, le *Cobalt*, l'*Indium*, l'*Uranium* et le *Vanadium*.

Plusieurs des composés naturels de ces métaux constituent des minerais que l'industrie exploite en grand pour en extraire les métaux ; ils sont donc plus importants que les précédents. — Par suite de cela, nous allons nous en occuper au triple point de vue des essais docimastiques par la voie sèche, de l'analyse quantitative par la voie humide et de l'analyse volumétrique. Nous nous occuperons d'abord des substances naturelles (minerais), ensuite des produits artificiels (produits d'usines).

DOCIMASIE DU FER.

On désigne sous le nom de *Minerais de fer*, les substances naturelles qui renferment *le fer en assez grande quantité, qui sont assez abondantes dans la nature et assez pures de tout mélange nuisible pour être traitées en grand dans le but d'en extraire le fer avec avantage.* Un minéral doit réunir ces trois conditions pour être considéré comme minerai ; par exemple : les Pyrites, malgré leur abondance dans la nature et leur teneur en fer, qui est de 46 p. %, ne peuvent être considérées comme minerais de fer, parce que les opérations qu'il faudrait exécuter en grand pour en retirer le métal exempt de soufre, seraient trop compliquées, par conséquent trop coûteuses pour les appliquer à un métal d'un prix aussi bas que celui du fer; il en est de même de la présence du Phosphore et de l'Arsenic.

Il est bien entendu que cette restriction n'engage nullement l'avenir, et que si la science trouve des procédés suffisants et peu coûteux pour enlever complétement les éléments nuisibles, beaucoup de substances naturelles seront considérées comme minerais. C'est ainsi que les résidus des Pyrites sont actuellement traités comme minerais de fer, parce qu'on est parvenu à les désulfurer si complétement au préalable, pour en extraire le soufre, qu'elles arrivent dans les hauts-fourneaux avec moins de soufre que beaucoup de minerais naturels (Gossage).

Quant à la teneur en fer, les produits naturels doivent en contenir au moins 25 p. % pour être considérés comme minerais ; cependant à 20 et à 18 p. %, pourvu qu'ils soient exempts de soufre, de phosphore et d'arsenic, ils peuvent être ajoutés à des minerais très-riches et très-durs, mais qui ne contiennent pas assez de gangue pour en déterminer la fusion. Ce sont des conditions spéciales qui concernent la métallurgie.

Tous les minerais de fer connus renferment ce métal à l'état d'oxyde, d'hydrate, de carbonate ou de silicate; il y en a donc de différentes classes ; mais pour le docimasiste et le métallurgiste, la classification repose principalement sur la nature des gangues qui accompagnent chaque minerai.

On ne considère pas comme minerais le fer natif, ni le fer météorique, parce qu'ils ne se rencontrent qu'en petite quantité dans la nature et ne pourraient constituer une exploitation continue. Quant au poids de ces masses de fer météorique, il est parfois très-considérable : ainsi en 1872, M. Nordenskjoeld en a découvert trois sur les côtes du Groenland qui pesaient respectivement 9,000 livres, 20,000 et 50,000. Les fers d'origine célestes ont été désignés sous le nom d'*Holosidères*.

L'aimant ou feroxydulé, contient souvent à l'état de mélange, du fer titané, des matières terreuses et parfois des pyrites (Mines riches de la Suède, de la Norwège, de la Russie et de l'Oural).

L'hématite rouge se rencontre rarement sans être mélangée avec du Manganèse et des matières terreuses.

Les minerais hydratés, les plus communs de notre pays, sont formés d'eau, d'oxyde ferrique, d'oxyde de manganèse, d'acide phosphorique et de substances terreuses.

Le fer carbonaté compacte est du carbonate ferreux avec plus ou moins de carbonates calcique, magnésique et manganeux.

Quant aux minerais silicatés, quoique assez fréquents dans la nature (pas dans notre pays), ils ne peuvent tous être réduits par les méthodes actuellement suivies en grand: en général, dès qu'un silicate de fer, simple ou multiple, n'est pas susceptible d'être attaqué par les acides énergiques au point de se prendre en gelée, il doit être considéré comme ne pouvant donner de bons résultats dans quelque fourneau que ce soit.

ESSAI PAR LA VOIE SÈCHE.

Le but de l'essai des minerais de fer par la voie sèche est d'obtenir, comme en grand, le fer réduit et séparé des gangues ou matières terreuses qui l'accompagnent. Pour atteindre ce but, le minerai doit se fondre, afin que les particules métalliques réduites puissent se réunir en un seul culot, et que les gangues forment une scorie. Pour réussir, il faut, 1° soumettre l'essai à une température de 140 à 150° pyrométriques ;

2° que les gangues renferment les éléments nécessaires pour former un double silicate fusible, sinon qu'on y ajoute un flux convenable et tel que les gangues prennent un état de fluidité suffisant pour que les particules métalliques les traversent facilement. (Voir ce qui a été dit à propos des doubles silicates employés comme fondants.)

Les gangues de notre pays sont : *le quartz, l'argile, le calcaire, la dolomie, la barytine* et quelquefois *le gypse ;* on y rencontre parfois de la *fluorine*, du *phosphate calcique* ou *aluminique.*

Comme c'est sur la nature des gangues que repose la classification des minerais, voici celle qui est adoptée pour les minerais de fer, rangés d'après cela en cinq classes, savoir :

La 1re comprend l'oxyde de fer presque pur quel que soit son degré d'oxydation ;

La 2me comprend l'oxyde de fer et du quartz (acide silicique mélangé, non combiné) ;

La 3me comprend l'oxyde de fer, de la silice et des bases, la chaux exceptée ;

La 4me comprend l'oxyde de fer, sans silice, mais contenant de la chaux, de la magnésie, de l'oxyde de manganèse, etc.

La 5me comprend l'oxyde de fer, de la silice et toutes les bases indiquées.

L'avantage de cette classification est que, en plaçant dans l'une de ces classes un minerai dont on a fait l'analyse par la voie humide, on sait tout de suite s'il a besoin d'un fondant et de quelle nature pour être soumis à l'essai par la voie sèche.

Ceux de la 1re classe comprennent *l'aimant*, *l'oligiste*, *la limonite* et les *battitures ;* ils peuvent se passer de fondant, et l'on pourrait simplement les fondre au creuset brasqué, parce que les matières étrangères qui peuvent s'y trouver sont toujours fusibles par elles-mêmes, vu leur faible quantité. Néanmoins, il est préférable d'y ajouter un flux pour faciliter la réunion des grenailles en un seul culot, tel que le silicate aluminico-calcique de la formule suivante, $6\,CaO, Al^2O^3, 9\,SiO^2$, dont 20 p. c. suffisent.

On réussit assez souvent aussi en fondant les oligistes avec 20 p. c. de carbonate sodique dans un creuset brasqué.

Ceux de la 2e classe comprennent *l'aimant*, *l'oligiste*, les *fersoxydés et hydratés compactes*, les *Hématites* et *quelques minerais d'alluvion* ; comme ils ne contiennent que du quartz, il faudra y ajouter du calcaire et de l'alumine ou de la dolomie. On peut y ajouter une et demie fois leur poids de kaolin, et 2 à 3 fois du carbonate calcique.

Ceux de la 3ᵉ *classe* renferment les *minerais dits d'alluvion* à gangue argileuse, des *grenats* et *des scories de diverses sortes.* Pour les fondre on y ajoutera de la chaux.

Ceux de la 4ᵉ *classe* comprennent les oxydes et les hydrates pauvres de la formation du calcaire oolitique, qui sont toujours mêlés d'une grande quantité de carbonate calcique ; quelques variétés de fer carbonaté compacte sont dans le même cas. Pour les essayer, on y ajoutera un peu de quartz en poudre, de la chaux, ou de l'alumine, ou une autre base, ou les deux à la fois, afin de réaliser les meilleures conditions de fusibilité; pour une gangue calcaire on ajoutera 1 et 1/2 fois son poids d'une argile non sableuse.

Ceux de la 5ᵉ *classe* renferment plusieurs minerais oxydés et hydratés des terrains calcaires, tels que la *chamoisite*, *quelques grenats*, la plupart *des scories de forges* les *laitiers des hauts fourneaux*, etc.; ces matières contiennent tous les éléments nécessaires pour donner une scorie très-fusible.

On peut aussi reconnaître la qualité des minerais d'une façon empirique: ainsi, les *minerais calcareux* font *instantanément* une vive effervescence avec les acides; les *argileux* sont doux au toucher et happent à la langue après calcination; enfin les *siliceux* sont friables et rudes au toucher.

En résumé, dans les essais des minerais de fer, il faut toujours obtenir une scorie fusible, qui soit composée de silice, de chaux et de plusieurs autres bases. L'expérience a prouvé que, pour que ces scories aient le degré de fusibilité ordinaire, elles doivent contenir, sur 100 parties, 45 à 60 de silice, 25 à 35 de chaux et 12 à 25 d'autres bases. La nature de ces dernières influe beaucoup sur la fusibilité de la scorie : l'alumine étant la moins fusible, il faut tâcher qu'elle ne dépasse pas de beaucoup la proportion de 15 %; la magnésie est beaucoup plus fusible, et sa proportion peut aller jusqu'à 25 % sans inconvénient, pourvu qu'elle soit beaucoup moindre que celle de la chaux, car, à parties égales, la scorie qui se forme n'est pas parfaitement fluide à la température des essais de fer ; en outre, la magnésie donne une scorie d'un aspect pierreux et cristallisée intérieurement.

Cela posé, voici comment on procède à l'essai d'un minerai de fer : l'essai comprend les trois séries d'opérations suivantes : 1° *les expériences préliminaires*, 2° *l'essai par la voie sèche*, et 3° *l'analyse de la fonte*.

La première chose à faire c'est de composer l'échantillon, en procédant comme il a été indiqué, et de manière qu'il représente la masse totale du minerai à essayer ; puis de pulvériser *complétement* cet échantillon, de le passer au tamis de soie et de le dessécher à une température de 110 à 120°, jusqu'à ce qu'il ne diminue plus de poids.

Ensuite, il faut constater à quelle classe il appartient ; pour cela on recherche par une analyse qualitative complète, s'il a pour gangue du calcaire pur ou magnésien, de l'argile ou du quartz, ou s'il est pur ; puis, par une analyse quantitative, on détermine les proportions de ces gangues, afin de pouvoir calculer les quantités de fondants à y ajouter, et de connaître celles des matières volatilisables.

Ces déterminations se font au moyen de quelques opérations préalables, telles que la calcination ou le grillage, dans le but d'éliminer les substances volatilisables ou les combustibles; l'attaque par les acides pour doser les matières insolubles, et la déduction par différence de celles qui se dissolvent. Soit du carbonate ferreux avec de l'argile : la chaleur expulsera l'acide carbonique, les acides dissoudront l'oxyde de fer et laisseront l'argile indissoute.

En outre, si le minerai est manganésifère, le grillage est également nécessaire pour ramener le suroxyde manganique à l'état d'oxyde manganoso-manganique, ultérieurement indécomposable par la chaleur, de composition connue, et qui permettra de contrôler l'essai lorsqu'il sera achevé. Pour exécuter cette opération, on pèse 10 grammes du minerai dans un creuset de platine, bien desséché et taré, puis on le chauffe graduellement dans le moufle d'un fourneau de coupellation pendant trois quarts d'heure; alors on retire le creuset, on le laisse refroidir sous une cloche et on le repèse en constatant exactement la diminution de poids qu'il a subie ; cela fait, on le rechauffe pendant 15 à 20 minutes au rouge, on le laisse refroidir et on le repèse ; lorsque les deux dernières pesées concordent, on considère la calcination comme étant complète; on rechauffe de nouveau le creuset découvert afin d'amener l'oxyde de manganèse au degré d'oxydation stable et de transformer l'oxyde ferreux en oxyde ferrique, ce à quoi on aide par un peu d'acide nitrique.

La détermination quantitative des gangues s'exécute comme il suit :

On traite 3 ou 5 grammes du minerai dans un matras d'essai par du chloride hydrique, d'abord à froid, ensuite à chaud, sans faire bouillir, pour ne pas entraîner du chlorure ferrique; lorsque après plusieurs additions d'acide l'attaque a cessé, on ajoute un peu d'acide nitrique, si cela est nécessaire, et, quand le dépôt est bien blanc, on admet que la dissolution des matières solubles est complétée ; alors on étend d'eau, on filtre, on lave l'argile à l'eau bouillante, on la dessèche, on la grille et on la pèse ; soustrayant du poids obtenu celui des cendres du filtre, on a pour reste le poids exact de l'argile.

Pour déterminer ensuite le reste, on précipite l'oxyde de fer par de l'ammoniaque et on le filtre ; après l'avoir bien lavé à l'eau chaude et ajouté les eaux de lavage à la liqueur restante, on précipite la chaux par de l'oxalate ammonique, on la lave et la pèse après calcination.

Comme on a pesé l'argile et la chaux, on connaît, par différence, le poids des matières solubles (fe^2O^3, Mn^2O^3).

Le procédé suivant est plus simple et suffit pour les essais Docimastiques : le minerai de fer pesé, est attaqué par du chloride hydrique ou de l'eau Régale, puis on en sépare l'Argile, et l'on sature la liqueur par de l'ammoniaque ; le précipité complexe est filtré, lavé, desséché, grillé au rouge et pesé. Après cela, on le broie en poudre très-fine et on le met *digérer* pendant 24 h. dans de l'acide Acétique ordinaire, étendu de 15 à 20 fois son volume d'eau : l'oxyde ferrique reste indissous, tandis que les autres se dissolvent ; alors on le sépare par filtration, on le lave, le dessèche et le pèse. La différence entre les trois pesées indique *approximativement* la quantité des gangues calcaro-terreuses, car l'erreur que l'on commet en déterminant le fer par ce procédé, ne dépasse pas 3 p. % de sa quantité totale, même quand on opère sur des minerais très-calcaires *(An. des Mines,* 5e série, t. II, page 522).

Certaines argiles renfermant de l'alumine pure, peuvent être attaquées par l'eau Régale, qui dissout un peu de l'alumine, quelquefois de la silice, mais c'est en si petite quantité qu'on n'en tient pas compte dans ces opérations préliminaires; du reste, la silice nage alors sous la forme de flocons blancs dans la dissolution, et en évaporant celle-ci à siccité et reprenant par de l'eau légèrement acidulée de chloride hydrique, tout l'acide silicique reste indissous.

Quand toutes ces opérations ont été exécutées, on connaît les proportions des substances volatilisables, celles des substances insolubles dans les acides et celles des substances calcaro-terreuses qui y sont solubles ; l'on peut ensuite déterminer la nature et la quantité des fondants à y ajouter pour faciliter la fusion des gangues, en se guidant d'après les problèmes que nous avons indiqués (pour 100 d'Argile, il faut de 110 à 130 de carbonate calcique).

Bien que tous les constituants du minerai soient déterminés exactement, cela ne suffit pas au métallurgiste ; il lui faut le culot de fer métallique pour en constater les qualités, et des renseignements pour la manière de traiter le minerai en grand ; c'est pourquoi nous allons aborder l'essai proprement dit.

MANIÈRE DE FAIRE L'ESSAI AU CREUSET.

On pèse 10 ou 20 et même 50 gr. (si l'on veut obtenir une quantité de fonte suffisante pour faire des essais subséquents) du minerai finement pulvérisé et desséché, on les place sur un morceau de papier glacé, on y ajoute le flux choisi et l'on mêle parfaitement au moyen d'une spatule. Il est bien entendu que le fondant a été desséché comme le minerai et qu'il est fixe au feu, afin de pouvoir contrôler l'essai. On introduit le mélange dans un creuset brasqué, en prenant la précaution de ne pas en verser sur les parois de la brasque ; si cela arrive, il faut faire tomber le tout dans la cavité au moyen d'une barbe de plume ou d'un canif, et comprimer le mélange avec un petit pilon d'agate ou le fond d'un tube tessai. On peut verser quelques gouttes d'huile sur le mélange afin d'augmenter l'adhérence de ses constituants, puis le recouvrir d'un disque en charbon de cornue, ou de poudre de la brasque, avec laquelle on rince le papier glacé et que l'on tasse avec la paume de la main ; on met le couvercle, on le fixe avec de la terre à pipe au bord circulaire du creuset, qu'on pose sur un fromage, auquel on le fixe également avec de la terre réfractaire.

On emploie un creuset brasqué pour que la scorie n'adhère pas au creuset nu et n'entraîne une partie de sa matière argileuse, car le contrôle ne serait plus possible; pour que la brasque soutienne les parois du creuset au moment où elles se ramollissent sous l'influence de la haute température, et qu'elle empêche l'introduction de toute substance étrangère dans la scorie; enfin pour que le culot contienne le maximum de carbone et donne une fonte aussi carburée qu'elle puisse l'être en grand, ce qui n'est pas certain lorsqu'on ajoute le charbon au minerai en quantité calculée.

Le creuset est posé sur la grille du fourneau à vent, mais comme un seul essai ne peut suffire pour obtenir des données certaines, on en fait ordinairement trois à la fois; alors les creusets sont placés à égale distance les uns des autres et des parois du fourneau, afin qu'ils soient entourés de la même quantité de combustible et, par conséquent, chauffés également. On remplit à peu près la cuve du fourneau, de manière à recouvrir les creusets, avec du coke froid en morceaux du volume d'une grosse noix à celui d'un œuf au plus, on jette par dessus quelques pelletées de charbon de bois bien allumé, et on laisse le fourneau ouvert afin que le feu se propage de lui-même et lentement ; au bout d'une demi-heure, on remplit le fourneau avec du coke chaud, pour qu'il ne diminue pas trop la température, mais pas allumé, on le ferme et on laisse aller le feu pendant trois quarts d'heure à peu près ; alors on recharge complétement le fourneau (toujours avec du coke chaud), on ouvre le régistre et on active la combustion pour donner *le coup de feu*, qu'on maintient pendant une heure, après quoi on le laisse éteindre. (La chauffe dure 2 h. 1/4 en tout.) Avec les *fourneaux-forge* au gaz d'éclairage, on peut très-bien fondre les essais de fer.

Il faut chauffer modérément dès le commencement afin d'éviter la fusion des gangues et des flux, car si ces matières se fondent trop tôt, elles retiendront de l'oxyde de fer, qui ne sera pas réduit, tandis qu'à la fin il faut produire la plus grande liquidité possible pour que les grenailles puissent se réunir au fond du creuset en un seul culot. Lorsque le fourneau est suffisamment refroidi, on en retire le creuset, on en détache le couvercle au moyen de quelques coups secs que l'on donne de bas en haut contre son bord circulaire, et l'on vide la moitié de son contenu sur une feuille de papier glacé, et l'autre moitié sur une seconde feuille. En partageant ainsi le contenu du creuset, on arrive plus vite à recueillir l'essai et les grenailles de fonte, qui ne se trouvent jamais dans la première moitié de la brasque ; il suffit donc d'y passer deux fois les barreaux aimantés pour s'assurer qu'elle ne renferme rien, ou pour enlever le fer qui s'y trouverait, et c'est de la seconde moitié de la brasque que l'on enlève l'essai complétement fondu en un culot unique, formé de deux parties distinctes, la supérieure ou scorie, l'inférieure ou fonte. On souffle dessus, on le frotte avec une barbe de plume, pour lui enlever la poudre de charbon, et on le dépose dans un petit godet de papier glacé, où l'on fera tomber les grenailles que l'on retirera de la brasque au moyen des barreaux aimantés.

Plus le culot total est homogène et uni, moins la scorie renferme de grenailles, mieux l'essai est réussi ; par conséquent les signes inverses indiquent qu'il est manqué et que c'est inutile de s'en occuper davantage. La non-réussite peut provenir de l'insuffisance de la température, ou de ce que les fondants n'ont pas été ajoutés convenablement, ou de ce que l'on a retiré le creuset trop tôt et que l'on a agité la masse encore fluide.

Lorsque l'on a bien réuni tout ce qui appartient à l'essai, on en détermine le poids par la double pesée, ensuite on l'enveloppe dans du papier et on le percute de quelques coups de pilon dans un mortier, afin de séparer la fonte d'avec la scorie. Si bien que celle-ci ait été liquéfiée, elle renferme toujours quelques grenailles de fonte qu'on lui enlève en la pulvérisant dans un mortier de porcelaine et en passant ensuite les barreaux aimantés dans sa poudre. Ces grenailles sont ajoutées au culot principal qu'on pèse, pour connaître directement le poids de la fonte, lequel, soustrait de celui du culot total, donne pour reste le poids de la scorie.

Les opérations exécutées jusqu'à présent ont fait connaître la quantité des matières volatilisables, celle des matières fixes contenues dans le minerai et celles que l'on y a ajoutées comme fondants, le poids de la fonte et celui de la scorie. On a donc toutes les données suffisantes pour contrôler l'essai ; mais avant cela il convient d'indiquer la rédaction du procès-verbal.

PROCÈS-VERBAL D'ESSAI D'UN MINERAI DE FER.

On commence par indiquer l'espèce de minerai essayé (si c'est de l'*oligiste* de la *limonite*, de la *sidérose*, etc.) et son origine (lieu de provenance) ; puis on décrit ses principales propriétés physiques, telles que forme, couleur et densité ; s'il est caverneux, celluleux, ou compacte, enfin s'il fait effervescence avec les acides.

Il faut mettre le plus grand soin à décrire les minerais, afin d'éviter des contestations entre les sociétés voisines et rivales.

Ensuite, on inscrit le procès-verbal d'essai, c'est-à-dire les quantités des diverses matières employées pour exécuter toutes les opérations que nous avons décrites et les résultats obtenus, et l'on termine par la description du culot total, celles de la fonte et de la scorie.

Si ces descriptions sont bien faites, elles fournissent des données certaines sur la nature des substances contenues dans le minerai soumis à l'essai. Ainsi pour la fonte, on la casse afin de constater sa ténacité, sa dureté et son grain, ce qui se fait en l'enveloppant dans du papier et frappant dessus : les fontes de très-bonne qualité s'aplatissent un peu avant de se fendre : elles sont *grises ou blanc-grisâtre*, à grain fin ou moyen ; les très-mauvaises se brisent facilement sans changer de forme ; il y en a même qu'on peut pulvériser : elles sont *blanches*, lamelleuses et présentent souvent des cavités cristallisées ; mais entre ces deux qualités extrêmes, il y a plusieurs variétés sur lesquelles les caractères extérieurs ne donnent que des indices plus ou moins probables ; la variété intermédiaire ou mélange des deux, s'appelle *fonte truitée* : lorsque sur un fond gris l'on aperçoit de petits points blancs, la fonte est *truitée grise* ; quand, au contraire, la fonte blanche domine, elle est *truitée blanche*.

Quant à la scorie, on indique si elle est vitreuse, bulleuse, émaillée ou compacte ; pierreuse, transparente, translucide ou opaque ; on note la couleur qu'elle présente soit par transparence, soit par réflexion ; si elle offre des indices de cristallisation ou non ; si elle est homogène ou veinée ; si elle présente des taches blanches et si elle exhale une odeur hépatique par l'insufflation. Les scories qui renferment de la magnésie ont l'aspect pierreux cristallin ; celles qui contiennent du phosphate calcique en quantité notable sont opaques et d'aspect émaillé ; celles qui contiennent du sulfure calcique sont veinées ou tachetées et hépatiques par l'insufflation. Si ces scories sont incolores, elles ne sont composées que de silicate aluminico calcique ; si elles sont colorées en bleu de *lavende*, cela indique la présence du Titane ; la coloration améthyste, celle du manganèse, et *le vert poireau*, un sulfure alcalino-terreux ; quelquefois les scories sont transparentes comme du verre et ont la couleur du quartz enfumé, ce qui est dû au charbon qui y est retenu.

Voici une application des généralités que nous venons d'exposer.

PROCÈS-VERBAL D'ESSAI

D'une Goëthite fibreuse de Hestroumont, commune de la Reid.

Minerai en morceaux de la grosseur d'un œuf, dont la couleur varie du gris au jaune et au brun-violet, irisé; densité et dureté assez prononcées, cassure conchoïde, inégale, texture fibro-laminaire, compacte-radiée, et poussière jaune. Ce minerai présente à l'intérieur quelques géodes stalactitiques, et fait à peine effervescence avec les acides.

Sur 10 gr. il perd par calcination 1,29 = de l'eau et de l'acide carbonique.

Il laisse indissous dans les acides 0,96 = Argile et Quartz.

On a soumis à l'essai :

10 gr. du minerai cru (mais bien desséché) correspondant au minerai calciné   8,71

On y a ajouté 0,61 de carbonate calcique, contenant chaux =   0,33

Total des matières fixes,   9,04

On a obtenu : fonte = 5,52 ⎫
    Id.   scorie = 1,40 ⎬ Total, 6,92

D'où perte par volatilisation d'oxygène, 2,12

Cette quantité d'oxygène est insuffisante pour transformer 5,52 de fer en oxyde ferrique, car il en faut 2,37 ; ce qui confirme qu'une partie du fer existe à l'état ferreux dans le minerai, qui est de la *Goëthite*.

Soustrayant de 1,40, poids de la scorie
       0,33, chaux fixe ajoutée

On a   1,07 pour le poids des matières vitrifiables du minerai, lesquelles renferment 0,96 d'insoluble, et, par conséquent, 0,11 de soluble.

La fonte est grise, à lamelles cristallines et assez dure.

La scorie est vitreuse, colorée en violet, et ne présente aucun autre caractère à noter.

(Lieu et date.)   (Signature dè l'opérateur.)

Voici une autre manière plus simple de présenter les résultats des essais, mais moins suffisante.

Essais de trois minerais de fer, provenant des localités suivantes :

	de Heggen.	de Theux.	de Dison.
Matières volatiles au feu	13.5	13.	15.
Idem vitrifiables,	22.93	29.	22.86
Fonte obtenue,	44.5	40.6	43.5
Perte par volatilisation ;	19.07	17.4	18.64
elle correspond à la quan-	———	———	———
tité d'oxygène néces-	100.00	100.0	100.00
saire pour former de			
l'oxyde ferrique.			

VÉRIFICATION DE L'ESSAI.

Lorsque le fer contenu dans le minerai essayé est à un degré d'oxydation connu, la perte par la volatilisation représente exactement la quantité d'oxygène dégagée pendant la réduction, et si cela se confirme par le calcul, l'essai est exact. Il ne faut pourtant pas s'attendre à une concordance rigoureuse, parce que le culot métallique obtenu est de la fonte et non du fer pur ; aussi constate-t-on ordinairement dans les essais que l'oxyde ferrique ne perd que 29 p.|c. environ d'oxygène, tandis qu'il en contient 30 ; d'après cela, il faut admettre ces données pour les essais de fer. D'autre part, la quantité d'oxyde ferreux qui reste dans les scories correspond en partie au carbone dissous dans le fer; cependant quand l'essai a été bien fait et avec l'addition d'un fondant convenable, la quantité d'oxyde non-réduite est fort petite et ne s'élève guère qu'au 100ᵉ du poids de la scorie.

Quand le degré d'oxydation du fer n'est pas connu, la perte d'oxygène produite pendant la réduction le fait connaître ; mais pour en être certain, il faut faire plusieurs essais en même temps, afin que les conditions soient les mêmes.

Si le minerai renferme de l'oxyde de Manganèse, la vérification est encore possible, parce que l'oxyde Manganeux passe dans la scorie et la colore en violet sans changer de degré d'oxydation, et qu'il ne peut se trouver que des traces de Manganèse réduit, si l'on a employé une quantité suffisante de flux ; s'il y existe à l'état d'oxyde rouge-brun, il abandonne une certaine quantité d'oxygène, qui se trouve comprise dans la perte, et il n'y a plus de moyen de vérification ; mais cela n'a nulle importance, parce que la différence entre la perte et la quantité d'oxygène calculée d'après le poids de la fonte ne peut jamais être très-grande, attendu que cet oxyde rouge-brun n'abandonne que 0,068 d'oxygène pour se changer en oxyde Manganeux ; si c'est du suroxyde, on sait combien il perdra de son poids, puisqu'on connaît la quantité de minerai soumise à la calcination et au grillage.

ESSAI DES MINERAIS DE FER QUI CONTIENNENT DU PHOSPHORE, DE L'ARSENIC, DU SOUFRE, DU PLOMB ET DU ZINC.

Les minerais de fer renferment souvent, à l'état de mélange, des *Phosphates et des Arséniates de fer et de chaux*, des *Pyrites ferrugineuses* et parfois des *cuivreuses* ; voici comment ces corps étrangers se comportent pendant la réduction en petit et en grand.

Le *phosphate de fer* est complétement réduit en phosphure de fer, qui passe entièrement dans la fonte, quelle que soit la quantité de chaux employée ; en voici l'explication : dans les mélanges que l'on fond dans les hauts-fourneaux, la chaux n'est jamais en quantité dominante, tandis que le fer y abonde ; la matière y reste donc exposée pendant long-temps à une forte chaleur, et chaque particule du mélange recevant de toutes parts le contact du charbon, la moindre parcelle d'acide phosphorique ne peut échapper à la réduction.

Le *phosphate calcique* est réductible par le charbon seul et pourrait se combiner avec les silicates du laitier ; mais un mélange de phosphate calcique, de silice ou d'un sur-silicate et de charbon se décompose (c'est le procédé de Wœhler pour préparer le phosphore), et le phosphore passe aussi dans la fonte ; la quantité d'acide phosphorique qui se décompose est d'autant plus grande que la proportion d'acide silicique est plus considérable. Il suit de ce qui précède, que le minerai qui renferme du phosphate calcique donne une fonte phosphoreuse, mais qu'il reste d'autant plus de phosphate dans la scorie qu'il y a moins d'acide silicique ; la conséquence est, que dans le traitement d'un semblable minerai, il faut y ajouter la plus grande proportion de calcaire, compatible toutefois avec la fusibilité du laitier. Ces faits ont été confirmés par M. Caron en 1863.

Les *arséniates de fer et de chaux* sont très-facilement réduits en arséniure de fer par la seule influence du carbone sans l'aide de l'acide silicilique ; il en résulte donc que tout l'arsénic se fixe aussi dans le fer (excepté ce qui s'en volatilise), ce qui explique pourquoi les fers du commerce en contiennent souvent et dégagent de l'hydrogène arsénié lorsqu'on les traite par les acides étendus.

Les *pyrites*, sous la double influence du charbon et de

la chaleur, se transforment en monosulfures et le soufre qu'elles abandonnent passe dans la fonte, qui devient cassante; mais si l'on ajoute de la chaux au mélange, il se forme du sulfure calcique et la fonte n'est pas sulfurée; si au lieu de chaux on emploie du silicate calcique basique, le même effet se produit et le sulfure calcique passe dans le laitier et y forme des taches blanches, opaques, à odeur épatique par les acides. La proportion de ce sulfure est d'autant moindre que le silicate contient plus d'acide silicique ; mais alors la fonte contient du silicium, tandis que, d'après les expériences de M. Caron, le manganèse contenu dans le minerai, ou celui qu'on y ajoute, expulse le soufre et le silicium, mais non le phosphore.

De ce qui précède, il résulte que, lorsqu'on traite des minerais par un combustible pyriteux, ou des minerais pyriteux par un combustible quelconque, il est essentiel d'employer le plus de chaux possible en se restreignant toutefois dans les limites des silicates fusibles.

Quand le minerai de fer renferme de la galène ou de la blende, ces sulfures sont décomposés et le fer en absorbe le soufre, à moins que le fondant ne soit très-calcaire. Le plomb réduit forme un culot qui se sépare de la fonte, et le zinc se volatilise complétement en entraînant l'arsenic, s'il y en a. D'où il suit, pour compléter le contrôle de l'essai, que si la perte par volatilisation est supérieure à la quantité d'oxygène calculé, c'est que le minerai essayé contient du plomb ou du zinc ; ce que du reste l'analyse qualitative aura fait connaître.

Comme on le comprend, l'essai par la voie sèche possède des moyens de contrôle tels que l'industriel peut lui accorder sa confiance, et il lui fournit, en outre, toutes les données nécessaires pour le traitement en grand ; mais, par contre, il est insuffisant pour reconnaître et éliminer les matières nuisibles contenues dans la fonte ; pour cela, il faut recourir à la voie humide.

Dans l'industrie, il importe beaucoup de répéter fréquemment les essais des matières premières et de leurs produits, afin de vérifier si les choses se passent toujours régulièrement. Les minerais seront réessayés au bout d'un certain temps pour s'assurer qu'ils ont toujours la même teneur, laquelle peut varier, selon que le lavage, le triage et les autres opérations mécaniques seront négligées. À cet effet, voici un procédé que l'on peut exécuter immédiatement.

On mêle directement le minerai finement pulvérisé avec 15 à 20 % de chaux vive ordinaire (pour les minerais limoneux), on introduit ce mélange dans un creuset brasqué, on met par-dessus quelques morceaux de potasse caustique, dont l'ensemble ait le volume d'une noisette, on recouvre le creuset de son couvercle qu'on lute, puis on fond au fourneau à vent, ou à la forge au gaz d'éclairage.

L'addition de la potasse caustique détermine toujours la fusion de la gangue en une scorie transparente, et l'on est sûr de réussir à une première fois.

Si l'on tient à connaître la quantité d'argile et des autres matières vitrifiables, on reprend après la fusion la scorie par les acides pour doser ses constituants, ou mieux on opère sur une autre prise d'essai pour en déterminer la gangue, ce qui peut se faire pendant que le creuset est dans le fourneau (1854).

ESSAIS DES PRODUITS D'USINES OU PRODUITS D'ARTS.

Les produits artificiels du fer se divisent en *produits accessoires* et en *produits essentiels*.

Les *produits accessoires* sont : les *laitiers*, les *scories* de toute espèce, et les *battitures*. On considère en outre, comme produits accessoires les vapeurs et les gaz qui s'échappent des fours, et dont on peut quelquefois tirer parti, ou les empêcher de se répandre dans l'atmosphère et d'incommoder les voisins.

Les *produits essentiels* sont : la *fonte*, l'*acier*, le *fer doux* et le *colcothar* ou rouge anglais (oxyde ferrique).

Sous le rapport de la *docimasie*, les *produits accessoires* peuvent être essayés par la voie sèche et par la voie humide, mais les *produits essentiels* ne peuvent être essayés que par la voie humide, parce que leur composition est très-variable, et que les éléments y contenus ne s'y trouvent qu'en petite quantité, qu'il importe cependant de déterminer rigoureusement, attendu qu'ils ont une grande influence sur la qualité de ces produits : ainsi 0,1 de *soufre* rend le fer *rouverin* ou plus cassant à chaud qu'à froid ; 01 de *phosphore* le rend cassant à froid et pas à chaud , l'*arsenic*, en petite quantité, rend la fonte impropre à la fabrication du fer et de l'acier ; le *silicium* et le *carbone* en notable proportion altèrent la ténacité de la fonte à toute température, et donnent un fer mal affiné ou *pourri* ; le *manganèse* donne un fer dur, à cassure grenue et blanche, qui n'est plus magnétique ; le fer qui contient plus de 6 % de manganèse ne précipite pas de cuivre d'une solution de chlorure cuivrique, mais la ramène à l'état de chlorure cuivreux ; le *titane* donne un culot de fonte qui se brise facilement sous le marteau et dont la cassure est mate ou cristalline ; le *cuivre* donne un fer plat et insoudable ; l'*étain* le rend cassant à froid et insoudable également.

PRODUITS ACCESSOIRES.

Laitier. — On appelle *laitier* les matières vitreuses et fondues qui surnagent la fonte dans les hauts-fourneaux ; ils proviennent de toutes les substances étrangères du minerai et de celles qu'on y a ajoutées comme fondants. On comprend, d'après cela, que sa composition varie selon celle des minerais; ils se présentent sous différents aspects : tantôt vitreux ou pierreux, suivant que le refroidissement a été brusque ou lent; tantôt boursouflé et léger ; d'autres fois compacte et dense ; les uns ont une couleur olivâtre, les autres gris-violacé ou bleuâtre, et même d'un beau bleu. Ils contiennent de la silice, de l'alumine, de la chaux, de la magnésie, du soufre (provenant du combustible), des oxydes ferreux et manganeux et quelquefois de l'oxyde-titanique ; ils sont rarement homogène, mais souvent mélangés mécaniquement de grenailles de fonte, de charbon, de quartz, de castine, etc.

Cependant selon M. Ch. Mène, tous les laitiers sont des composés chimiques bien définis, dont les nombres fournis par l'analyse peuvent être traduits en formule régulière, dans laquelle l'oxygène de l'acide silicique est en quantité égale à celui des bases. Le silicate est alors peu fusible, parce que dans ces fourneaux on force la proportion de *castine* (calcaire tendre) pour se débarrasser le plus possible du soufre contenu dans le combustible (comme il a été dit précédemment), ce qui est d'ailleurs compatible avec l'allure d'un bon fourneau.

Scories de forges catalanes, de forges d'affinerie, de fourneaux de finerie, de puddlage, de chaufferie, etc. Elles ont à peu près toutes le même aspect ; c'est-à-dire d'un noir foncé, au gris olivâtre, pesantes, plus ou moins boursouflées, et à cassure cristalline. Elles agissent vivement sur le barreau aimanté, sans être cependant assez magnétiques pour que leur poussière s'y attache ; assez souvent elles contiennent des particules métalliques que l'on peut séparer par le martelage et le tamisage ensuite. Elles sont attaquables par les acides forts et se prennent en gelée ; elles sont généralement composées d'acide silicique, d'oxyde ferreux et de faibles traces de chaux, de magnésie et d'alumine ; il y en a qui renferment une notable quantité d'oxyde de manganèse, et quelques-unes de l'acide phosphorique. Leur composition est rarement bien définie, excepté celle des cristaux qu'on trouve parfois dans leurs cavités, et qui sont, d'après Mitscherlich, des bisilicates de chaux et de magnésie.

Battitures. Elles sont toujours formées de deux couches distinctes : la supérieure ressemble à une masse fondue de couleur gris de fer, tirant sur le rouge, et dont la poussière est fortement magnétique ; la couche inférieure est très-poreuse, d'un gris-noir métallique, plus dure, moins cassante et moins magnétique que la première. Les battitures sont un mélange presque pur d'oyde ferrique et d'oxyde ferreux, dans une proportion qui varie selon les circonstances, et d'une faible quantité d'acide silicique.

Quant aux essais par la voie sèche des produits accessoires, voici ce qui en est : on commence par les ranger, comme les minerais, dans l'une ou l'autre des cinq classes, d'après les matières terreuses qu'ils contiennent. Cela étant, les *battitures* seront essayées comme les minerais de fer de la première classe ; les *scories d'affinage*, par le procédé applicable aux minerais de la troisième classe ; enfin les *scories de forges* et les *laitiers*, contenant un peu de tout, seront essayés comme les minerais de la cinquième classe. Le procès-verbal d'essai de ces produits se formule comme il suit :

SCORIE DE FORGE D'AFFINERIE.

Description de la scorie, si elle présente quelque chose de particulier.

10 grammes de la scorie ont été pesés = 10 grammes, on y a ajouté 15 gr. de carbonate calcique=chaux 0,84

Total des matières fixes 10,84

on a obtenu : fonte = 4,75 |
scorie = 4,61 | total 9,36

perte par volatilisation d'oxygène 1,48.

Le fondant fixe ajouté étant 0,84, que l'on soustrait de 4,61 poids de la scorie, on a 3,77 pour la quantité des matières vitrifiables.

La fonte était blanche, légèrement truitée et un peu malléable. La scorie était vitreuse, transparente et d'un beau vert.

Date   (Signature.)

DOSAGE DU FER PAR LA VOIE HUMIDE Fe = 56.
Notions préliminaires.

Le fer se dose presque toujours à l'état d'oxyde ferrique, parce que c'est la seule combinaison de ce métal qui présente la fixité nécessaire pour une analyse exacte. Donc, si la substance contient le fer à l'état métallique ou d'oxydes ferreux ou ferroso ferrique, il faut l'attaquer par de l'acide nitrique ou de l'eau Régale, afin de l'amener à l'état ferrique ; si c'est une liqueur, il suffit de la faire bouillir avec addition d'acide nitrique jusqu'à cessation de vapeur rutilante et qu'elle soit colorée en jaune ; ou bien d'y faire passer un courant de chlore ou d'y ajouter de l'eau de Brôme, ou du chlorate potassique si elle contient du chloride hydrique libre et la soumettre à une légère ébullition.

La dissolution ne doit pas être ferreuse, parce que l'oxyde ferreux se redissout partiellement dans l'ammoniaque, ou devient plus ou moins ferroso-ferrique pendant les opérations qui suivent sa précipitation, d'où incertitude et erreur.

PRÉCIPITANTS EMPLOYÉS.

L'ammoniaque caustique est employée préférablement aux alcalis fixes pour précipiter l'oxyde ferrique : versée en léger excès, elle le sépare de ses dissolutions sous la forme d'un volumineux précipité rouge-brun, qui devient plus compacte et plus foncé en couleur par l'ébullition, laquelle élimine en outre l'excès d'ammoniaque. On doit encore abandonner le vase couvert à un repos de 12 à 15 heures, afin que l'oxyde ferrique prenne plus de cohésion et ne passe pas à travers les pores du filtre. Au bout de ce ce temps, on le recueille dans un filtre, on le lave complétement avec de l'eau bouillante, de façon à lui enlever tout le chlorure ammonique formé, qui pourrait entraîner du chlorure ferrique pendant la calcination, on le dessèche et on le chauffe dans un moufle en élevant la température jusqu'au rouge-vif. Alors on retire la capsule, et quand elle est refroidie on y verse quelques gouttes d'acide nitrique (pour être certain d'avoir de l'oxyde ferrique, que le filtre a ramené à l'état ferroso-ferrique) et on réchauffe pendant 12 à 15 minutes, puis on pèse ; ensuite on calcule la quantité de fer ou de ferreux ou de ferroso-ferrique contenue dans la prise d'essai, d'après ceci que 100 d'oxyde ferrique = 90 de ferreux et 70 de fer.

La potasse et la soude caustiques peuvent aussi être employées pour précipiter l'oxyde ferrique lorsqu'il s'agit de le séparer d'avec d'autres, mais pas pour le doser, parce qu'il retient toujours, malgré les lavages les plus multipliés un peu de ces alcalis fixes ; dans ce cas il faut le redissoudre après trois lavages et encore humide, par de l'eau chaude acidulée de chloride hydrique, puis le reprécipiter par de l'ammoniaque.

Les carbonates potassique, sodique et ammonique précipitent aussi complétement l'oxyde ferrique de ses dissolutions neutres ; mais si elles sont acides, il se forme à *froid* du bicarbonate alcalin, qui retient un peu d'oxyde ferrique en solution, et qu'on ne parvient à précipiter complétement qu'en faisant bouillir la liqueur jusqu'à ce qu'elle soit décolorée, en supposant qu'elle ne renferme pas d'autre sel coloré.

Il ne faut pas oublier non plus que les matières organiques s'opposent à la précipitation complète de l'oxyde ferrique par les alcalis : ainsi l'action de l'acide nitrique ou celle de l'eau Régale sur le papier du filtre donne lieu à une substance organo-chimique qui agit de cette façon.

Dans plusieurs cas, on est obligé de recourir à l'emploi d'un sulfure alcalin, ou du sulfhydrate ammonique pour séparer le fer d'avec d'autres corps, surtout lorsqu'il y a présence de matières organiques, ou des acides phosphorique et borique, parce que l'ammoniaque précipiterait ces derniers en même temps que l'oxyde ferrique.

Pour éviter cela, on commence par neutraliser l'acidité de la dissolution au moyen d'ammoniaque caustique qu'on y verse peu à peu, même en léger excès, puis du sulfhydrate ammonique, qui précipite du sulfure de fer noir, qu'on abandonne à un long repos à une douce chaleur et à l'abri de l'air.

Lorsque la liqueur surnageante n'a plus qu'une teinte jaunâtre, due à l'excès du sulfhydrate, on la filtre, on lave le précipité avec de l'eau bouillie et additionnée d'un peu du réactif, pour que le sulfure de fer ne se transforme pas en sulfate soluble ; mais si la liqueur surnageante conserve une teinte verte, il faut la chauffer à l'abri de l'air, pendant un temps suffisant, afin que le sulfure de fer tenu en suspension, et qui lui communique cette teinte, se dépose complétement.

Lorsqu'on fait usage de sulfure pour précipiter le fer de ses dissolutions, il importe peu qu'il y soit à l'état ferrique ou ferreux ; seulement s'il y est sous ce dernier état, il convient d'ajouter du chlorure ammonique au préalable. Après qu'on a lavé suffisamment le sulfure de fer, ou le redissout dans le filtre comme il est indiqué plus haut, on fait bouillir sa dissolution pour expulser le sulfide hydrique et compléter la précipitation du soufre, on filtre, on trans-

forme le fer en ferrique, et on le précipite par de l'ammoniaque, etc.

On peut cependant doser le fer sous l'état de sulfure ferreux en le fondant avec son volume de soufre sous un courant d'hydrogène sec, jusqu'à ce qu'il ne dégage plus de
vapeur de soufre, puis le pesant lorsqu'il est refroidi ; il est
alors stable.

Enfin, l'acétate, le formiate et le succinate ammoniques
peuvent être employés à précipiter l'oxyde ferrique et à le
séparer des métaux qui ne se comportent pas comme lui
dans ce cas. A cet effet, la dissolution étendue est d'abord
neutralisée par du carbonate ammonique, sans la troubler,
puis additionnée de cristaux d'acétate ammonique et soumise à l'ébullition, pendant cinq minutes. Le formiate et le
succinate ammonique, employés en solution bien neutre,
précipitent encore plus complétement l'oxyde ferrique que
le premier de ces trois sels. Leur emploi est fondé sur ce
que ces acides organiques, se décomposant par l'ébullition,
l'ammoniaque se présente à l'état naissant à l'oxyde ferrique
et le déplace totalement.

Analyse proprement dite.

Pour bien faire comprendre la marche à suivre pour
analyser un minerai de fer, nous supposons le cas suivant :

Une limonite étant formée d'eau, de quartz, d'oxydes
ferrique, aluminique, manganique, calcique et magnésique,
on procédera au dosage respectif de ses constituants par
l'un ou l'autre des procédés que nous allons décrire.

L'eau : Le minerai étant finement pulvérisé et desséché,
on en pèse 10 grammes dans un creuset de platine taré,
muni de son couvercle, et on le chauffe progressivement
au rouge jusqu'à ce que diverses pesées n'indiquent plus
de diminution de poids.

Voyez la page 99 pour la manière d'opérer. Ce mode de dosage de l'eau suffit dans le cas présent, parce qu'il n'y a rien d'autre de volatilisable.

L'acide silicique : On attaque un gramme et demi, deux au plus, du minerai par du chloride hydrique d'abord et de l'eau régale ensuite, si cela est nécessaire, en évitant l'ébullition qui entraînerait du chlorure ferrique, et on arrête l'attaque lorsque les grains de *quartz* sont blancs et exempts d'autres matières ; alors on étend la liqueur d'eau, on filtre pour recueillir l'acide silicique, on le lave à l'eau chaude, on le dessèche, grille et pèse, comme il sera dit plus loin.

Si l'acide silicique est combiné avec l'oxyde aluminique, et que le minerai ne soit pas attaquable par les acides, on le mêle avec quatre à cinq fois son poids de carbonate potassique ou sodique pur et bien sec, on introduit le mélange dans un creuset de platine, on met par dessus encore un peu du carbonate alcalin avec lequel on a rincé le papier sur lequel on fait le mélange, on y enfonce quelques morceaux de potasse ou de soude caustique pour faciliter la fusion, on couvre le creuset et on le chauffe progressivement jusqu'au rouge dans un moufle, en ayant le soin de donner un bon coup de feu au bout d'une demi heure. Quinze minutes de chauffe au fourneau à gaz, dont cinq au rouge blanc, suffisent pour obtenir la fusion d'un semblable mélange.

Lorsque la fusion est complète, on laisse refroidir le creuset, on le nettoie parfaitement à sec, puis on le pose horizontalement dans une capsule de porcelaine à bord assez relevé, on le recouvre d'eau bouillante, et, au moyen d'une baguette de verre, on y fait couler un peu de chloride hydrique dans l'intérieur ; pour éviter les pertes par suite du dégagement de l'acide carbonique, on renverse sur la capsule un entonnoir dont le bord y entre un peu. Cet entonnoir sera lavé avec l'eau acidulée qui servira à redissoudre la masse solide. Il va sans dire que si le couvercle du creuset porte des projections à sa face inférieure, on doit le mettre aussi dans la capsule. Lorsque la première portion d'acide chlorhydrique a produit son effet, on en ajoute une deuxième et ainsi de suite jusqu'à ce qu'on en ait mis assez; mais aussitôt que la masse est détachée du creuset, on enlève celui-ci et on le lave parfaitement avec de l'eau chaude en le tenant au-dessus de la capsule.

Cela fait, on chauffe modérément sur un bain de sable, pour expulser lentement tout l'acide carbonique et éviter une trop vive effervescence et en laissant l'entonnoir renversé sur la capsule; l'on continue de la sorte jusqu'à ce que la matière ait la consistance du miel; alors on l'agite constamment pour empêcher l'acide silicique de se déposer au fond de la capsule, d'où il serait projeté de temps en temps par la chaleur à laquelle il resterait constamment soumis. Lorsque la matière est sèche et qu'elle ne dégage plus de vapeur acide, on l'abandonne pendant deux heures environ à une température de 120 à 150°, afin de rendre l'acide silicique tout-à-fait insoluble; au bout de ce temps on humecte la masse avec un peu de chloride hydrique, pour ramener à l'état de chlorures les métaux qui auraient été transformés en oxydes insolubles par l'évaporation à siccité; on laisse agir pendant une heure, puis on y ajoute de l'eau chaude (celle qui a servi à laver l'entonnoir) et l'on filtre la liqueur pour en séparer l'acide silicique, qu'on reçoit dans le filtre, lave plusieurs fois avec de l'eau légèrement acidulée de chloride hydrique, enfin avec de l'eau pure, et qu'on dessèche, grille et pèse.

Il importe que le précipité de silice soit parfaitement desséché avant d'être calciné, sans quoi il serait projeté sous la forme d'une poussière fine; d'autre part, il ne faut pas peser la silice calcinée dans un vase ouvert, parce qu'elle attire avidement l'humidité et la retient encore malgré une température de 150°. On est sûr d'avoir bien opéré lorsque la silice est en poudre blanche, légère et terreuse, et que, mise en digestion dans du chloride hydrique elle ne lui cède rien, mais qu'elle se dissout entièrement dans une solution de carbonate alcalin fixe; s'il y a un résidu blanc, c'est de l'alumine ou du carbonate calcique.

Passons actuellement à la séparation des bases.

SÉPARATION DES OXYDES FERRIQUE, ALUMINIQUE, MANGANIQUE, CALCIQUE ET MAGNÉSIQUE.

Le Manganèse existant à l'état de chlorure Manganeux dans cette dissolution (puisqu'on a repris la masse solide par un excès d'acide chlorhydrique et la chaleur), on le transforme en chlorure Manganique au moyen d'un courant de chlore, ou d'un peu de Brôme et d'une chaleur comprise entre 40 et 50°, ou bien au moyen d'acide nitrique et l'ébullition. Cela fait, on y ajoute du chlorure ammonique cristallisé, en quantité égale, à peu près, à celle de la masse saline, et on fait bouillir quelques minutes pour former des chlorures doubles avec le calcium, le magnésium et l'ammonium, afin qu'ils restent dissous quand on y versera de l'ammoniaque, et que l'alumine ne se précipite pas à l'état de sous sel. Alors on sature la liqueur par de l'ammoniaque, on la fait bouillir, tant pour compléter la précipitation des oxydes ferrique, aluminique et manganique, que pour empêcher l'introduction de l'acide carbonique, qui précipiterait tout, et qu'il ne reste pas assez d'ammoniaque pour redissoudre plus ou moins d'alumine récemment précipitée.

Après le refroidissement en vase couvert et l'éclaircissement de la liqueur, on la filtre et on obtient un triple précipité des sesqui oxydes qu'on lave complétement avec de l'eau bouillante ; la liqueur filtrée et *incolore*, contient la chaux, la magnésie et l'alcali fixe, si l'on a attaqué par un fondant.

Bien qu'on ait transformé le Manganèse en Manganique, dans le but de le précipiter avec les oxydes ferrique et aluminique, on n'est pas absolument certain qu'il n'en reste plus dans la liqueur avec la chaux et la magnésie : pour en acquérir la certitude, il faut la concentrer afin de compléter la précipitation du Manganèse, ou bien s'assurer de sa présence par une ou deux gouttes de sulfhydrate ammonique, et s'il y en a on devra le séparer.

Pendant le lavage du triple précipité, on procède à la séparation de la chaux.

Dosage de la chaux. — De la liqueur incolore et chaude, on précipite la chaux en y versant d'abord un excès d'ammoniaque, qui ne doit pas la troubler ; s'il y a trouble (il est dû à la magnésie), on le fait disparaître en y ajoutant une nouvelle portion de chlorure ammonique, puis de l'oxalate ammonique en grand excès, pour transformer la chaux en oxalate calcique insoluble et la magnésie en oxalate acide et soluble. On couvre le vase, on l'abandonne au repos pendant 12 heures à une douce chaleur, pour compléter la précipitation et donner plus de cohésion au précipité, qu'on filtre en le retenant le plus longtemps possible dans le vase afin de le laver plus facilement. Lorsque le précipité est bien rassemblé dans le filtre, lavé et égoutté, on le dessèche, puis on le grille au rouge vif dans un moufle et de façon à le transformer en chaux, qu'on pèse rapidement à l'abri de l'air.

Il convient de terminer le grillage au moyen de quelques gouttes d'acide nitrique ou sulfurique, dont on enlève l'excédant par l'addition d'un morceau de carbonate ammonique et la chaleur, afin qu'il ne reste que du sulfate calcique neutre, que l'on pèse.

Si la Magnésie est en quantité à peu près égale à celle de la chaux, comme dans la *Dolomie*, il faut, après avoir filtré la liqueur éclaircie par le repos de 12 heures, redissoudre le précipité d'oxalate calcique plus ou moins magnésique et encore dans le vase, par un peu de chloride hydrique très-étendu, y verser ensuite un excès d'ammoniaque, puis de l'oxalate ammonique également en excès, et l'abandonner à un nouveau repos de douze heures. Après ce temps on filtre l'oxalate calcique privé de magnésie, et on achève le dosage de la chaux comme il vient d'être indiqué.

Dosage de la magnésie. — Dans le cas qui nous occupe, la magnésie reste seule dans la dissolution, ou bien avec l'alcali fixe qui a servi de fondant. Pour l'en séparer, on évapore la liqueur à siccité, on calcine le résidu au rouge-vif, afin d'expulser les sels ammoniacaux et l'on reprend par de l'eau : l'alcali fixe se dissout à l'état de carbonate, tandis que l'oxyde magnésique reste indissous : on le filtre, on le lave, le dessèche, grille et pèse.

Voyez les autres procédés de dosage de la magnésie.

SÉPARATIONS ET DOSAGES DES OXYDES FERRIQUE, ALUMINIQUE ET MANGANIQUE.

Le triple précipité parfaitement lavé et encore humide, est redissous dans le filtre par du chloride hydrique étendu d'eau bouillante, puis on fait bouillir la dissolution avec un excès de cet acide jusqu'à ce qu'elle ne dégage plus de chlore, et cela afin d'amener le Manganèse à l'état de chlorure manganeux ; ensuite on sursature par de l'ammoniaque, on fait bouillir de nouveau jusqu'à ce que la liqueur n'exhale plus l'odeur de l'ammoniaque, et que les oxydes ferrique et aluminique soient complétement précipités ; le Manganèse reste en dissolution à la faveur du chlorure ammonique formé. Après l'éclaircissement de la liqueur, qui doit être incolore, on filtre, on lave parfaitement le double précipité; ensuite on le redissout dans le filtre par du chloride hydrique étendu d'eau bouillante (si l'on a le soin d'étendre suffisamment l'acide, le même filtre peut servir plusieurs fois), et l'on obtient une dissolution bien claire des chlorures ferrique et aluminique.

Pour les séparer, on verse goutte à goutte leur dissolution neutralisée par du carbonate sodique, dans une solution de potasse caustique pas trop étendue et chauffée dans une capsule de porcelaine; on agite souvent et après quelque temps de repos à l'abri de l'air, on sépare la liqueur éclaircie contenant toute l'alumine. Pour réussir cette filtration, on remplit le filtre d'eau distillée chaude, et, au moyen d'une baguette de verre, on y fait couler aussitôt et *continuellement* la dissolution d'aluminate potassique, qui, de la sorte passe sans trouer le filtre.

Pour savoir si la solution de potasse était en quantité suffisante pour redissoudre toute l'alumine, on y ajoute, après le dépôt de l'oxyde ferrique, une goutte de chloride hydrique: si elle fait apparaître un nuage blanc d'hydrate aluminique, qui disparaît par l'agitation, c'est qu'il y avait assez de potasse.

Dosage de l'oxyde ferrique. — Celui-ci étant reçu dans le filtre et lavé le plus possible avec de l'eau bouillante, retient, quoique cela, de la potasse; c'est pourquoi on le redissout par du chloride hydrique étendu, qu'on le reprécipite ensuite par de l'ammoniaque et qu'on achève son dosage ainsi qu'il a été indiqué.

Dosage de l'oxyde aluminique. — Pour précipiter l'alumine de la liqueur privée d'oxyde ferrique, on peut y ajouter du chlorure aluminique jusqu'à cessation de précipitation, ou mieux, du chloride hydrique en quantité suffisante pour redissoudre le précipité blanc qui apparaît d'abord, faire bouillir, retirer le vase du feu, puis y ajouter du sesquicarbonate ammonique solide jusqu'à ce qu'il ne se précipite plus d'hydrate aluminique. Après l'éclaircissement de la liqueur on la filtre, on garde le plus possible le précipité dans le vase, afin de l'y laver en le faisant bouillir, on achève son lavage dans le filtre, on le laisse bien égoutter, on le dessèche, grille et pèse.

Dosage du manganèse. — La liqueur retenant le Manganèse est évaporée à siccité pour en expulser tous les sels ammoniacaux, puis le résidu est repris par une solution de carbonate sodique et soumis à l'ébullition, afin de rendre complète la précipitation du carbonate manganeux ; après un repos suffisant, on reçoit le précipité dans un filtre, on le lave, on le dessèche, puis on le grille de façon à le transformer en oxyde Manganosomanganique, d'après le poids duquel, pris lorsque les deux dernières pesées concordent, on calcule celui de l'oxyde de Manganèse qui existait dans le minerai (100 de $Mn^3 O^4 = 72,052$ de Mn).

Si l'on a quelque raison de supposer que l'oxyde ferrique retienne du Manganèse, soit parce que son poids est trop considérable, ou celui du Manganèse trop faible, il faut, dans une seconde analyse, redissoudre l'oxyde ferrique séparé de l'alumine, en opérer ensuite la précipitation par le succinate ammonique, et rechercher le Manganèse dans la liqueur restante. Voir plus loin.

MÉTHODE D'ANALYSE PAR LE SULFHYDRATE AMMONIQUE.

Le minerai est attaqué par les acides ou par un fondant, et la silice en est séparée et dosée comme au premier procédé.

La liqueur aux bases est additionnée de chlorure ammonique, puis d'ammoniaque pour neutraliser l'excès d'acide et même produire un commencement de précipitation ; alors

on y verse du sulfhydrate ammonique jaune, on l'étend d'eau
bouillie, et on l'abandonne au repos, le vase couvert, afin
que l'oxyde Aluminique, les sulfures de fer et de Manganèse
se précipitent complétement. Lorsque la liqueur est bien
éclaircie et qu'elle ne précipite plus du tout par quelques
gouttes du réactif, on la filtre, on lave le triple précipité
avec de l'eau bouillie additionnée d'un peu de sulfhydrate,
puis on le redissout dans le filtre par du chloride hydrique,
quelques gouttes d'acide Nitrique et de l'eau bouillante ;
ensuite on évapore cette dissolution jusqu'à siccité pour
chasser l'excès de sulfhydrate et d'acide, puis on reprend
le résidu par de l'eau et on filtre pour séparer le soufre.
Cela fait, on précipite de cette dissolution les trois oxydes
par de la potasse, dont un excès redissout l'oxyde Aluminique et le sépare ainsi des deux autres ; la filtration, le
lavage et tout ce qui concerne le dosage de l'alumine s'exécute comme il est indiqué à la page 124.

Oxydes ferrique et Manganique. — Pour les séparer, on
les redissout (après les avoir bien lavés) par un excès de
chloride hydrique à une douce ébullition, prolongée jusqu'à
cessation de dégagement de chlore, afin de ramener le Manganèse à l'état de chlorure manganeux ; alors on étend la
dissolution de beaucoup d'eau bouillante, on y verse goutte
à goutte de *l'ammoniaque affaiblie* jusqu'à précipitation d'un
peu d'oxyde ferrique, qui doit persister à une température
de 40°, malgré l'agitation avec la baguette de verre, et que
la liqueur soit colorée en *rouge-foncé.* Il faut qu'elle soit
encore jaune après le dépôt d'oxyde ferrique, car si elle se
décolore, c'est qu'on y a ajouté trop d'ammoniaque et que
trop d'oxyde ferrique s'est précipité ; dans ce cas, il faut le
redissoudre par un peu de chloride hydrique et reverser
petit à petit de l'eau ammoniacalisée pour y reproduire seulement un trouble persistant.

L'addition d'ammoniaque a pour but de rendre la dissolution tout-à-fait neutre, même légèrement alcaline, et de former du chlorure ammonique en quantité suffisante pour empêcher la précipitation du Manganèse (1). Arrivé à ce point, on verse dans la liqueur chaude du succinate ammonique bien neutre (2) et jusqu'à cessation de précipitation de succinate ferrique-basique, *brun foncé*, puis on abandonne le vase imparfaitement fermé à une température voisine de l'ébullition et jusqu'à ce que le liquide incolore ne précipite plus par une addition de succinate ammonique. Alors on filtre et lave le précipité à l'eau froide, puis à l'eau chaude ammoniacalisée, afin de lui enlever la majeure partie de son acide succinique, ce que l'on achève avec de l'eau chaude alcoolisée. On laisse ensuite égoutter le précipité, on le dessèche puis on le grille avec addition d'acide Nitrique pour doser l'oxyde ferrique.

Si l'opérateur est assez habile et s'il a bien observé les précautions indiquées, la séparation sera exacte, surtout lorsque le Manganèse n'est pas en quantité notable ; mais dans le cas contraire et lorsqu'il domine sur le fer, on doit redissoudre le succinate ferrique lavé par du chloride hydrique, faire bouillir et répéter pour sa précipitation les opérations nécessaires; une troisième reprécipitation donnera encore de meilleurs résultats, parce que chaque fois l'oxyde ferrique abandonnera du manganèse et finira par ne plus en retenir du tout. On comprend bien qu'il faudra opérer de la sorte, lorsqu'on voudra atteindre le plus haut degré d'exactitude et selon l'importance du problème à résoudre.

Le succinate aluminique n'étant pas tout-à-fait insoluble, il faut d'abord éliminer l'alumine.

---

(1) Pour plus de sûreté, Rose a conseillé d'y ajouter encore de l'Acétate sodique ou ammonique, mais le chlorure peut suffire lorsqu'il y en a 20 fois plus que de Manganèse dissous.

(2) Voir notre *Traité d'analyse chimique qualitative.*

Pour le manganèse : Selon nous, on ajoute de l'acide nitrique à la liqueur filtrée, de manière à la rendre acide, on l'évapore à siccité, sans la faire bouillir, dans une capsule de porcelaine, et l'on chauffe le produit solide en *l'agitant continuellement,* jusqu'à ce qu'il ne dégage plus de vapeur ammoniacale et que tout l'acide succinique soit décomposé. Par cette addition on est plus sûr de se débarrasser de l'acide succinique et des composés ammoniacaux, sans craindre que le chlorure ammonique entraîne du chlorure de manganèse, parce que l'azotate ammonique se dissipe à l'état d'oxyde azoteux et de vapeur d'eau sans rien entraîner d'autre. Alors on reprend le résidu solide (plus ou moins coloré en gris-noirâtre par le charbon de l'acide succinique) par une solution très-étendue de carbonate sodique, et on fait bouillir pour former du carbonate manganeux blanc, qui devient plus ou moins brun en s'oxydant, et qu'on filtre, lave à l'eau chaude, dessèche et grille afin d'obtenir de l'oxyde manganoso-manganique qu'on pèse.

Quelquefois la liqueur filtrée se trouble par les eaux de lavage (ce qui provient du carbonate manganeux tenu en suspension par l'excès du carbonate sodique); alors on cesse cette opération, on évapore à siccité dans une capsule de porcelaine, on fait rougir le résidu, puis on le reprend par de l'eau, on filtre, on réunit le nouveau précipité de carbonate manganeux à la première portion, et le lavage est continué, ainsi que les autres opérations pour doser le manganèse.

C'est, jusqu'à présent, le procédé le plus exact pour séparer et doser le manganèse qui accompagne le fer.

D'après M. Ed. Frémy (1876) on peut précipiter le manganèse à l'état de sesqui oxyde au moyen du brôme, en présence d'un excès d'ammoniaque. Selon M. Eggertz, la dissolution est additionnée de brôme, puis chauffée à 50°

jusqu'à précipitation complète d'hydrate sur manganique, qu'on recueille, lave, dessèche au bain-marie et pèse.

SÉPARATION ET DOSAGE DE LA CHAUX ET DE LA MAGNÉSIE.

Ces deux bases sont restées en dissolution dans la liqueur d'où on a précipité le fer, l'aluminium et le manganèse par le sulfhydrate ammonique; il a bien fallu dans ce cas s'occuper premièrement du triple précipité, afin de ne pas le laisser sulfatiser, tandis que la chaux et la magnésie n'éprouvent aucune altération en attendant leur tour.

DOSAGE DU FER ET DU MANGANÈSE A L'ÉTAT DE SULFURES.

On peut encore doser le fer à l'état de sulfure ferreux, précipité par le sufhydrate ammonique jaune, d'une dissolution contenant du chlorure ammonique et sans s'inquiéter de son degré de combinaison; après un repos de 36 à 48 heures, on filtre le précipité, on le lave à l'eau bouillie, additionnée de sulfhydrate, on le dessèche et grille le filtre; ensuite on mêle le sulfure de fer et les cendres du filtre avec volume égal de soufre, et on fond ce mélange dans un creuset de porcelaine, dont le couvercle est percé d'un trou par où arrive un courant d'hydrogène sec, continué jusqu'à cessation de dégagement de vapeur de soufre. Après le refroidissement, on pèse le *sulfure ferreux* fondu, qui, dans cet état est inaltérable à l'air sec pendant la pesée.

Le sulfure manganeux, traité de la même manière, peut aussi être pesé exactement; il est rare cependant qu'on pèse ces deux métaux sous cet état. — L'addition du chlorure ammonique facilite l'action du sulfhydrate ammonique et retarde la sulfatisation des sulfures surtout, quand on fait bouillir; tout autre sel ammonique, excepté l'azotate, agit de même.

La liqueur contenant ces deux bases (et un alcali fixe si l'on a fondu l'essai) est évaporée à siccité et le résidu chauffé au rouge pour expulser les constituants du sulfhydrate ammonique ; le produit calciné est repris par de l'eau acidulée de chloride hydrique, et la dissolution filtrée pour en séparer le soufre, puis traitée par l'un ou l'autre des procédés décrits précédemment pour séparer ces deux bases et les doser respectivement.

L'emploi du sulfhydrate ammonique produit des séparations bien nettes, comme on le sait, mais il présente l'inconvénient d'obliger à des évaporations et à des filtrations pour se débarrasser de son excédant, et d'altérer les autres opérations qu'on exécute dans le même laboratoire ; on ne peut donc pas toujours suivre ce procédé.

Avant d'abandonner l'analyse de ce minerai, nous dirons que l'on peut encore séparer comme il suit l'oxyde ferrique d'avec l'aluminique : dans leur dissolution étendue, sous l'état de chlorure ou de sulfates, on verse *un peu* de carbonate sodique pour la neutraliser et on la fait bouillir ; pendant l'ébullition, on y ajoute petit à petit du sulfite sodique pour transformer le ferrique en ferreux, et l'on continue cette addition et l'ébullition, tout en maintenant la dilution de la liqueur, jusqu'à disparition complète d'acide sulfureux ; de la sorte l'alumine est seule précipitée.

Outre les composés dont nous venons de nous occuper, un grand nombre d'autres peuvent encore accompagner le fer dans ses minerais, soit en mélange intime ou mécanique, soit même en combinaison : ce sont les *oxydes ferreux* et *ferrique, zincique, titanique, chrômique, vanadique* et *plombique*, les acides *carbonique, phosphorique, arsénique* et *sulfurique* ou du *soufre*. Voici comment on procède à leur détermination.

DOSAGE RESPECTIF DES OXYDES FERREUX ET FERRIQUE.

On peut déterminer la quantité d'oxyde ferrique en le réduisant en ferreux soit par du cuivre, soit par de l'argent, soit par du sulfide hydrique, ou bien le précipiter par du carbonate barytique ou calcique artificiel, qui laisse l'oxyde ferreux en dissolution ; d'autre part, on détermine ce dernier en le transformant en ferrique au moyen du chloride Aurique, ou du camélea-minéral.

Pour exécuter ces déterminations, on dissout quatre grammes du minerai finement pulvérisé par du chloride hydrique et de l'eau bouillie dans un matras à col rétréci, et en prenant toutes les précautions pour éviter l'action de l'air, afin de ne pas changer la composition du minerai; à cet effet, on peut y faire arriver un courant d'acide carbonique. La dissolution obtenue est partagée en quatre portions égales: la première sera oxydée complétement par de l'acide nitrique à l'ébullition, et servira à doser *le fer total* sous l'état d'oxyde ferrique, comme il a été indiqué; la deuxième servira à doser l'oxyde ferrique, la troisième l'oxyde ferreux, et la quatrième sera réservée pour le contrôle par un autre procédé, ou pour servir en cas d'accident.

Dosage spécial du ferrique. 1° La dissolution est introduite dans un bocal, qu'on remplit avec de l'eau bouillie après y avoir introduit une lame de cuivre pur, bien polie et pesée soigneusement.

Cette lame doit avoir la longueur du bocal, qu'on ferme complétement avec un bouchon auquel est suspendu le cuivre, et qu'on abandonne au repos pendant trois à quatre jours en l'agitant de temps à autre. Au bout de ce temps, tout le chlorure ferrique est transformé en ferreux et une quantité équivalente de cuivre est transformée en chlorure cuivreux; or donc, en retirant la lame de cuivre, la lavant, la desséchant parfaitement entre des doubles de papier buvard, puis la repesant, sa diminution de poids fait connaître la quantité de ferrique contenue dans l'essai, d'après ceci, que 126 de cuivre correspondent à 112 de fer à l'état ferrique (c'est le procédé de Fuchs).

2° On arrive au même résultat en introduisant un poids connu d'argent en poudre dans le bocal rempli, qu'on ferme soigneusement et qu'on abandonne à un repos de plusieurs jours en l'agitant souvent. Le ferrique est devenu ferreux, et de l'argent s'est tranformé en chlorure argentique insoluble et déposé au fond du bocal avec l'excédant d'argent : En recevant le double dépôt dans un filtre taré, le lavant avec de l'eau ammoniacalisée, on dissout tout le chlorure argentique et on laisse l'excès d'argent métallique ; après l'avoir desséché et pesé, la perte de poids fait connaître l'argent tranformé en chlorure aux dépens du chlorure ferrique, et, par conséquent, la quantité de celui-ci, d'après ce que 216 d'argent correspondent à 112 de fer à l'état ferrique. On peut hâter et compléter l'action par une douce chaleur.

3° Ou bien encore, en dégageant du sulfide hydrique dans la dissolution ferroso-ferrique en *quantité seulement nécessaire* pour ramener ce dernier à l'état ferreux, faisant bouillir quelque peu pour bien rassembler le soufre, qu'on reçoit dans un filtre taré, qu'on lave, dessèche et pèse : 32 de soufre correspondent à 112 de fer à l'état ferrique. Mais on comprend bien que ce procédé est moins bon que les précédents, parce que, quoi qu'on fasse, on dégage dans la liqueur plus de sulfide hydrique qu'il n'en faut réellement, afin d'être sûr qu'il y en a assez, et alors le poids du soufre est plus considérable qu'il ne devrait être théoriquement ; d'autre part, il est bien difficile de recueillir tout le soufre dans le filtre sans qu'il en passe au travers.

4° *Par le carbonate barytique ou calcique artificiel.* Cette réaction est fondée sur ce que l'un ou l'autre de ces deux carbonates étant introduit dans la dissolution mixte, précipite complétement l'oxyde ferrique et nullement le ferreux ; le premier de ces deux oxydes est donc au fond du vase avec l'excès du réactif ; on les reçoit dans un filtre, on les lave parfaitement puis on les redissout par du chloride hydrique étendu, et on reprécipite l'oxyde ferrique comme il a été dit.

Dosage spécial du ferreux. 1° On verse dans la troisième portion de la liqueur du chloride Aurique, ou du chlorure aurico-potassique, et l'on chauffe jusqu'à ce qu'il ne se précipite plus d'or : dans cette opération, le chlorure ferreux devient ferrique et fait précipiter une quantité correspondante d'or réduit, qu'on recueille dans un filtre taré, lave, dessèche et pèse : 393 d'or indiquent 336 de fer à l'état de chlorure ferreux.

2° La quatrième portion sera tranformée totalement en ferrique par l'acide nitrique ou le chlore et la chaleur, puis enfermée dans un bocal avec une lame de cuivre pesée, et traitée comme au premier procédé ; la perte de poids qu'elle aura éprouvée cette fois étant plus forte, c'est la différence entre elles qui fera connaître ce qui était ferreux dans le minerai ; cette opération servira, en outre, de contrôle.

Si le minerai de fer contient du manganèse à l'état manganeux, les procédés de dosage de l'oxyde ferrique sont exacts, mais pas ceux du ferreux, parce que le manganèse passe, ainsi que ce dernier, au degré en *ique* aux dépens des perchlorurants ou des oxydants ; il en est de même si le manganèse est au degré en *ique*, parce qu'il mettra du chlore en liberté lors de l'attaque par l'acide chlorhydrique, et le ferreux deviendra déjà ferrique pendant la dissolution.

S'il y a présence d'arsenic, il faut l'éliminer au préalable, parce que ces composés sont également susceptibles de deux degrés de combinaisons, desquels le cuivre précipite l'arsenic.

Le permanganate potassique, le bichromate potassique et d'autres réactifs oxydants peuvent aussi servir à déterminer le ferreux et le ferrique ; il en sera question aux procédés volumétriques.

Dosage du zinc. Le zinc se rencontre souvent dans les minerais de fer, soit à l'état de carbonate, soit à celui de silicate, ou sous ces deux états à la fois ; sa présence ne complique pas beaucoup les analyses.

Pour le séparer des bases que nous avons supposées dans la dissolution privée d'acide silicique, on versera un excès de sulfhydrate ammonique, qui les précipitera toutes excepté la chaux et la magnésie ; après la filtration et le lavage du précipité, on le redissoudra par du chloride hydrique étendu d'eau bouillante, puis on versera cette dissolution dans un excès de potasse caustique, afin de maintenir les oxydes aluminique et zincique dissous. Après avoir filtré les oxydes ferrique et manganique, on précipitera le zinc de la dissolution potassique par un courant de sulfide hydrique, et on en achèvera le dosage comme il est indiqué à l'analyse du zinc. Quand l'oxyde zincique n'est en dissolution qu'avec le ferrique, on l'en sépare au moyen d'un excès d'ammoniaque qui le redissout.

Dosage du titane. 1° D'après Bettel, on mélange 0 gr. 5 du minerai de fer porphyrisé avec 6 grammes de bisulfate potassique, et on chauffe *lentement* le mélange jusqu'à le fondre, en maintenant la température au rouge, afin que tout soit en fusion tranquille. Après le refroidissement, on reprend la masse par une quantité d'*eau froide* qui ne doit pas dépasser 300^{cc}. On filtre après 5 à 6 heures, on étend à 1 litre environ, on ajoute un peu d'acide sulfureux pour ramener le fer au minimum, et l'on fait bouillir pendant 6 heures en remplaçant de temps en temps l'eau évaporée : l'acide titanique se précipite sous la forme d'une poudre blanche qu'on lave à l'eau acidulée d'acide sulfurique, qu'on dessèche, calcine et pèse, après l'avoir humectée d'un peu de carbonate ammonique et fait rougir de nouveau. Si l'acide titanique n'est pas parfaitement blanc, il faut l'attaquer une seconde fois par du bisulfate potassique. $Ti\,O^2 = 61$ de Ti et 39 d'O.

2° On peut encore séparer l'acide titanique d'avec les oxydes ferrique, manganique, zincique et cobaltique de la manière suivante : dans leur dissolution acidulée, on met assez d'acide tartrique pour empêcher l'ammoniaque de rien précipiter, puis on la sature par cette dernière ; ensuite on y verse un excès de sulfhydrate ammonique, qui précipite tout, excepté l'acide titanique ; on filtre, on évapore la liqueur à siccité, on grille pour expulser l'acide tartrique et le soufre, on reprend le résidu par de l'eau chaude, on filtre l'acide titanique, qu'on dessèche, grille et pèse.

3° Pour les cas où l'acide titanique existe dans les silicates, il convient de traiter d'abord la prise d'essai par du fluorhydrate ammonique à une température modérée et jusqu'à expulsion complète de fluoride silicique, puis de fondre le restant de la prise d'essai avec du bisulfate potassique et de continuer l'analyse comme au procédé Bettel.

Dosage du chrôme. 1° Le minerai qui contient en mélange les oxydes ferrique et chrômique porte le nom de *fer chrômé*. Comme on éprouve quelque difficulté à le dissoudre complétement, on commence par le porphyriser le plus lontemps possible, afin de l'amener au plus haut degré de finesse, de laquelle dépend souvent la réussite de l'opération ; cela fait, on en mélange 0,5 avec 6 grammes de bisulfate potassique, et on chauffe progressivement au rouge dans un creuset de platine ; au bout d'une demi-heure à peu près, quand il ne se dégage plus d'acide sulfurique, on ajoute 3 grammes de carbonate sodique, on chauffe pour fondre de nouveau, alors on y ajoute par petites portions du nitre fondu, de façon à en mettre à peu près 3 grammes aussi au bout d'une heure de chauffe au rouge; enfin on porte la température au rouge vif pendant 15 minutes.

2° D'après *Clarke*, la prise d'essai étant aussi finement divisée que possible et pesée, est mêlée avec trois parties de fluorure sodique ou potassique dans un creuset de platine; ce mélange est recouvert avec douze parties de bisulfate potassique et chauffé au gaz d'éclairage, avec précaution pendant trois minutes, cinq au plus, qui suffisent pour produire la fusion. Après le refroidissement, on arrose la masse avec de l'acide sulfurique et on le fond de nouveau; de la sorte, le produit obtenu est toujours soluble dans l'eau.

Lorsqu'on a achevé l'attaque de la prise d'essai par l'un ou l'autre de ces deux moyens, on la dissout dans l'eau, on y ajoute de l'azotate ammonique et l'on évapore à siccité au bain-marie pour rendre les acides silicique et titanique, les oxydes aluminique et manganique insolubles; on reprend le tout par de l'eau, on laisse éclaircir et on filtre. La liqueur, contenant tout le chrôme à l'état d'acide, est additionnée d'acide sulfureux, soumise à l'ébullition pour ramener le chrôme à l'état d'oxyde, ce qu'indique la couleur verte, puis additionnée d'ammoniaque et soumise de nouveau à l'ébullition pendant quelques minutes, afin de compléter la précipitation de l'hydrate chrômique, qu'on filtre après l'avoir lavé le plus possible dans le vase, ensuite dans le filtre jusqu'à ce qu'on ne constate plus la présence de l'acide sulfurique. Dans la crainte qu'il ne retienne encore des traces d'alcali, il convient de le faire bouillir de nouveau avec un peu d'eau et de l'acide sulfureux, puis d'y ajouter de l'ammoniaque et de laisser déposer; de filtrer une seconde fois, de laver complétement avec de l'eau bouillante, de dessécher, griller et peser l'oxyde chrômique ainsi obtenu pur.

Dosage du Vanadium.—L'acide vanadique est, de tous les composés étrangers que nous avons indiqués comme pouvant se trouver dans les minerais de fer, celui qui s'y rencontre le plus rarement ; sa séparation et son dosage exact sont très-difficiles encore actuellement. Voici le meilleur procédé à suivre, selon *Bœttger* :

On attaque la prise d'essai par un mélange de soude caustique et d'azotate potassique; on reprend la masse fondue par de l'eau, qui laisse la silice, l'alumine, l'oxyde ferrique et les autres indissous et qu'on filtre [1]. La liqueur contenant le vanadate potassique est légèrement acidulée pour qu'elle ne soit pas alcaline, puis précipitée par de l'azotate barytique, qui donne du vanadate barytique insoluble, qu'on recueille dans un filtre, lave, dessèche et pèse: $Va = 137.3$. On peut encore séparer le vanadium des autres corps cités, au moyen d'un excès de sulfhydrate ammonique qui le redissout.

Dosage du plomb. — Le plomb sera séparé du fer soit par le sulfide hydrique (s'il y a de la chaux), soit par l'acide sulfurique étendu : dans ces deux cas le plomb sera seul précipité et dosé comme il est indiqué plus loin.

Quant aux dosages de l'eau, des acides carbonique, phosphorique, arsénique et du soufre, voyez les procédés spéciaux qui les concernent.

ANALYSE DES PRODUITS D'USINES.

En parlant de ces produits, nous avons dit qu'on les divise en produits accessoires et en produits essentiels ;

[1] Pour être plus certain de rendre le silicate aluminico-potassique insoluble, il convient, selon nous, d'évaporer à siccité la solution au bain-marie, et de reprendre ensuite la masse par de l'eau.

que les premiers peuvent être analysés par la voie sèche et par la voie humide, tandis que les seconds ne peuvent l'être que par cette dernière.

Quant à l'analyse des produits accessoires par la voie humide, elle ne présente rien de particulier qui n'ait été indiqué pour l'analyse des minerais, et nous ne nous y arrêterons plus; seulement disons que les sulfures qui se trouvent dans les laitiers devront être transformés en sulfates, desquels on déterminera le soufre comme il a été indiqué.

PRODUITS ESSENTIELS.

Ces produits, dont les caractères et les propriétés sont très-variables, peuvent contenir un grand nombre d'éléments : ainsi on a constaté dans la fonte, du fer, du carbone et du silicium, comme éléments essentiels. En outre, du soufre, du phosphore, de l'arsenic, de l'azote (précédemment sous la forme de cyanogène), du Manganèse, du titane, de l'aluminium, du calcium, du magnésium, de l'étain, du cuivre, etc., comme éléments accidentels; il paraît cependant que le fer qui n'a pas séjourné à l'air ne contient pas d'azote; bref, la composition de la fonte est si sujette à varier qu'on ne peut encore lui en assigner une définitive, parce qu'elle dépend de la composition du minerai, de celle des fondants, du combustible et du mode de traitement.

Par suite de cela, les analyses de ces produits sont très-compliquées, et, pour opérer avec précision, on est obligé, vu la faible proportion des éléments y contenus, de faire des opérations spéciales pour chacun d'eux, c'est-à-dire autant d'analyses qu'il y a de corps simples à doser. Nous allons faire connaître les meilleurs procédés.

Analyse de la fonte.

DOSAGE DU CARBONE.

Le carbone existe sous deux variétés différentes dans la fonte : la première *a* est le carbone dit *combiné*, selon certains auteurs, ou *dissous*, ou *actif*, selon certains autres ; la seconde *b* est le carbone *graphiteux* ou *inactif*. Voici pourquoi l'on fait ces distinctions : lorsqu'on traite une fonte par un acide étendu, le fer se dissout ; une partie du carbone se combine à l'hydrogène pour former des carbures hydriques gazeux et liquides, et l'autre partie se précipite. Or, on a donné avec raison, le nom de *carbone actif* à la partie qui se combine avec l'hydrogène naissant, et le nom *d'inactif* au carbone inerte ou indifférent qui se précipite. Quant à savoir si le *carbone actif* est combiné avec le fer ou s'il n'y est que dissous mécaniquement, la question n'est pas encore résolue, car les deux manières de voir sont défendues par des savants de premier ordre : ainsi Messieurs Jullien, Rammelsberg, Cahours, Wurtz, etc., admettent que le carbone est en dissolution dans le fer et non combiné avec lui. D'après M. Jullien, voici comment les choses se passent : plus le fer est liquéfié à une haute température en présence du carbone, plus il en dissout ; mais en refroidissant, sa force dissolvante diminue, et du carbone s'en précipite sous la forme de paillettes interposées, lesquelles constituent le *carbone graphiteux*, tandis que le carbone qui reste dissous dans le fer à la température du refroidissement, constitue le *carbone actif ou dissous*. Ce que l'on peut comprendre, selon nous, en se rappelant ce qui se passe dans certains sels cristallisés : ils peuvent contenir de l'eau de cristallisation et de l'eau de combinaison, ou de l'eau d'interposition, et ces variétés d'eau existeront selon les conditions dans lesquelles les sels auront cristallisé. Ou bien encore, une éponge plongée dans de l'eau et ensuite comprimée, se comportera à peu près comme le fer fondu et qui se refroidit : elle laissera sortir de l'eau de ses pores, mais elle en sera toujours imprégnée quoique cela.

M. Rammelsberg a publié, en 1872, que la fonte ne constitue pas un *carbure de fer défini*, mais bien un *mélange isomorphe*, et « cela, dit-il, en vertu de ce que le fer, le carbone, le silicium et le Phosphore, appartiennent au système régulier ; de la sorte, ils peuvent se substituer les uns aux autres dans la fonte, sans y observer des rapports atomiques. »

D'après d'autres auteurs, la première variété de carbone serait combinée au fer et constituerait une carbure de fer défini ; cette opinion, plus ancienne que la précédente, est encore reprise par certains chimistes modernes : ainsi M. Hoffman, dans son rapport de 1876, sur les progrès de l'industrie chimique, dit que la *fonte normale* (fer brut) est un composé de carbone et de fer correspondant à la formule Fe^4C (c'est-à-dire à 5 °/₀ de carbone), qui, dans le haut fourneau même, peut encore se charger d'un excès de carbone. Cette dernière, trop riche en carbone, présente, lorsqu'elle est refroidie dans les conditions ordinaires, une texture et un aspect particuliers et constitue ce qu'on appelle *la fonte grise* ; mais lorsqu'on la fait refroidir lentement, l'excès de carbone s'en sépare et cristallise sous la forme de *Graphite*, dont la quantité peut atteindre jusqu'au 1/25ᵉ du poids du fer. Il attribue la production de ce graphite dans le haut fourneau, à la décomposition du cyanogène et de l'acide cyanhydrique : ce dernier se dédouble alors en graphite et en Azote, que l'on retrouve en grande quantité sous l'état d'ammoniaque dans les gaz du haut fourneau.

Ayant résumé les deux manières de voir, qui finissent par admettre qu'il y a une variété de *carbone actif* et une autre de *carbone inactif*, dont il importe de connaître l'existence et la manière différente de se comporter avec les réactifs, nous allons nous occuper de leur dosage respectif, en commençant par celui du carbone total.

DOSAGE DU CARBONE TOTAL.

Il existe deux catégories de procédés pour doser tout le carbone contenu dans les fontes : les uns consistent à traiter la fonte bien divisée par de l'oxygène, soit celui de l'air, ou de l'oxyde cuivrique, ou du mercurique, ou du chlorate potassique et la chaleur, et de peser l'acide carbonique obtenu ; les autres consistent à traiter la fonte non divisée par une solution de chlorure cuivrique, comme l'a indiqué le premier Berzélius, ou bien par une solution de sulfate cuivrique, ou par du Brome, à peu près à froid, afin de ne pas volatiliser du carbone à l'état de carbure hydrique, et à le transformer ensuite en acide carbonique. Nous ne décrirons aucun des premiers procédés, parce qu'ils sont inexacts, attendu que, par la division de la fonte au moyen de la râpe, ou de la lime, ou du mortier de fer, on peut y introduire de la substance de ces ustensiles, ou perdre du carbone graphiteux. Parmi ceux de la seconde catégorie, nous décrirons seulement les trois meilleurs, et nous conseillons de concasser d'abord la prise d'essai, enveloppée dans du gros papier, en la frappant de quelques coups de pilon dans un mortier de fer, puis de peser exactement tous les morceaux.

1° *Procédé d'Ullgren,* cinq grammes de fonte placés dans un petit matras ou ballon, sont d'abord traités à froid par une solution faite avec 20 grammes de sulfate cuivrique et 200 d'eau distillée ; au bout de quelque temps on chauffe doucement, on agite souvent et jusqu'à ce que le fer soit complétement dissous. Tout le carbone, le silicium et le cuivre réduit constituent un dépôt pulvérulent qu'on lave après la décantation de la liqueur, puis qu'on traite à froid par une solution moyennement concentrée de chlorure ferrique additionnée de chloride hydrique pour dissoudre le cuivre ; la matière qui reste est lavée à l'eau acidulée de chloride hydrique, filtrée dans un tube large, rétréci à un bout et bouché par un tampon d'asbeste, et desséchée au bain-marie, puis chauffée (dans le même tube) sous un courant d'oxygène sec, afin de transformer tout le carbone en acide carbonique, qu'on reçoit dans une solution de potasse ou de soude caustique pesée d'avance et qu'on repèse ensuite.

On a fait un petit reproche à ce procédé, celui de pouvoir donner lieu à un dépôt d'oxyde ferrique en même temps que la précipitation du carbone; mais le lavage à l'eau acidulée de chloride hydrique donne la certitude qu'il ne restera pas d'oxyde de fer dans le dépôt.

2° Procédé de Piesse (1873) 3 gr. 5 de fonte sont attaqués par 35^{cc} d'une solution de chlorure cuivrique faite avec 500 gr. de ce chlorure et 900 d'une solution saturée de chlorure sodique, qu'on additionne de 50^{cc} de chloride hydrique et d'autant d'eau. On laisse réagir à froid pendant trois heures, alors on chauffe très-modérément et jusqu'à dissolution complète du fer en agitant souvent. Le dépôt est formé par tout le carbone, le silicium (transformé en acide silicique), et le cuivre réduit ; après décantation, on le retraite deux ou trois fois par de nouvelles portions de la première solution, puis par une de chlorure sodique, ensuite par de l'eau, enfin par du chloride hydrique à chaud, afin de dissoudre tout le cuivre, les sulfure et arséniure de cuivre et même le phosphate ferrique qui pourraient s'y trouver. Après cela, le depôt est lavé complétement, desséché à 100° dans une capsule, puis mêlé avec de l'oxyde cuivrique et chauffé dans un tube à combustion pour transformer tout le carbone en acide carbonique, qu'on dose comme précédemment.

Ce procédé, un peu plus énergique que le premier, donne toute certitude quant au résultat.

3° *Procédé avec le Brôme.* — Berthier l'avait déjà indiqué en 1833 dans son *Traité des essais par la voie sèche ;* mais comme le Brôme était cher alors, on avait laissé ce procédé dans l'oubli jusqu'en 1862, époque à laquelle Nicklès l'a repris et modifié comme il suit : on met un morceau de fonte du poids de 15 gr. environ dans un matras ou dans une cornue tubulée contenant de l'eau ; on y ajoute, au moyen d'une pipette, du brôme, peu à la fois, afin que la réaction ne soit pas trop énergique, mais en quantité suffisante pour recouvrir la fonte et on agite souvent, mais de façon à ne pas mettre le fer en contact avec l'eau qui pourrait former du gaz carbure hydrique. En répétant l'addition du brôme jusqu'à dissolution du fer, ce qui exige 36 à 40 heures (on peut chauffer vers la fin), on obtient du bromure ferrique dissous, de l'acide silicique et du carbone indissous.

Après la décantation du liquide et le lavage du dépôt, on transforme le carbone en acide carbonique, comme il est indiqué plus haut.

Par l'emploi du Brôme on n'a pas à craindre la présence des sulfure et arséniure de cuivre, ni celle du phosphate ferrique dans le dépôt, car ils seraient en dissolution s'ils existaient dans la fonte.

L'eau de chlore agit chimiquement comme le Brôme, mais son action est trop énergique, et ne permet pas de conduire l'opération de façon à ne pas brûler du carbone ou à ne pas en dégager à l'état de carbure hydrique. L'iode a été conseillé aussi, mais il est moins bon que le Brôme.

DOSAGE DES DEUX VARIÉTÉS DE CARBONE.

Lorsqu'on traite une fonte, ou un fer, ou un acier par de l'acide sulfurique et beaucoup d'eau, ou par du chloride hydrique, on constate que l'hydrogène qui se dégage est très-odorant, à cause des carbures hydriques qui se forment en même temps : en 1864, Hann a constaté que pendant cette dissolution il se forme trois carbures hydriques gazeux différents et des carbures hydriques liquides, oléagineux, d'une odeur pénétrante ; d'où il résulte que le résidu pulvérulent ne contient pas tout le carbone qui existait dans la fonte. Ces carbures hydriques proviennent de la combinaison de l'hydrogène avec le *carbone actif* qui se rencontrent à l'état naissant, tandis que le carbone inactif se précipite intact. Par suite de cette différente manière de se comporter des deux variétés de carbone, on comprend qu'il est possible d'expulser tout le carbone actif et de retenir le carbone inactif, puis de le doser.

Or donc, si l'on a déterminé préalablement le poids du carbone total par un procédé suffisant, puisqu'on détermine ensuite celui du carbone inactif, on déduira par différence le poids du carbone actif. Voici comment on procède à ces déterminations :

1° Pour le *graphite*. On dissout environ 10 gr. de fonte par de l'acide chlorhydrique en faisant bouillir *immédiatement* et pendant une demi heure, afin que le *carbone actif* ne perde pas sa tendance à se combiner avec l'hydrogène ; on filtre et on lave complétement le résidu. Celui-ci contient, outre le graphite et de l'acide silicique, les carbures hydriques, liquides oléagineux, que quelques chimistes désignent sous les noms de *substance humique* et provenant du *carbone actif.* On introduit tout le résidu dans un petit ballon, on y verse une solution étendue de soude caustique pour dissoudre l'acide silicique et les carbures hydriques, oléagineux (si la solution de soude était concentrée elle dissoudrait aussi du graphite le plus finement divisé) ; après quelque temps de contact et des agitations répétées, on filtre dans un tube large bouché par un tampon d'asbeste, on lave avec de l'alcool, enfin avec de l'éther pour être certain d'enlever complétement les carbures oléagineux, puis on dessèche et on brûle le graphite restant, mêlé avec de l'oxyde cuivrique, afin de le transformer en acide carbonique qu'on pèse comme précédemment, et par le calcul on obtient le poids du graphite.

2° Pour déterminer le poids du carbone actif, on soustrait celui du graphite trouvé par l'expérience précédente, du poids du carbone total, et l'on a pour reste la quantité du carbone actif des 10 grammes de fonte.

DOSAGE DU SILICIUM.

D'après M. Phipson, il existe aussi deux variétés de silicium dans la fonte : l'une *a*, soluble dans l'eau régale en se transformant en acide silicique, et l'autre *b*, y reste insoluble ; la première variété serait donc le silicium actif, et la seconde le silicium inactif. Voici comment on procède au dosage de cet élément.

Il faut choisir une prise d'essai qui ne contienne pas la moindre trace de laitier ni de scorie, car sans cela on trouverait beaucoup plus de silicium qu'il n'y en a réellement dans les fontes.

1° *Procédé Eggertz*. On traite la fonte divisée par du brôme ou par de l'iode, de manière à dissoudre le fer ; après la séparation de la liqueur, on grille pour oxyder le résidu qu'on fait bouillir ensuite avec une solution de soude caustique, afin de dissoudre l'acide silicique. On filtre, s'il est nécessaire, puis on précipite l'acide silicique par une addition de chloride hydrique ; on évapore le tout à siccité pour rendre l'acide silicique insoluble, qu'on reprend alors par de l'eau acidulée, qu'on filtre, lave, dessèche, grille et pèse, comme il a déjà été dit.

S'il y a du Titane ou du Tungstène dans la fonte, ils se trouveront avec l'acide silicique dans le résidu ; pour les séparer, il faudra soumettre celui-ci à un courant d'hydrogène chaud, afin de réduire les deux acides métalliques et non le silicique ; en reprenant par du chloride hydrique, la silice restera indissoute et on la séparera de la dissolution des deux chlorures, puis etc.

2° On attaque 5 grammes de fonte dans une capsule de porcelaine, par de l'acide nitrique et l'évaporation à siccité ; on chauffe le produit le plus fortement possible, puis on le mêle avec 3 à 4 fois son poids de carbonate sodique et on chauffe de nouveau pendant une demi-heure dans la capsule couverte. Après le refroidissement, on épuise la masse par de l'eau, on filtre la solution, on l'acidule et on l'évapore à siccité, afin de rendre l'acide silicique insoluble lors de la reprise par de l'eau ; on obtient ainsi cet acide qu'on recueille dans un filtre, et qu'on finit par peser comme toujours.

Colcothar ou rouge anglais. — L'oxyde ferrique livré au commerce sous les deux dénominations indiquées, peut être falsifié par de la brique pilée : pour séparer et doser celle-ci, on traitera la prise d'essai par un acide, qui dissoudra tout l'oxyde ferrique et non la brique, qu'on filtrera, lavera, dessèchera et pèsera après le grillage.

Pour le dosage des éléments accessoires, nous renvoyons aux articles qui les concernent spécialement, afin d'éviter des redites, et nous terminons l'analyse du fer par les procédés volumétriques.

DOSAGE DU FER PAR LA VOIE VOLUMÉTRIQUE.

Il existe pour cela deux catégories de procédés : par ceux de la première on détermine le fer, qu'on a préalablement transformé en ferrique, en le ramenant à l'état ferreux au moyen d'un réductif titré qu'on verse dans la dissolution jusqu'à ce qu'elle soit décolorée. On peut employer le chlorure stanneux, ou un hypo-sulfite alcalin, ou l'empois d'amidon ioduré, ou un autre réductif; par ceux de la seconde catégorie, on fait l'inverse, c'est-à-dire qu'on ramène d'abord tout le fer à l'état ferreux, qu'ensuite on le peroxyde complétement par un réactif oxydant et jusqu'à coloration prononcée de la dissolution; ce qui s'exécute en y versant une solution titrée de permanganate potassique ou de bichromate de la même base.

Le procédé le plus suivi actuellement est celui de M. Margueritte, qui consiste à verser une solution titrée de permanganate potassique dans la dissolution ferreuse jusqu'à ce qu'elle prenne une teinte rose permanente. Ce réactif est celui qui peut être employé dans le plus grand nombre de cas, parce qu'il donne des résultats plus satisfaisants que le chlorure stanneux et les autres; en outre, son pouvoir colorant étant plus sensible que celui du bichromate potassique, on le préfère à ce dernier.

Lorsque M. Margueritte publia son procédé en 1846, il recommanda de faire usage d'acide chlorhydrique pour dissoudre la prise d'essai et d'un permanganate potassique préparé au moyen du chlorate potassique. Or, comme ce réactif agit dans la dissolution ferreuse sous l'influence de l'acide sulfurique, il arrive que du chlore devient libre et agit aussi pour transformer le ferreux en ferrique; il en résulte qu'il faut moins de permanganate potassique, et qu'on conclut, par conséquent, que le minerai est moins riche qu'il ne l'est réellement.

Après plusieurs essais, nous avons adopté le procédé modifié comme il suit (1) :

Pour faire trois essais simultanément, on dissout un gramme et demi du minerai de fer par du chloride hydrique et de l'acide Nitrique, si c'est nécessaire. On évapore à siccité, sans faire bouillir, en y ajoutant vers la fin de l'acide sulfurique pour expulser les acides précédemment employés, parce qu'ils exercent une action décomposante sur le permanganate potassique, d'où erreur, tandis que l'acide sulfurique n'offre rien de semblable, qu'il est de tous les acides celui qui agit le plus nettement sur le caméléon minéral, qu'il laisse la chaux (s'il y en a dans le minerai) à l'état de sulfate insoluble, et parce qu'enfin le sulfate ferreux s'altère moins vite que le chlorure.

Lorsqu'on ne perçoit plus l'odeur du chlore, ni celle des vapeurs nitreuses, on reprend par l'eau, on décante ou l'on filtre afin de séparer tout ce qui est indissous, qu'on lave complétement en ayant le soin d'ajouter les eaux de lavage à la dissolution. Cela fait, on introduit dans celle-ci, mise dans un matras pas trop grand, des lamelles de zinc pur, et on l'abandonne à une douce chaleur en l'agitant de temps en temps pour multiplier les points de contact ; lorsque la dissolution est presque incolore, on l'essaie en en posant une goutte sur une bandelette de papier à filtre imbibée de sulfocyanate potassique, qui ne doit pas rougir immédiatement.

Quand la dissolution est complétement ferreuse, on en retire le zinc en excès, puis on y ajoute, de façon à produire un litre et demi de liqueur, de l'eau acidulée d'acide sulfurique, qu'on a fait bouillir au préalable pour en chasser l'air et les acides sulfureux et nitreux. Ensuite on partage cette dissolution en trois parties d'un demi-litre chacune,

(1) Voir la *Revue Universelle des Mines*, 1867.

qu'on pose sur une feuille de papier blanc, ou sur une plaque de porcelaine, et immédiatement au-dessous d'une burette graduée, contenant de la solution titrée de permanganate potassique ; d'une main on agite la liqueur avec une baguette de verre et de l'autre on y fait couler le réactif jusqu'à ce que la teinte rose apparaisse définitivement. Les trois essais étant exécutés dans les mêmes circonstances fourniront une moyenne suffisamment exacte.

Quant au permanganate potassique à employer, nous donnons la préférence à celui qui a été préparé d'après le procédé de M. Béchamp (1), c'est-à-dire avec du peroxyde Manganique, de la potasse caustique, de l'oxygène et puis de l'acide carbonique. Comme il n'intervient dans cette préparation aucun agent capable de produire une fausse réaction pendant l'essai de fer, ce réactif donne des résultats tout-à-fait sûrs, car il ne contient pas même un excès de potasse, vu qu'on le fait cristalliser : 31 grammes 6 décigrammes accusent 56 de fer.

Pour le normaliser, on en prend 5 grammes 6 décigrammes qu'on dissout dans un litre d'eau pure, bouillie et refroidie à l'abri de l'air ; on verse de cette solution dans une burette graduée en demi-centimètres cubes, munie d'un flotteur, et on en fait couler dans un demi-litre de solution de sulfate ferroso-ammonique, faite au moment même (1 gramme par 1/2 litre d'eau bouillie contient 0,143 de fer), additionnée d'acide sulfurique et le vase posé sur une plaque de porcelaine blanche.

Lorsque la coloration rose apparaît, on cesse de faire couler de la solution de permanganate potassique et on lit le nombre des divisions employées ; en répétant aussi trois fois de suite cette opération, on a une moyenne (défalcation faite d'un demi-centimètre cube à chaque opération pour

(1) *Annales de chimie et de physique*, 3e série, t. LVII.

avoir produit la coloration) qui indique le titre du réactif : chaque centimètre cube de la solution dont il s'agit accuse un centigramme de fer à l'état ferreux.

Pour ce titrage, nous préférons le sulfate ferroso-ammonique au fil de fer et à l'acide oxalique, parce que les conditions d'exécution sont identiques à celles de l'essai, c'est-à-dire du dosage du fer contenu dans la matière à essayer : en effet, c'est par rapport au fer à l'état de sulfate ferreux mélangé avec d'autres, également dilué et acidulé, que les choses se passent, et les résultats sont, par conséquent, plus directs. Le double sulfate ne doit pas être altéré le moins du monde, mais contenir au moins 14 p. % de fer ; l'acide oxalique normal est plus difficile à se procurer tout-à-fait irréprochable, et, comme il ne contient pas de fer, il n'y a pas de similitude dans les opérations. Sa solution normale doit être faite de telle façon qu'un centimètre absorbe 8 milligrammes d'oxygène et corresponde ainsi à 56 milligrammes de fer à l'état ferreux. Nous préférons, même à défaut de sulfate ferroso-ammonique, transformer un poids de fer en sulfate ferreux et traiter sa solution par du zinc, ensuite par du permanganate potassique.

La présence du zinc, du Nickel, du cobalt, du Titane et du manganèse ne gêne pas, parce qu'ils ne se suroxydent pas dans ce cas, si la liqueur est très-étendue et très-acide ; quant au cuivre, au plomb et à l'Arsenic, ils sont précipités par le zinc.

DOSAGE RESPECTIF DES OXYDES FERREUX ET FERRIQUE PAR LA VOIE VOLUMÉTRIQUE.

On comprend que par la manière d'agir du permanganate potassique sur les sels ferreux, il puisse servir à doser respectivement les deux oxydes de fer existant simultanément.

A cet effet, on dissout la prise d'essai par de l'acide sulfurique étendu d'eau et bouilli, de manière à ne pas changer le degré d'oxydation du fer ; ensuite on y ajoute de l'eau bouillie additionnée d'acide sulfurique, puis de la solution titrée de permanganate potassique jusqu'à apparition de la teinte rose, et on note le nombre des divisions employées ; par ce premier essai on connaît la quantité d'oxyde ferreux. Cela fait, on dissout une seconde prise d'essai, égale à la première, et on la ramène tout-à-fait à l'état ferreux par du zinc, puis on y ajoute de l'eau bouillie acidulée d'acide sulfurique, et on y verse du permanganate potassique : il est clair que les divisions ajoutées en plus dans ce second essai feront connaître la quantité de fer qui existe à l'état ferrique dans le minerai.

MANGANÈSE = 55,2.

Le Manganèse existe en grande abondance dans la nature, sous différents états de combinaison ; les composés les plus répandus sont les divers oxydes , qu'on rencontre seuls et plus souvent accompagnés d'oxydes ferrique et magnésique ; le carbonate accompagné aussi de carbonate barytique ou calcique ; puis viennent le sulfure de manganèse, l'arséniure, les silicates et le phosphate ; il existe encore dans beaucoup d'autres espèces minérales.

Le Manganèse n'étant pas employé à l'état métallique, ses minerais ne sont donc pas réduits, mais usités dans plusieurs industries, comme celle de la fabrication du verre, et principalement pour la préparation du chlore. Comme il agit dans ces deux industries par l'oxygène qu'il contient, nous n'envisagerons ici que l'analyse des minerais oxydés, qui sont : la *pyrolusite* ou suroxyde manganique anhydre, contenant 36,8 d'oxygène ; la *braunite*, ou sesqui-oxyde anhydre, contenant 30,38 d'oxygène ; l'*Acerdèse* ou sesqui-oxyde hydraté, contenant 27,2 d'oxygène ; la *hausmannite*, ou oxyde rouge, qui est une combinaison de protoxyde et de sesqui-oxyde de manganèse contenant 27,8 % d'oxygène; enfin la *Psilomélane* ou manganèse barytique, et la *Wade* qui sont des oxydes manganeux non utilisés.

La valeur commerciale d'un oxyde de Manganèse dépend de la quantité d'oxygène qu'il contient en plus que l'oxyde manganeux, parce que c'est seulement cet oxygène qu'il cède dans les opérations, et dont la quantité est directement proportionnelle à celle de chlore expulsée de l'acide chlor-hydrique, et en raison inverse de la dépense en acide. Cependant on n'exprime pas la valeur d'un manganèse d'après ces données, mais bien d'après la quantité de per-oxyde pur y contenu qui serait susceptible de fournir des résultats équivalents à ceux des essais faits avec de la pyrolusite pure. Ainsi, par exemple, lorsqu'un minerai est offert à 60 p. c. de peroxyde, cela ne veut pas dire qu'il renferme en réalité 60 p. c. de peroxyde de manganèse, mais simplement que 100 parties de ce minerai sont susceptibles de dégager la même quantité de chlore que 60 p. c. de peroxyde pur (Knapp).

ESSAIS DES MANGANÈSES.

L'oxyde de Manganèse destiné aux verreries doit être analysé complétement, afin de savoir tout ce qu'il renferme, notamment les corps colorants.

Certains minerais de manganèse présentant de la résistance à l'attaque complète par les acides, on commence par les diviser le plus finement possible, et même on les porphyrise. Ensuite on dessèche la prise d'essai à 120° pendant une heure et demie, ou à 100° pendant 6 heures (ce qu'on doit indiquer dans le procès-verbal d'analyse), et après l'avoir repesée, on la chauffe dans une capsule de platine jusqu'à ce qu'il ne se dégage plus rien ; alors on repèse et l'on connaît ainsi le poids de l'eau et de l'acide carbonique volatilisés en même temps ; pendant cette caléfaction, le manganèse s'est transformé en oxyde manganoso-manganique et, par conséquent, le dosage des corps volatils n'est pas tout-à-fait exact dans ce cas, à moins qu'on ne connaisse le degré d'oxydation du manganèse ; d'autre part, s'il y a de la baryte dans le minerai chauffé à l'air, il se formera du manganate barytique, et l'on ne pourra rien conclure de cette opération. Or, comme il importe de connaître exactement la quantité d'acide carbonique existant dans le minerai à l'état de carbonate avant de déterminer sa teneur en oxygène, nous recommandons de traiter une prise d'essai dans un petit ballon, pourvu de tubes dessiccateurs et d'un appareil à potasse caustique, par de l'acide Acétique étendu et à une température modérée : le poids de cet acide carbonique sera défalqué du poids total de celui qu'on obtiendra à la fin des essais (voir plus loin le dosage spécial de l'acide carbonique).

L'analyse pour le dosage des corps étrangers s'exécutera de la manière suivante : quatre grammes 35 centigrammes (1/20 du poid atomique du peroxyde manganique) du minerai divisé et desséché comme il a été dit, sont attaqués par du chloride hydrique concentré et jusqu'à ce qu'ils ne dégagent plus de chlore à chaud et que le manganèse soit transformé en chlorure manganeux ; alors on sépare par filtration l'argile, la barytine et tout ce qui est insoluble ; la dissolution est traitée par un courant de sulfide hydrique et abandonnée à un long repos, afin d'en précipiter le cuivre, le plomb et tout ce qui est précipitable dans ce cas (ce qu'a fait connaître l'analyse qualitative) ; après la filtration de la liqueur, on la sature une deuxième fois et rapidement de sulfide hydrique, et on y ajoute de l'ammoniaque : par un repos suffisant en vase clos, on en précipite

les sulfures manganeux et ferreux et l'oxyde aluminique ;
on les filtre, on les lave à l'eau additionnée de sulfhydrate
ammonique, on les redissout par du chloride hydrique
étendu, on filtre leur dissolution, on la reprécipite une
troisième fois par du sulfide hydrique et de l'ammoniaque,
on lave le triple précipité comme précédemment, on le
redissout de nouveau par du chloride hydrique étendu, puis
on procède à la séparation et au dosage respectif de ces
trois corps par les procédés que nous avons déjà décrits.
On comprend bien pourquoi il faut précipiter et redissoudre
plusieurs fois le triple précipité : c'est afin qu'il ne contienne
rien d'autre, et que les séparations soient complètes. Si
l'analyse qualitative y avait découvert la présence du cuivre,
ou du plomb, ou de l'Antimoine, il faudrait les précipiter
d'abord par du sulfide hydrique.

DÉTERMINATION DE LA VALEUR COMMERCIALE DES MANGANÈSES.

Pour les fabriques de produits chimiques, il importe de
connaître la quantité de chlore que le minerai pourra
produire et celle d'acide chlorhydrique, il exigera pour
cela :

1° A cet effet, on en traite 4 grammes (privés des carbonates par l'acide Acétique) desséchés à 100° par 25^{cc} ou
grammes de chloride hydrique fumant, et l'on fait arriver
directement le chlore (sans le laver) dans un lait de chaux
ou une solution de potasse caustique marquant 3° et placée
dans un matras d'un litre. On chauffe l'essai de manière
qu'il soit en pleine ébullition au bout de 8 minutes avec les
quantités indiquées, et l'on continue ainsi jusqu'à ce que le
tube adducteur s'échauffe ; alors l'opération est terminée,
on retire lestement le tube, afin d'éviter l'absorption, et l'on
ajoute de l'eau distillée à l'hypochlorite formé, de façon à
compléter le volume d'un litre. Ensuite on en prend le titre

par la chlorométrie (au moyen d'une solution titrée d'acide arsénieux colorée par quelques gouttes de sulfate d'indigo), et l'on en déduit celui de l'oxyde de manganèse, dont les 4 grammes (s'il était pur) doivent fournir une liqueur normale marquant 100°, correspondant à un litre de chlore sec à 0to et à la pression ordinaire (Gay-Lussac). Mais si la solution de chlorure marque 89°, ce titre signifie que l'oxyde essayé ne peut donner que les 89/100 du chlore que fournissent 4 grammes de manganèse pur, et que sur 100 grammes, il ne contient que 89 de ce dernier; d'où il résulte que 1 kilogramme d'un tel manganèse ne produira que 222 litres et 1/2 de chlorure au lieu de 250.

2° Ou bien, en faisant arriver en même temps le chlore (produit par la prise d'essai) et du gaz acide sulfureux dans une dissolution de chlorure barytique acidulée de chloride hydrique; après une légère caléfaction et l'éclaircissement de la liqueur, on la filtre et on dose le précipité de sulfate barytique produit, duquel on calcule l'acide sulfurique formé par l'action du chlore sur l'acide sulfureux et l'eau: un atome d'acide sulfurique indique deux de chlore. C'est le procédé le plus certain: 100 de sulfate barytique correspondent à 6,86 d'oxygène en plus que celui contenu dans l'oxyde manganeux.

3° En traitant la prise d'essai (4 gr. 35) délayée dans de l'eau par de l'acide oxalique et du sulfurique dans un petit appareil pesé d'avance et repesé après lorsqu'il est entièrement refroidi: l'acide carbonique dégagé et dosé par différence fait connaître la quantité de suroxygène contenue dans la prise d'essai, d'après ceci, que deux atomes de cet acide indiquent un d'oxygène, et que les 4 grammes 35 de la prise d'essai devraient fournir 4 grammes 4 d'acide carbonique, si c'était de la pyrolusite pure. L'appareil à employer pour un dosage par différence est celui de Frésénius, consistant en deux petits matras reliés l'un à l'autre par un tube doublement recourbé à angle droit, et qui peut se poser sur le plateau d'une balance. On opère sur 4 grammes 35 de manganèse, 3,5 d'acide oxalique pur, ou 5 à 6 grammes d'oxalate sodique neutre.

Mais comme il peut se dégager encore autre chose que de l'acide carbonique, il est préférable, selon nous, d'introduire la prise d'essai, l'acide oxalique et l'eau dans un petit ballon pourvu d'un tube entonnoir à robinet et d'un autre recourbé à angle droit, communiquant avec des tubes dépurateurs et un appareil contenant de la solution de chlorure barytique ammoniacale, et enfin avec un aspirateur. En versant peu à peu de l'acide sulfurique anglais dans le ballon jusqu'à cessation d'effervescence, et faisant enfin fonctionner l'aspirateur, on condense tout l'acide carbonique à l'état de carbonate barytique, qu'on recueille dans un filtre, lave parfaitement, dessèche, grille et pèse. Il suffit de multiplier le poids de l'acide carbonique par 0,99 pour connaître la quantité de peroxyde manganique contenue dans la prise d'essai ; mais si celle-ci contient un carbonate, son acide carbonique sera défalqué de celui produit par l'acide oxalique et l'oxygène du suroxyde.

Il convient de faire beaucoup d'essais comparatifs avant de fixer la valeur commerciale d'un manganèse, et même quelques expériences industrielles, parce que les circonstances dans lesquelles les analyses chimiques que nous venons de rapporter s'exécutent, ne sont pas les mêmes que celles des usines.

Le manganèse a été falsifié aussi par du charbon ou du coke en poudre ; pour connaître la quantité de ces derniers on traite la prise d'essai par de l'acide chlorhydrique et la chaleur, de manière à dissoudre tous les composés métalliques et laisser indissous le charbon et l'argile s'il y en a ; le résidu filtré, lavé, desséché, puis grillé et repesé (s'il reste quelque chose), fera connaître le poids du charbon par différence.

DOCIMASIE DU ZINC.

Les minerais dont on retire le zinc sont, la *calamine* et la *Blende*.

Sous le nom de *calamine*, les industriels comprennent l'espèce minérale formée de silicate et de carbonate zinciques, contenant souvent aussi de l'hydrate zincique.

Les Grecs et les Romains l'avaient nommée *cadmie naturelle*. Quant au nom de *Blende*, donné au sulfure zincique naturel, il vient du verbe allemand *Blenden*, qui signifie aveugler, séduire, parce que la Blende a souvent l'éclat adamantin ; ce qui l'avait fait rejeter par les ouvriers mineurs comme étant une substance qui ne contenait rien de métallique. Et, comme elle accompagne fréquemment la Galène, on lui avait donné aussi le nom de *fausse Galène*; ce fut seulement au 18ᵐᵉ siècle qu'Alexandre Funk démontra que la Blende contient du zinc.

ESSAI PAR LA VOIE SÈCHE.

On a indiqué plusieurs procédés d'essais par la voie sèche pour déterminer la teneur en zinc des minerais cités, mais aucun n'est suffisamment exact pour la fixer, parce que le zinc, en se volatilisant, entraîne avec lui un ou plusieurs autres éléments dont on ne peut apprécier la quantité : tels sont le cadmium, le plomb, le soufre, et même le cinabre, qu'on a constaté dans une calamine d'Espagne. La conséquence est que l'on doit toujours déterminer la teneur en zinc par la voie humide.

Cependant, comme il importe à l'industriel de savoir très-approximativement, quelle quantité de zinc il pourra retirer en grand d'un minerai, comment il devra le traiter, quelles sont les qualités du métal obtenu, et les autres corps qu'il contient, on doit bien faire en petit des essais par la voie sèche, afin d'obtenir des données suffisantes pour le traitement en grand.

Pour cela, il faut imiter, le plus possible, le traitement métallurgique suivi dans les usines, c'est-à-dire soumettre le minerai convenablement préparé à une réduction par distillation. A cet effet, on opérera sur des prises d'essais assez considérables, que l'on calcinera et grillera pour connaître les quantités d'eau, d'acide carbonique, de soufre, ou d'autres corps volatilisables par ces opérations, puis qu'on mêlera avec du charbon ou de la houille, et qu'on chauffera dans de petits creusets cylindriques, de la même forme que ceux employés en grand, ou dans des cornues de grès, auxquels on adaptera des récipients pour condenser tout le zinc. Après l'opération on brisera le col de la cornue pour en retirer le zinc condensé, qu'on ajoutera à celui du récipient et pèsera ; de la sorte, on connaîtra la quantité de zinc qu'on pourra retirer en grand des minerais essayés et apprécier ses qualités.

L'essai des Blendes devra être précédé d'un grillage complet.

Il est bien entendu qu'on doit connaître la composition du réductif, afin de savoir s'il a introduit quelque corps étranger dans le zinc, comme du soufre, par exemple, lorsqu'on emploie la houille.

Par ces opérations, l'industriel constatera, en outre, la nature et la quantité des matières inertes qui restent dans l'appareil distillatoire, et d'après toutes ces données il agira en conséquence.

On peut faire l'essai plus délicatement, en chauffant le mélange du minerai et de charbon pur dans une nacelle de porcelaine introduite dans un tube également de porcelaine, auquel on a adapté un récipient, puis faire traverser l'appareil par un courant de gaz d'éclairage, qui aidera à la réduction du zinc et l'entraînera dans le récipient.

Ce sont le zinc brut, les résidus du traitement des minerais, divers sublimés des fourneaux, qu'on désigne sous les
noms de *Kiess* ou de *Cadmies*, des mattes zincifères, des
débris de creusets, etc.

Les *Kiess* et les *Cadmies* peuvent aussi provenir des
hauts-fourneaux à fer quand les minerais sont zincifères ;
dans ce cas ces produits contiennent, outre l'oxyde de zinc,
ceux de fer et de plomb.

L'essai du zinc brut ne peut se faire que par la voie
humide ; quant à celui des autres produits, on peut l'exécuter pour zinc comme il a été indiqué.

DOSAGE DU ZINC PAR LA VOIE HUMIDE. $Zn = 65$.
Notions préliminaires.

Toutes les fois qu'on le peut, on dose le zinc à l'état
d'oxyde, parce que c'est sa combinaison la plus fixe.

Le réactif le plus convenable pour le précipiter est le
carbonate sodique qui, dans les dissolutions zinciques
étendues et bouillantes, produit un précipité de carbonate
zincique tout-à-fait insoluble, à moins que dans 45 mille
parties d'eau, tandis qu'à froid le précipité est un mélange
d'hydrocarbonate zincico-sodique légèrement soluble. Il ne
faut cependant pas trop prolonger l'ébullition, parce que
alors la dissolution, devenant trop concentrée, laisserait
précipiter par entrainement du sulfate, ou du chlorure zincique, selon l'acide employé.

Le carbonate potassique étant beaucoup plus alcalin que
le sodique (surtout quand il n'a pas été bien purifié), pourrait redissoudre du précipité ; il en serait à peu près de
même si la liqueur contenait des sels ammoniacaux, parce
qu'il se formerait un sel zincico-ammonique plus ou moins

soluble; dans ce cas, il faut prolonger l'ébullition en ayant le soin d'ajouter du carbonate sodique, et de maintenir le degré de dilution de la liqueur jusqu'à cessation de vapeur ammoniacale.

Voici la meilleure manière d'opérer :

On introduit la dissolution zincique très-étendue dans un matras ou ballon assez grand, on la fait bouillir, puis on y ajoute de la solution de carbonate sodique en continuant ainsi pendant un temps que l'on juge suffisant. Après avoir laissé éclaircir la liqueur, on y ajoute encore un peu du réactif, et, s'il ne produit plus de précipité, on filtre celui-ci, on le lave à l'eau bouillante, on le dessèche et on le grille, le filtre à part; lorsque les cendres sont réunies au carbonate zincique, on ajoute quelques gouttes d'acide nitrique pour chasser l'acide carbonique et empêcher la réduction de l'oxyde zincique, qu'on obtient en fin de compte lorsqu'il ne se dégage plus de vapeur.

Bien qu'on ait observé les précautions indiquées, on doit néanmoins s'assurer que la liqueur ne contient plus de zinc, en y versant quelques gouttes de sulfhydrate ammonique incolore : si au bout de quelque temps il ne se produit aucun précipité blanc, c'est qu'il n'y a plus de zinc ; s'il s'en forme un, il faut encore ajouter du sulfhydrate, abandonner le vase fermé au repos à une douce chaleur, filtrer le précipité, le laver à l'eau bouillie additionnée d'un peu de sulfhydrate, puis avec de l'eau, et le redissoudre par du chloride hydrique concentré ; enfin, précipiter sa dissolution par du carbonate sodique, et ajouter ce précipité au précédent.

Quelquefois on est obligé de précipiter la dissolution zincique par le sulfhydrate ammonique (lors de la présence d'un corps organique), mais alors il faut saturer l'acide au préalable par de l'ammoniaque, puis y verser du sulfhydrate ammonique incolore, parce que celui qui est jaune peut redissoudre plus ou moins du sulfure zincique. Si l'on n'a pas du sulfhydrate convenable à sa disposition, il est préférable d'ajouter d'abord un excès d'ammoniaque à la liqueur, pour redissoudre même le précipité d'hydrate zincique, puis d'y faire arriver un courant de sulfide hydrique ; de la sorte on est certain que la précipitation est complète. Ensuite on laisse éclaircir la liqueur à une douce chaleur, à l'abri de l'air, et on la filtre en retenant le plus possible le sulfure zincique qui boucherait les pores du filtre ; on le lave avec de l'eau bouillie additionnée de sulfhydrate, puis on le redissout par du chloride hydrique concentré, on fait bouillir, on filtre de nouveau pour séparer le soufre, s'il y en a dans la liqueur, enfin on précipite celle-ci étendue et bouillante par du carbonate sodique.

ANALYSE DE LA CALAMINE.

Les calamines contiennent ordinairement de l'argile, des carbonates zincique, calcique et magnésique, et des oxydes ferrique, manganique et de l'eau. Lorsqu'elles ont été grillées, elles ne contiennent plus ou presque plus d'acide carbonique ni d'eau.

Pour les analyses, voici les procédés que nous faisons suivre depuis un grand nombre d'années.

1° La prise d'essai finemement divisée, desséchée et pesée, est traitée par du chloride hydrique à chaud, sans faire bouillir, et la dissolution est évaporée à siccité, afin de rendre la silice insoluble ; le produit est repris par de l'acide nitrique et de l'eau, la liqueur est filtrée, la silice ou l'argile est lavée à l'eau bouillante, desséchée, grillée et pesée comme à l'ordinaire. Cela fait, on évapore de nouveau la liqueur à siccité pour décomposer les azotates aluminique, ferrique, manganique et zincique, puis on reprend la masse sèche par une solution faite de trois parties de carbonate ammonique et d'une partie d'ammoniaque liquide [1]. Par une digestion en vase clos exposé à une douce chaleur pendant plusieurs heures et en agitant souvent, un excès de cette solution dissout tout le zinc et non les autres; on filtre, on lave la partie insoluble avec de la solution mixte étendue de beacoup d'eau, afin d'enlever tout l'oxyde zincique. On évapore à siccité au bain-marie la liqueur ammoniacale, en y ajoutant vers la fin de l'acide nitrique pour détruire le carbonate ammonique, qui pourrait entraîner plus ou moins de l'oxyde zincique en se volatilisant, tandis que l'azotate ammonique se décompose pour laisser volatiliser ses constituants. Le résidu sec, ne dégageant plus de vapeur, est repris par beaucoup d'eau et bouilli suffisamment avec un excès de carbonate sodique, afin d'en chasser les dernières traces d'ammoniaque et de former du carbonate zincique tout-à-fait insoluble. Pour cela, il faut verser le carbonate sodique peu à la fois, mais à plusieurs reprises, puis abandonner le vase à un long repos; filtrer ensuite le précipité, le laver à l'eau chaude, le dessécher, le griller, en ayant le soin de le détacher du filtre auquel on met le feu, et y verser aussitôt quelques gouttes d'acide nitrique, puis chauffer de nouveau pour obtenir l'oxyde zincique qu'on pèse : 100 parties contiennent 80,25 de zinc.

On doit s'assurer s'il contient de la magnésie en le redissolvant par de la solution mixte ammoniacale : s'il y a un résidu blanc, c'est de la magnésie, qu'il faudra séparer et défalquer du poids de l'oxyde zincique.

On peut aussi séparer l'oxyde zincique d'avec le ferrique au moyen du succinate ammonique, qui précipite le dernier et non le premier.

[1] Le sesqui carbonate ammonique est d'abord dissous dans de l'eau distillée, puis on y ajoute le tiers de son poids d'ammoniaque de 0.92.

2° Quand le minerai de zinc contient du nickel ou du cobalt.

La prise d'essai ayant été traitée par l'acide chlorhydrique ou par l'eau régale, et la dissolution évaporée à siccité, on reprend le produit solide par de l'eau acidulée d'acide sulfurique, qui laisse la silice et la chaux insolubles, et transforme les autres oxydes en sulfates solubles. Après filtration, on verse de l'Acétate barytique acide dans la dissolution, jusqu'à cessation de précipitation ; alors on filtre le sulfate barytique formé, et puis on fait arriver un courant de sulfide hydrique dans la liqueur chaude jusqu'à ce qu'il ne se précipite plus de sulfure zincique. On abandonne le vase fermé au repos à une douce chaleur, puis on filtre le précipité, on le lave avec de l'eau bouillie additionnée de sulfide hydrique, on le redissout par de l'acide chlorhydrique concentré, on étend la dissolution de beaucoup d'eau, on la fait bouillir, on la filtre, pour la priver du soufre, et puis on la précipite par du carbonate sodique.

3° On peut doser le zinc à l'état de sulfure, que l'on précipite de la dissolution neutre et additionnée de chlorure ammonique, par du sulfhydrate ammonique non altéré. Après un repos suffisant à une douce chaleur en vase clos, on filtre le précipité, on le lave d'abord à l'eau bouillie additionnée de sulfhydrate et de chlorure ammoniques, puis à l'eau pure et on le dessèche ; cela fait, on brûle le filtre à part, on ajoute ses cendres au précipité et un peu de soufre, puis on introduit ce mélange dans un creuset de porcelaine dont le couvercle est percé d'un trou par où l'on fait arriver un courant d'hydrogène sec ; en chauffant modérément le creuset jusqu'à ce qu'il ne se dégage plus que de l'hydrogène, on obtient un sulfure de zinc cohérent et assez stable pour le peser sans qu'il s'altère.

Dans les minerais de zinc ferrifères, on ne peut séparer ces deux métaux par un excès d'ammoniaque, par la raison que l'oxyde zincique, dominant sur le ferrique, il faut une telle quantité d'ammoniaque pour le redissoudre, que de ce dernier oxyde pourrait être tenu en dissolution ou en suspension surtout s'il était ferreux. Le carbonate barytique artificiel, ou le calcique précipite l'oxyde ferrique et non le zincique, ce qui permet encore de les séparer.

Quant aux oxydes de manganèse, de chaux et de magnésie, nous n'avons plus à nous en occuper.

ANALYSE DES BLENDES.

Outre le sulfure de zinc, les Blendes contiennent souvent de la *Galène*, de la *Pyrite*, de la *Greenockite* (sulfure cadmique), de la *Céruse*, du *Quartz*, du *calcaire* et de l'*Argile*.

Selon nous, on traite d'abord la prise d'essai finement pulvérisée par de l'eau bouillante acidulée d'acide Acétique, ou d'un peu de chloride hydrique, afin d'enlever toute la chaux, qui, dans le traitement ultérieur par l'acide Nitrique, pourrait former du sulfate calcique insoluble. Après avoir dissous toute la chaux, on traite le restant par de l'acide Nitrique et même de l'eau régale à chaud, de façon à dissoudre tous les composés métalliques, et non l'argile ou l'acide silicique qu'on sépare par la filtration (on conseille même d'ajouter 2 ou 3 gouttes de Brome pendant l'attaque). Ensuite on continue l'analyse comme il a été indiqué à propos de la calamine, avec cette différence, qu'au lieu d'employer la solution mixte de sesqui carbonate ammonique et d'ammoniaque, on emploie le sesqui carbonate ammonique seul, afin de ne pas redissoudre du cadmium.

PRODUITS D'USINES.

On peut comprendre dans ces produits les minerais calcinés ou grillés, les résidus des creusets, les différents sublimés, le Blanc de zinc et le zinc du commerce.

Quant aux minerais calcinés ou grillés, on les analysera, pour en déterminer le zinc, comme nous l'avons indiqué. Quelquefois, cependant, on les analyse pour savoir combien de sulfure, de sulfate ou d'oxyde ils retiennent encore, afin de modifier le grillage et de pouvoir le rendre plus complet, car on comprend bien que le soufre et l'acide sulfurique augmentent la charge des creusets et non le rendement. Les sulfates solubles sont enlevés par de l'eau bouillante, et séparés ainsi du sulfate plombique et des autres composés insolubles.

Les résidus contiennent ordinairement du charbon, du zinc, du fer, du Plomb, leurs oxydes et leurs sulfures, de l'argile, des cendres du combustible et du silicate zincique. On peut en retirer les métaux par la différence des densités, et analyser ensuite le reste par l'un ou l'autre des procédés indiqués.

Blanc de zinc. — S'il contient de la craie ou de la Barytine, on en séparera le zinc au moyen de l'acide chlorhydrique et du sulfhydrate ammonique versé dans la dissolution : la Barytine restera indissoute, et la chaux sera ensuite précipitée par l'oxalate Ammonique et dosée comme il a été indiqué.

La fécule ou la farine qu'on y ajoute aussi sera dosée par différence après un grillage, s'il n'y a pas présence de craie, auquel cas il faudra traiter par du chloride hydrique étendu, qui ne dissoudra ni la fécule, ni la farine, qu'on pèsera après la dessiccation.

ZINC DU COMMERCE.

Le zinc du commerce peut contenir du fer (soit par la présence de l'oxyde de fer dans le minerai de zinc, soit, le plus souvent, par les appareils employés à la réduction), du plomb, du cuivre, du cadmium, du soufre et de l'Arsenic, quand le zinc a été extrait de la Blende, et souvent un peu du carbone. On cite encore comme pouvant s'y trouver, de l'étain, du Nickel, du cobalt, du Manganèse et de l'Antimoine ; mais la présence de ces derniers métaux n'est possible que lorsque le zinc a été retiré d'alliages ou de scories qui contenaient l'un ou l'autre d'entre eux, ce qui est très-rare.

Comme ces corps étrangers ne se trouvent dans le zinc qu'en petite quantité, pour les doser il faut opérer sur 10 ou 15 grammes de matière, selon que l'analyse qualitative aura offert de la difficulté à les reconnaître.

Pour les séparer, on attaque la prise d'essai par de l'acide Nitrique, qui dissout tout, excepté l'étain et l'antimoine qu'il transforme en oxydes insolubles, qu'on filtre ; la dissolution acidulée est sursaturée de gaz sulfide hydrique, pour en précipiter l'Arsenic, le cuivre, le plomb et le cadmium, qu'on filtre après un repos suffisant et l'éclaircissement de la liqueur. (Voir plus loin pour la séparation et le dosage respectif de ces corps.) Celle-ci contient le zinc, le fer, le Manganèse, le Nickel et le cobalt ; après l'avoir fait bouillir pour expulser le sulfide hydrique, et filtrée pour en séparer le soufre, on la traite soit par les procédés que nous avons indiqués précédemment, ou par ceux décrits plus loin pour la séparation et le dosage du Nickel et du cobalt.

Quant au carbone, pour le doser on exécute l'un ou l'autre des deux procédés suivants : ou bien on dissout le zinc par de l'acide chlorhydrique très-étendu, de manière à retenir tout le carbone (qui avec le zinc ne contracte pas d'union intime, à ce qu'il paraît) ; ou bien on le traite par du brome dans une cornue et recouvert d'eau : le carbone obtenu et lavé, est ensuite transformé en acide carbonique qu'on pèse.

DOSAGE DU ZINC PAR LA VOIE VOLUMÉTRIQUE.

Le procédé imaginé par Schaffner en 1855 est encore le meilleur : il consiste à traiter la matière zincifère (minerai ou produit d'usine) par de l'eau régale, à neutraliser la dissolution par de l'ammoniaque, puis à y verser un mélange d'ammoniaque et de sesqui carbonate ammonique en quantité suffisante pour redissoudre tout le zinc et le séparer ainsi des autres métaux ; ensuite à précipiter le zinc de cette liqueur claire au moyen d'une solution normalisée de sulfure sodique. Mais celui-ci étant blanc comme le précipité, et il ne permet pas de saisir nettement le point d'arrêt ; pour y parvenir, Schaffner ajoute au préalable trois gouttes de chlorure ferrique qui, lorsque tout le zinc est précipité, prennent une teinte grise par suite de la formation de sulfure ferrique noir. En défalquant les divisions de sulfure sodique employées à produire cet effet final, du nombre total des divisions, on a pour reste ce qu'il a fallu pour précipiter le zinc. Il faut donc qu'on normalise le réactif par rapport à un poids de zinc dissous d'abord dans un acide, ensuite dans une solution ammoniacale, et par rapport à 3 ou 4 gouttes de chlorure ferrique.

Quand la matière à essayer contient du cuivre ou un autre métal, dont le sel se redissout aussi dans un excès d'ammoniaque, le procédé n'est plus assez exact.

Depuis son apparition jusqu'à l'époque actuelle, le procédé Schaffner a subi plusieurs modifications que l'expérience a démontrées nécessaires, et qui en font, nous le répétons, le meilleur procédé volumétrique pour le dosage du zinc et le moins compliqué. Du reste, on le varie selon les usines et nous dirons même selon les laboratoires.

Voici comment nous le faisons exécuter :

Pour normaliser le réactif, on dissout 30 gr. de sulfure sodique cristallisé (bien limpide, normal) dans un litre d'eau bouillie ; d'autre part, on dissout 8 gr. de zinc pur dans de l'acide chlorhydrique, puis on y ajoute de l'eau pour obtenir un litre d'une dissolution légèrement acide, que l'on sursature par de l'ammoniaque, de manière à redissoudre tout le précipité d'abord formé. Cela fait, on mesure avec une burette 25^{cc} de cette dissolution, qui contiennent 0,2 de zinc, on y ajoute de l'eau pour former un demi-litre, puis on y fait couler des divisions de la dissolution de sulfure sodique jusqu'à ce que des gouttes de la solution éclaircie colorent en brun un papier enduit de céruse, ou de plombate sodique, ou tout simplement de sulfate ferreux. Plusieurs essais répétés immédiatement permettent de fixer le titre du sulfure sodique, et, dans le cas présent, les divisions de sulfure sodique employées accusent donc 0,2 de zinc.

Pour l'essai du minerai, voici les meilleures conditions à réaliser : 0,5 du minerai finement pulvérisé, sont dissous par 15^{cc} d'eau Régale et l'évaporation à siccité ; alors on reprend par de l'eau et quelques gouttes d'acide pour tout dissoudre, excepté la silice, ou l'argile, ou le soufre, si l'on a affaire à une Blende, et on filtre. A la liqueur claire, on ajoute 35^{cc} d'une liqueur formée de 5^{cc} d'une solution saturée de sesqui carbonate ammonique et de 30 d'ammoniaque caustique ; de la sorte, le fer, le Manganèse et les autres oxydes sont précipités, tandis que tout le zinc est redissous. Le précipité recueilli dans un filtre est lavé à l'eau ammoniacale tiède, afin de lui enlever tout le zinc qu'il pourrait retenir ; enfin, la liqueur zincique ammoniacale étendue d'eau distillée jusqu'au volume d'un litre est partagée en cinq portions de 200^{cc}, dans chacune desquelles on verse des divisions de sulfure sodique normalisé et jusqu'à ce que l'essai indique qu'il y en a assez. De chacun de ces essais, on doit défalquer un demi-centimètre cube de sulfure sodique comme ayant servi à produire la coloration brune du papier indicateur.

On a aussi conseillé d'ajouter quelques gouttes de Brome à la dissolution du minerai faite par l'eau Régale avant d'y verser la solution mixte d'ammoniaque et de carbonate ammonique, et cela afin d'être plus certain de la précipitation ultérieure du Manganèse ; mais cette addition n'est pas nécessaire lorsqu'on a fait usage d'eau régale et elle complique l'essai.

D'après nous, quand le minerai zincifère contient du cadmium et du Plomb, il faut le dissoudre par de l'acide sulfurique, pour transformer le plomb en sulfate insoluble qu'on filtre, puis verser dans la liqueur claire une solution de sesqui carbonate ammonique qui ne redissoudra pas du cadmium, et par conséquent on pourra exécuter le dosage volumétrique du zinc comme il vient d'être indiqué.

S'il y a du cuivre, il faut l'enlever au préalable par le sulfide hydrique, parce qu'il se comporte comme le zinc avec les composés ammoniacaux.

Le cobalt et le Nickel, se comportant avec le sulfure sodique et les composés ammoniacaux comme le zinc, ne permettent pas de suivre ce procédé.

On a encore conseillé, pour indiquer le point d'arrêt, de placer parallèlement des gouttes de chlorure de Nickel et des gouttes de Nitro-prussiate potassique sur un plat de porcelaine et de les toucher avec des gouttes de la liqueur à peu près saturée de sulfure sodique : quand celui-ci a été ajouté en quantité suffisante pour précipiter tout le zinc, on plonge l'agitateur dans la liqueur éclaircie et on dépose la goutte qui y adhère sur celle du chlorure Nickélique, et puis une seconde sur celle du nitro prussiate : si l'opération est achevée, la goutte de Nickel prend une teinte grise par la petite quantité de sulfure Nickélique qui s'y forme, et l'autre devient violet-pourpré. Le papier de sulfate ferreux est aussi sensible quand on a l'habitude de faire ces essais.

Enfin, la dissolution zincique doit être alcaline et non acide, parce que dans ce dernier cas, des divisions du sulfure sodique seraient employées à neutraliser l'acide libre, d'où erreur.

Nous passons sous silence les autres procédés volumétriques, parce qu'ils sont plus compliqués que les procédés par la méthode des pesées et d'une application plus restreinte.

DOCIMASIE DU NICKEL.

Les espèces minérales qui contiennent du Nickel sont peu nombreuses, et celle que l'on a considérée jusqu'à présent comme le principal minerai, est la *Nickéline*, ou le *Kupfer Nickel*, qui, théoriquement, est un Arséniure de Nickel, formé de parties égales, à peu près, d'Arsenic et de Nickel.

Mais il est très-rare de le rencontrer sous une composition aussi simple; le plus souvent on y constate, outre l'Arsenic et le Nickel, du soufre, de l'Antimoine, du cobalt et du fer; d'où il suit qu'on en a fait plusieurs espèces, telles que la *Disomose*, ou Nickel gris ou blanc, qui est un Arsénio sulfure de Nickel avec un peu de fer; la *Breithauptite*, dans laquelle de l'Antimoine remplace une partie d'Arsenic ; enfin, il en est qui contiennent de la *Smaltine* ou Arséniure de cobalt.

Le plus souvent on y rencontre encore de la Galène, des sulfures de cuivre et de Bismuth.

Il y a quelques années, on a découvert dans la Nouvelle-Calédonie, des Minerais de Nickel formés presque entièrement d'hydrosilicates de Nickel et de Magnésie, et qu'on a représentés par la composition moyenne suivante :

Silice et Gangue . . 38

Magnésie. 15

Nickel oxydé . . . 18

> Oxyde ferrique. . . 7
> Eau. 22

Le fer n'y est pas combiné, dit-on, et n'y existe qu'à l'état adventif.

On a donné le nom de Garniérite à cette espèce Minérale, en l'honneur de feu Garnier, officier de marine, qui l'a rapportée en France.

Comme tous les échantillons n'ont pas la même richesse en Nickel, on en a fait trois variétés commerciales, à savoir : l'une contenant de 18 à 20 % de Nickel et 5 d'eau ; une 2e, contenant 12 à 15 % de Nickel et 10 à 15 d'eau ; et une 3e, renfermant seulement 6 à 8 % de Nickel et 20 d'eau.

On en a découvert assez bien aussi en Espagne, dans la province de *Malaga*, et dont plusieurs échantillons, essayés à Paris, ont fourni 8,96 % de Nickel, sans cobalt ni soufre, ni Arsenic, ni Antimoine ; on les rapporte à l'espèce *Pimélite*, minéral très-rare autrefois.

La découverte de minerais de Nickel exempts de soufre, d'Arsenic, de cobalt et d'Antimoine, est de la plus grande importance pour les usages et le commerce de ce métal, car, outre sa rareté, la difficulté qu'on éprouvait à l'avoir pur en élevait considérablement le prix et en restreignait conséquemment l'emploi.

ESSAI PAR LA VOIE SÈCHE.

L'essai par la voie sèche des minerais de Nickel sulfurés, Arséniés et Antimoniés, ne permet pas d'obtenir le Nickel pur, ni de le doser assez exactement au point de vue scientifique. Cependant, si l'on veut l'entreprendre pour obtenir des renseignements sur la marche à suivre en grand, ou pour une raison quelconque, on grillera préalablement la prise d'essai de façon à oxyder tout le plus complétement possible, qu'on mêlera ensuite avec 1/5 de double silicate, dont la composition aura été calculée comme pour les essais de fer, et puis on chauffera dans un creuset brasqué en élevant et prolongeant davantage la température. Après la fusion et le refroidissement, on retirera du creuset un culot métallique composé de Nickel et des autres métaux fixes qui l'accompagnaient naturellement, ainsi que d'un peu de soufre et d'Arsenic probablement; aussi le traitement métallurgique de ces minerais de Nickel est-il mixte ; c'est-à-dire qu'il consiste préalablement en une attaque par l'acide pour produire d'abord des séparations, et puis en une réduction.

Il est facile de comprendre que les minerais oxydés, exempts d'Arsenic, de soufre, d'Antimoine et de cobalt, dont il est question plus haut, peuvent être essayés assez exactement par la voie sèche, surtout si l'on en sépare préalablement l'oxyde ferrique.

PRODUITS D'USINES.

Ce sont le Nickel du commerce, les alliages, les speiss, les poussières, les scories et les résidus, etc.

Le Nickel du commerce étant un véritable alliage, ne peut être essayé par la voie sèche ; quant aux autres produits de nature terreuse, l'analyse qualitative que l'on en aura faite préalablement décidera si l'on doit les essayer par la voie sèche ou par la voie humide ; bien probablement, c'est par cette dernière qu'il faudra procéder pour obtenir des résultats exacts.

DOSAGE DU NICKEL PAR LA VOIE HUMIDE. — $Ni = 69$.
Notions préliminaires.

Le Nickel se dose ordinairement à l'état d'oxyde, qu'on obtient en précipitant l'hydroxyde par la potasse et le desséchant à 100°, ou en calcinant l'azotate nicolique; on le dose aussi à l'état métallique en réduisant son oxalate par un courant hydrogène et la chaleur, ou ses dissolutions neutralisées au moyen de l'ammoniaque par l'électrolyse.

1° Par la potasse: on ajoute un excès de ce réactif à la dissolution nickélique étendue, on la chauffe pendant deux heures presque à l'ébullition, puis on la laisse éclaircir en vase clos; alors on la filtre, on lave le précipité à l'eau bouillante, on le dessèche à 100°, puis on le calcine, séparé du filtre, dans un creuset de platine, on y ajoute le produit de la combustion du filtre et on pèse; mais comme il est impossible de lui enlever complétement la potasse qui l'a précipité, on recommande de repulvériser l'oxyde nickélique après l'avoir desséché à 100°, de le relaver une deuxième fois à l'eau bouillante, de le dessécher à 100°, puis de recommencer une troisième fois la pulvérisation et le lavage. Le précipité desséché doit être calciné et non grillé pour qu'on soit bien certain de son degré d'oxydation : 100 parties = 81,2 de Nickel et 18,8 d'oxygène.

2° *Par le sulfhydrate ammonique.* C'est lorsqu'il faut séparer le nickel d'autres métaux qui ne sont pas précipités par ce réactif, ou dont les sulfures se redissolvent dans un excès. A cet effet, la dissolution est privée de son excès d'acide par l'évaporation à siccité, puis étendue de beaucoup d'eau et additionnée de sulfhydrate ammonique incolore, qu'on y verse goutte à goutte jusqu'à cessation de précipitation, en évitant d'en mettre un excès. On fait bouillir, on laisse éclaircir et décolorer la liqueur (en supposant qu'elle ne renferme pas d'autre métal colorant), car aussi longtemps qu'elle est brune, elle tient du sulfure de nickel en suspension. Le précipité est filtré, lavé à l'eau additionnée de sulfhydrate, desséché complétement, redissous par de l'eau régale, et la dissolution privée d'acide nitrique par l'évaporation et convenablement apprêtée, est précipitée par la potasse.

La dissolution Nickélique à précipiter par le sulfhydrate ammonique ne doit pas contenir trop de sels ammoniacaux, parce qu'ils empêchent la précipitation complète du sulfure Nickélique; c'est aussi pour la même raison que le réactif doit être incolore et saturé de sulfide hydrique.

3° *Par l'acide oxalique* : celui-ci précipite complétement le Nickel de ses dissolutions neutres après un repos de 24 heures. Alors la liqueur est filtrée, le précipité d'oxalate Nickélique est lavé avec une solution très-étendue d'acide oxalique, puis desséché et réduit par un courant d'hydrogène dans un creuset de porcelaine; lorsque l'appareil est bien refroidi on pèse le nickel métallique à l'abri de l'air. Si l'on se contentait de griller l'oxalate Nickélique pour obtenir l'oxyde, celui-ci aurait une composition incertaine.

ANALYSE DE LA NICKÉLINE OU KUPFERNICKEL.

Lorsque l'on a affaire à un minerai très-compliqué, qui contient outre le Nickel, le cobalt, le soufre, l'Arsenic, du fer, du zinc, du plomb, du cuivre, de l'Antimoine, du Bismuth et de la gangue, le plus simple est de le griller soigneusement, afin d'en expulser le plus possible le soufre et l'Arsenic. On peut s'en dispenser à la rigueur, mais ce sera toujours une notable portion de moins de ces deux minéralisateurs dans la dissolution, et cela permettra d'opérer sur une prise d'essai grillée plus considérable que si elle était crue.

Il n'existe guère de procédé très-exact pour arriver à une

détermination bien précise du Nickel et du cobalt contenus dans de semblables minerais ; nous décrirons celui que Frésénius fait exécuter et recommande comme étant le plus satisfaisant, et qui est une combinaison particulière des méthodes anciennes reconnues bonnes. Il y a fait une addition pour séparar le zinc d'avec les deux autres métaux ; le voici :

On traite le minerai ou le produit métallurgique finement pulvérisé, par l'acide chorhydrique, en ajoutant de l'acide Nitrique, jusqu'à ce que tout ce qui est soluble soit dissous ; on évapore à plusieurs reprises avec de l'acide chlorhydrique presque à siccité pour chasser l'excès d'acide Nitrique, on reprend le résidu par du chloride hydrique et de l'eau, et l'on filtre. S'il reste un résidu coloré, on le fond avec du bisulfate potassique, on traite la masse fondue par du chloride hydrique et de l'eau, et l'on ajoute cette dissolution filtrée à la première.

La liqueur contenant suffisamment de l'acide est sursaturée par du sulfide hydrique, afin d'en précipiter tout ce qui est précipitable dans ce cas. Le gaz doit arriver dans la liqueur froide ou chauffée au plus à 70°. Après son éclaircissement on la filtre, on la chauffe et l'on y ajoute peu à peu de l'acide Nitrique, jusqu'à transformation du fer en ferrique ; alors on y verse un excès d'ammoniaque pour précipiter tout l'oxyde ferrique et les autres insolubles dans ce réactif, on filtre, on lave le précipité, on le redissout par du chloride hydrique, on étend fortement la dissolution, on y ajoute du chlorure ammonique, puis on y verse à froid une solution étendue de carbonate ammonique, jusqu'à ce que le liquide commence à se troubler, mais sans donner de précipité. Dès lors le liquide ne doit plus s'éclaircir, et il continue à se troubler davantage en conservant sa réaction acide ; on le chauffe jusqu'à l'ébullition, qui en précipite un sel ferrique basique qu'on lave d'abord par décantation, ensuite dans le filtre avec de l'eau bouillante. Comme il ne doit pas retenir du Nickel, on le redissout par du chloride hydrique, on retraite sa dissolution comme il vient d'être indiqué pour précipiter une seconde fois le fer à l'état de sel basique, et l'on essaie le liquide filtré par du sulfhydrate ammonique, qui ne doit accuser ni le Nickel ni le cobalt ; si l'on en trouvait une petite quantité, il faudrait encore séparer tout le fer à l'état de sel basique.

Les liqueurs filtrées, contenant le nickel et le cobalt, sont alors acidulées par de l'acide acétique et concentrées par l'évaporation : s'il s'y produit un précipité (oxyde ferrique ou aluminique), on le filtre, on le redissout par du chloride hydrique, on le reprécipite par l'ammoniaque en excès et l'on renouvelle encore une fois cette opération. La dissolution filtrée, contenant tout le nickel et le cobalt, est suffisamment concentrée, additionnée de carbonate sodique jusqu'à réaction nettement alcaline, puis d'acide acétique en excès bien marqué ; alors on y ajoute de 30 à 50 centimètres cubes d'une solution d'acétate sodique (de 1 p. d'acétate pour 10 d'eau), et l'on y fait passer du sulfide hydrique jusqu'à refus à une température de 70°. Lorsque la précipitation est terminée, on filtre le précipité des sulfures de nickel et de cobalt, on le lave et on le dessèche. On concentre la liqueur filtrée, on y ajoute du sulfhydrate ammoniaque et de l'acide acétique, et l'on obtient assez souvent ainsi une seconde précipitation de sulfures de nickel et de cobalt.

Par mesure de précaution, il convient d'essayer une troisième fois si l'on obtiendra encore un précipité des deux sulfures. Ces précipités étant bien lavés, desséchés et ajoutés aux cendres du filtre sont ensuite traités par le chloride hydrique avec addition d'un peu d'acide nitrique pour décomposer complétement les deux sulfures ; alors on évapore à siccité la dissolution avec de l'acide chlorhydrique, afin de chasser tout l'acide nitrique, on étend d'eau, on filtre pour séparer le soufre, et on précipite cette dissolution avec une lessive de potasse caustique. Le précipité obtenu est d'abord lavé par décantation aussi complétement que possible, ensuite dans le filtre avec de l'eau bouillante, et chauffé à l'air jusqu'à complète incinération du filtre, enfin, dans un creuset fermé sous un courant d'hydrogène jusqu'à ce que son poids ne varie plus. Alors on traite le nickel et le cobalt réduits par de l'eau bouillante dans le creuset, et si l'eau séparée à la réaction alcaline de la potasse, ou celle du chlore, ou de l'acide sulfurique, ou si elle laisse un résidu sur la feuille de platine, il faut continuer le lavage jusqu'à enlèvement complet des corps solubles, puis dessécher le restant, le soumettre une seconde fois à un courant d'hydrogène et le peser ; on obtient, de la sorte, le cobalt et le nickel contenus dans le minerai.

On comprend bien que si le minerai ne contient pas de cobalt, on obtient le nickel seul, privé de tout autre corps étranger, et qu'on peut en déterminer le poids exactement. A l'article cobalt, nous indiquerons les moyens de séparer ces deux métaux et de les doser respectivement.

Outre le moyen indiqué précédemment pour séparer l'oxyde ferrique d'avec le Nickélique, on peut encore employer le succinate ammonique, qui précipite tout le ferrique et non le Nickélique. Après la filtration, on évapore le liquide à siccité, on calcine pour expulser tous les sels ammoniacaux, on reprend la masse solide par de l'eau acidulée, et puis on verse de la potasse caustique dans cette dissolution pour en précipiter l'oxyde Nickélique, dont on achève le dosage comme il a été indiqué. Dans la crainte que le succinate ferrique ne retienne du Nickel, on le redissout par du chloride hydrique, après l'avoir bien lavé, et puis on le reprécipite une seconde fois par du succinate ammonique.

SÉPARATION DU NICKEL ET DU COBALT D'AVEC LE ZINC.

1° Si la substance à analyser (produit naturel ou artificiel) contient du zinc, le nickel et le cobalt obtenus par le procédé indiqué en contiendront, car on ne peut le séparer *complétement* par aucun des traitements dont il a été question. Pour y parvenir, on réduit à un petit volume la dissolution chlorhydrique des sulfures de nickel, de cobalt et d'un peu de zinc, on y mélange du chlorhydrate ammonique pur en petits cristaux (5 grammes pour 0,2 d'oxyde zincique), on dessèche la masse saline au bain-marie, puis on la chauffe progressivement jusqu'à ce que les chlorures ammonique et zincique soient entièrement disparus. Alors on dissout le résidu, consistant en nickel et cobalt métalliques, dans l'acide chlorhydrique additionné d'azotate potassique, on évapore la plus grande partie de l'excès d'acide libre, on précipite ensuite par de la potasse caustique, et on achève le procédé comme il a été indiqué pour obtenir le nickel et le cobalt réduits. L'expérience a prouvé que la calcination avec le chlorure ammonique entraîne complétement le zinc et nullement du nickel ni du cobalt ; pour plus de sûreté, on peut répéter la calcination une seconde fois.

2° On peut encore séparer le zinc d'avec le Nickel, de la manière suivante, d'après Wœhler : redissoudre les deux hydrates d'abord précipités par du cyanure potassique préparé au moment même avec de l'acide cyanhydrique et de la potasse caustique (afin qu'il ne contienne ni cyanate, ni carbonate potassiques), puis précipiter le zinc par le sulfure potassique et laisser le Nickel dans la dissolution, d'où on le précipitera après la filtration.

3° Le sulfide hydrique dégagé dans une dissolution zincico-Nickélique fortement acidulée par de l'acide Acétique, n'en précipite que le zinc.

L'analyse de la *Garniérite* et celle de la *Pimélite* ne présentent aucune difficulté, puisque la Magnésie n'est pas précipitée par le sulhydrate ammonique et que le Nickel l'est complétement ; nous n'en dirons donc pas davantage.

PRODUITS D'USINES.

Jusqu'à présent le Nickel du commerce est livré sous la forme de petits cubes, qui contiennent de 40 à 90 p. % de Nickel, et, en outre, du fer, du cuivre et un peu d'Arsenic.

Pour l'analyser, on dissout la prise d'essai par les acides (selon les indications fournies par l'analyse qualitative), et l'on procède d'abord à la séparation du cuivre et de l'Arsenic par le sulfide hydrique, ensuite à celle du fer d'avec le Nickel par l'un ou l'autre des procédés décrits.

L'analyse des alliages du Nickel avec les métaux dont nous ne nous sommes pas encore occupés, sera indiquée plus loin.

Quant à celle des speiss, poussières, scories et résidus, on l'exécutera comme l'analyse des minerais ; peut-être faudra-t-il soumettre certaines scories à la fusion avec un carbonate alcalin, afin de les rendre attaquables.

COBALT — Co = 59.

Le cobalt n'est pas usité à l'état métallique, et il ne fait pas l'objet d'un traitement métallurgique.

Il ne forme qu'un très-petit nombre d'espèces minérales, qui sont le *sulfure*, l'*Arséniure* ou *Smaltine* et l'*Arsenio-sulfure* ou *cobalt gris* ; en outre, par l'oxydation de ces espèces à l'air, il se forme de l'*oxyde*, du *sulfate* et de l'*Arséniate* cobaltiques que l'on rencontre quelquefois.

Si l'on veut l'exécuter pour un motif ou l'autre, on réduira l'oxyde cobaltique, le plus pur qu'on pourra se procurer, par voie de cémentation dans un creuset brasqué et avec un double silicate, ou bien par un courant d'hydrogène aidé de la chaleur.

ANALYSE PAR LA VOIE HUMIDE.

Notions préliminaires.

Le cobalt se dose sous les mêmes états que le Nickel, et ses précipitants sont la potasse, le sulfhydrate ammonique et l'acide oxalique ou le bioxalate potassique, employés comme pour les précipitations du Nickel.

L'oxyde cobaltique étant complétement précipité de ses dissolutions par la potasse caustique, sans se redissoudre dans un excès, par l'ammoniaque de ses dissolutions neutres, mais sans se redissoudre dans un excès, et enfin ne précipitant pas par ce réactif, lorsqu'il a présence de sels ammoniacaux, peut être facilement séparé d'avec les métaux dont nous nous sommes occupés précédemment, excepté le Nickel. Comme c'est avec ce dernier que le cobalt se rencontre le plus souvent et qu'il est le plus difficile de le séparer, nous allons faire connaître les procédés qui permettent d'y arriver assez exactement.

1° *Quand le Nickel domine*, c'est au moyen de l'Azotite potassique :

La dissolution mixte de ces deux chlorures, exempte de fer, de Baryte, de strontiane et de chaux, (parce que du Nickel pourrait être précipité sous l'état d'Azotite Nickélico-potassique aussi), est fortement concentrée, puis neutralisée par de la potasse, si elle est acide. Cela fait, on y ajoute une suffisante quantité d'une solution concentrée d'Azotite potassique, neutralisée préalablement avec de l'acide Acétique et débarrassée par la filtration de la silice, et de l'alumine qui pourraient s'y trouver ; enfin on verse de l'acide Acétique pour redissoudre le précipité floconneux qu'un excès de potasse aurait pu produire, et pour rendre le liquide un peu acide. On laisse reposer 24 heures dans un lieu chaud, alors on prend avec une pipette un essai du liquide clair, qu'on additionne de nouveau d'Azotite potassique, et on attend assez longtemps pour voir s'il se forme encore un précipité. S'il ne s'en forme pas, c'est que la précipitation est complète ; dans le cas contraire, on reverse l'essai dans la dissolution principale, à laquelle on ajoute une nouvelle quantité d'Azotite-potassique et on l'essaie après un repos de 12 heures....; alors tout le cobalt est précipité à l'état d'Azotite cobaltico-potassique; on le filtre, on le lave d'abord avec une solution de 1 partie d'Acétate potassique dans 9 parties d'eau additonnée d'un peu d'Azotite potassique, et ensuite avec de l'alcool (1). Le précipité est desséché, le filtre incinéré et le tout réduit sous un courant d'hydrogène pour obtenir le cobalt métallique, qu'on pèse à l'abri de l'air ; ou bien, le produit incinéré peut être redissous par du chloride hydrique et la dissolution précipitée par la potasse caustique, afin de doser le cobalt à l'état d'oxyde. Pour qu'il ne retienne pas de la potasse, il faudra le dessécher, le repulvériser et le relaver à plusieurs reprises : 100 p = 78,67 de cobalt, et 21,33 d'oxygène. Ce procédé permet, d'après Fischer, de séparer le cobalt d'une liqueur qui n'en contient qu'un trois-millième.

2° *Quand le cobalt domine.* — On ajoute à la dissolution de leurs chlorures un peu de potasse, pour neutraliser l'acide, puis un excès de cyanure potassique (exempt de

---

(1) Fischer recommande de laver le précipité avec une solution de chlorure ou de sulfate, ou d'Acétate potassique, dissous dans l'acide chlorhydrique.

cyanate) en quantité *plus* que suffisante pour redissoudre le précipté qui se forme ; alors on étend d'eau, on fait bouillir avec du Brôme et on y ajoute souvent de la potasse, afin que la réaction de la liqueur soit franchement alcaline. Au bout d'une heure tout le Nickel est précipité à l'état d'hydroxyde noir ; on laisse reposer la liqueur, puis on en prend une petite portion claire, qu'on additionne de brome et qu'on fait bouillir afin de s'assurer si la précipitation est complète. Si cela n'est pas, on reverse cette portion dans l'essai, on y ajoute du brome et l'on fait chauffer de nouveau jusqu'à cessation de précipitation après un long repos. Alors on filtre le précipité, on le lave avec de l'eau bouillante, on le dessèche et puis on le réduit par un courant d'hydrogène et la chaleur ; mais comme le Nickel peut être accompagné de silice ou d'Alumine (malgré l'addition de la potasse), on le reprend par de l'eau acidulée de chloride hydrique, qui ne dissoudra pas à froid les deux corps étrangers, on filtre, s'il y a quelque chose d'insoluble, et l'on reprécipite l'oxyde Nickélique par la potasse caustique, en procédant comme il a été indiqué pour obtenir un dosage exact.

PRODUITS D'USINES.

Les produits artificiels du cobalt sont peu nombreux ; on ne connaît guère que le *cobalt réduit*, son *oxyde noir ou bleu foncé* et le *smalt ou Azur*, qu'on emploie pour colorer les émaux, et puis les *speiss*.

Pour en faire l'analyse quantitative, on les traitera de la manière qu'il a été indiqué. Quant aux alliages dans lesquels le cobalt entre, il en sera question plus loin.

INDIUM : In $= 75,6$.

Ce métal ne forme aucune espèce minérale ; il a été trouvé dans des Blendes, particulièrement dans celles de Freyberg, mais il n'existe pas en assez grande quantité pour faire l'objet d'un traitement métallurgique ; il n'a pas encore reçu d'emploi non plus.

Nous nous bornerons à indiquer la manière de le séparer d'avec les autres corps qui l'accompagnent naturellement et de le doser.

Dans la Blende de Freyberg, l'*indium* est accompagé de *zinc*, de *fer*, de *cadmium*, de *plomb*, d'*étain* et de *cuivre* ; parfois aussi de *Mispickel*, de *Manganèse* et de *silice*. Par le grillage, ces sulfures sont tranformés en sulfates, en Arséniates et en oxydes, les uns solubles et les autres insolubles ; par le lavage à l'eau froide, on dissout les *sulfates de zinc*, *d'indium*, de *cadmium*, de *fer* et le *sulfate de cuivre*, s'il s'en est formé. Plusieurs procédés peuvent ensuite permettre de séparer l'indium d'avec les autres, en se basant sur ce que la potasse, la soude et l'ammoniaque le précipitent et ne le redissolvent pas ; sur ce qu'il peut être ou non, précipité de ses dissolutions par le sulfide hydrique (1), et sur ce que le zinc le précipite sous l'état de métal.

Voici le procédé que l'on suit généralement pour l'isoler : le résidu provenant du traitement des blendes de Freyberg par l'acide sulfurique étendu et en quantité insuffisante pour le dissoudre totalement, renferme l'indium, le plomb, le cuivre, le cadmium, l'Arsenic et un excès de zinc. On le traite par son poids d'acide sulfurique concentré, et lorsqu'il est devenu presque solide, on le chauffe au rouge naissant pour en chasser l'excès d'acide. La masse devenue

---

(1) Les dissolutions acides faites par les acides minéraux, ne sont pas précipitées par ce réactif.

blanche est reprise par de l'eau, et le sulfate et l'arséniate plombiques restent insolubles ; la liqueur filtrée, traitée par l'ammoniaque en excès, donne un précipité d'hydrate indique contenant des traces de fer, de cadmium et de zinc ; la majeure partie du zinc, du cadmium et du cuivre reste en dissolution dans l'excès d'ammoniaque. L'oxyde indique hydraté est lavé, puis redissous par de l'acide chlorhydrique étendu, et le ferrique est ramené à l'état ferreux par un courant d'acide sulfureux ; ensuite on ajoute un excès de carbonate Barytique artificiel à la liqueur (mise à l'abri de l'air) pour en précipiter l'oxyde indique seulement.

Ou bien encore, redissoudre l'oxyde d'indium impur dans de l'acide sulfurique ou chlorhydrique étendu, et précipiter le métal pur par un excès de zinc pur ; ou bien le transformer en Acétate indique et le précipiter par le sulfide hydrique pour le séparer du fer ; dans ce cas, il faut répéter plusieurs fois ces opérations pour arriver à une séparation exacte. Lorsqu'on a obtenu l'oxyde pur, on peut le réduire par de l'hydrogène à chaud, afin d'avoir le métal isolé.

URANIUM : $U = 120$.

L'*uranium* est un métal très-rare ; on le trouve dans la *Pechblende* ou oxydule d'urane, dans l'*Uranite* ou phosphate calcifère, dans la *Johanite*, ou sulfate, dans la *Chalkolite*, ou phosphate cuprifère, et aussi à l'état de carbonate.

L'Uranium se précipite et se dose à l'état d'oxyde : l'ammoniaque précipite complétement le sesquioxyde d'uranium de ses combinaisons ; lorsque la précipitation est complète, on fait bouillir en ajoutant de l'ammoniaque de temps en temps, jusqu'à ce qu'il y en ait un excès sensible et que tout l'oxyde d'uranium soit bien rassemblé ; alors on le filtre, on le lave à l'eau ammoniacalisée, on le dessèche, puis on le calcine sous un courant d'hydrogène pour obtenir de l'oxyde Uranique qu'on pèse.

Pour séparer l'Uranium d'avec les autres métaux, on se basera sur les particularités suivantes : que les dissolutions Uraniques sont précipitées par les carbonates et les bicar-bonates solubles, et que les précipités se redissolvent dans un excès de ses précipitants ; qu'elles sont également précipitées par le carbonate Barytique artificiel, et par le sulfhydrate ammonique *neutre*, dont un excès redissout le précipité.

VANADIUM : $Va = 137.2$.

Ce métal est extrêmement rare ; les seuls minéraux qui en renferment une proportion tant soit peu notable sont les Vanadates de plomb ; on en rencontre quelquefois aussi dans les scories de fer.

La séparation du vanadium d'avec les autres métaux et son dosage, présentent des difficultés, par suite de la manière toute spéciale dont il se comporte : il est précipité par les alcalis et redissous par un excès en formant des vanadites ; il est précipité par le sulfhydrate ammonique et également redissous par un excès de ce réactif jaune.

C'est le moyen qu'on emploie ordinairement pour le séparer d'avec le fer, le plomb et les autres métaux dont les sulfures sont insolubles dans le sulfhydrate.

ANALYSE DU VANADATE DE PLOMB.

Rose a recommandé de dissoudre le vanadate plombique par de l'acide Nitrique à chaud et en quantité suffisante pour redissoudre l'acide Vanadique qui se dépose d'abord ; d'ajouter ensuite à la dissolution claire un peu d'Azotate Argentique pour en précipiter le chlore qui s'y trouve souvent, puis de précipiter l'excès d'argent par du chloride hydrique étendu et versé avec précaution. De filtrer et d'évaporer la liqueur afin d'en séparer les dernières traces de chlorures Argentique, plombique et l'acide Nitrique, au moyen d'additions d'acide chlorhydrique et d'évaporations successives jusqu'à siccité, et puis de reprendre par l'alcool afin de laisser tout le chlorure plombique indissous et qu'on filtre. De verser ensuite de l'ammoniaque, afin d'avoir du vanadate ammonique auquel on ajoute du chlorure ammonique en solution concentrée ou même en poudre, dans le but de précipiter, par un repos de 24 heures, tout l'acide Vanadique à l'état de vanadate ammonique, complétement insoluble dans le sel ammoniac. Le précipité est filtré, lavé avec une solution saturée de chlorure ammonique, dont on enlève à la fin les dernières traces par des lavages à l'alcool, puis séparé du filtre et grillé progressivement de manière à obtenir de l'acide Vanadique $Va^2 O^5$, auquel on ajoute les cendres du filtre, et qu'on pèse.

ANALYSE DES SCORIES DE FER.

La prise d'essai est calcinée à une température rouge pas trop intense avec poids égal d'un Nitrate alcalin ; la masse refroidie est pulvérisée, délayée dans de l'eau et soumise à l'ébullition, puis la solution filtrée, si elle renferme quelque chose d'insoluble. La liqueur claire est additionnée d'acide Nitrique, de façon que sa réaction reste encore alcaline, ensuite précipitée par du chlorure ammonique, ainsi qu'il est indiqué plus haut.

Le vanadate ammonique obtenu dans ce cas est rarement pur ; il convient, après l'avoir grillé, de le réduire en oxyde Vanadique par un courant d'hydrogène à chaud, ce qui ne lui enlève pas les corps étrangers, mais comme l'oxyde Vanadique obtenu n'est attaqué que par l'acide Azotique, on le traite par ce dernier ; ou bien par des dissolutions alcalines, selon que les matières étrangères y seront solubles ou insolubles.

Cinquième Groupe.

Ce groupe renferme le *Cadmium*, le *Bismuth*, le *Cuivre*, le *Mercure*, le *Palladium*, l'*Osmium*, le *Rhodium*, le *Ruthénium*, le *Plomb*, le *Thallium* et l'*Argent*.

DOCIMASIE DU CADMIUM.

Le cadmium est un métal rare et dont il n'existe presque pas de produits naturels : on ne cite guère que la *Greenockite*, ou sulfure cadmique, rencontrée à *Bishoptown*, en *Ecosse*, et que l'on trouve plus souvent dans la Blende ; parfois aussi les calamines contiennent du cadmium.

Il résulte de ce qui précède, que le cadmium ne fait pas l'objet d'une exploitation ni d'une métallurgie spéciales, mais qu'on le retire des minerais de zinc.

Quant à son essai par la voie sèche, si l'on veut l'entreprendre, on l'exécutera absolument comme celui du zinc, après avoir grillé complétement le sulfure. Si c'est des produits d'usines à zinc que l'on veut doser le cadmium par la voie sèche, on opère principalement sur ceux qui se volatilisent en premier, parce que le cadmium, étant plus volatil que le zinc, se dégage au commencement de la distillation ; cependant celle-ci ne permet pas de séparer assez exactement ces deux métaux au point d'en faire un dosage exact ; il faut alors recourir à la voie humide.

DOSAGE DU CADMIUM PAR LA VOIE HUMIDE : $Cd = 112$.

Le cadmium se précipite comme le zinc à l'état de carbonate ou de sulfure.

D'après ce que nous venons de rapporter, le cadmium

est presque toujours accompagné du zinc; c'est donc principalement de celui-ci qu'il faut le séparer.

A cet effet, on attaque la prise d'essai par de l'acide chlorhydrique ou Nitrique, on évapore à siccité, on reprend par de l'eau acidulée, puis on filtre pour séparer tout ce qui est indissous ; ensuite, la dissolution étant franchement acidulée de chloride hydrique, on la sursature par un courant de sulfide hydrique et on l'abandonne couverte à un long repos, à une douce chaleur. Tout le sulfure cadmique est précipité ; mais comme le zinc domine probablement sur le cadmium, il est à supposer que du sulfure zincique a été entraîné avec le cadmique ; pour l'en séparer, on redissout le précipité par du chloride hydrique concentré ; on ajoute un peu d'eau à la dissolution, on la filtre, s'il est nécessaire, puis on la sature de nouveau par du sulfide hydrique. Si l'on a quelque raison de supposer que ce deuxième traitement n'a pas suffi pour séparer tout le cadmium du zinc, on redissoudra encore le précipité et on reprécipitera une troisième fois la dissolution par du sulfide hydrique; ensuite on lavera le précipité, on le dessèchera, on le mêlera avec son volume de soufre et on le chauffera dans un creuset de porcelaine sous un courant d'hydrogène sec, et puis on le pèsera: 100 parties contiennent 77,8 de cadmium et 22,2 de soufre.

On peut encore séparer le cadmium d'avec le zinc, en ajoutant assez bien de l'acide Tartrique à leur dissolution mixte, puis une solution étendue et en excès de potasse ou de soude et faisant bouillir : l'oxyde zincique est tenu en dissolution, tandis que le cadmique est complétement précipité. Après la filtration et un lavage suffisant, on redissout le précipité par de l'acide étendu, et puis on reprécipite cette dissolution par du sulfide hydrique ; le sulfure cadmique obtenu est filtré, lavé, redissous par de l'acide chlorhydrique et la dissolution étendue est enfin précipitée par du carbonate sodique à l'ébullition. Le carbonate cadmique est filtré, lavé, desséché et grillé séparé du filtre, comme cela se pratique pour le zinc, et l'oxyde cadmique est pesé: 100 p = 87,5 de cadmium et 12,5 d'oxygène.

Bien que la potasse en excès redissolve complétement l'oxyde zincique et non le cadmique, on ne peut se contenter de cette séparation pour un dosage exact, parce que l'oxyde cadmique retiendrait de la potasse, ou serait tenu en suspension dans la liqueur zincique et passerait ainsi à la filtration ; c'est pourquoi, dans les deux procédés que nous venons de décrire, on recommande de redissoudre et de reprécipiter plusieurs fois, afin d'être certain de séparer complétement ces deux métaux.

Le cadmium sera facilement séparé des métaux précédents par un excès d'ammoniaque, ou par le sulfide hydrique de ses dissolutions acidulées par un acide minéral ; de l'Arsenic et de l'Antimoine en laissant digérer leurs sulfures pendant 24 heures dans un excès de sulfhydrate ammonique ; l'ammoniaque employée seule peut suffire à séparer le sulfure cadmique de celui d'Arsenic.

Enfin, le dosage volumétrique du cadmium peut s'exécuter comme celui du zinc, au moyen du sulfure sodique normalisé qu'on versera dans la dissolution d'oxyde cadmique faite par de l'ammoniaque et non par du carbonate. Il est bien entendu que c'est en l'absence du zinc, du cuivre, du cobalt et du Nickel.

DOCIMASIE DU BISMUTH.

Les minerais de Bismuth sont :

1° Le *Bismuth natif*, état sous lequel on rencontre presque toujours ce métal, non dans des gîtes séparés, mais dans les mines de Nickel, de cobalt et d'Argent, notamment en Saxe et en Bohême ; il renferme ordinairement de l'Arsenic.

Sur le sommet de Sorato, en Bolivie, on le rencontre en masses lamelleuses, allié à 0,042 °/₀ de Tellure, et souvent mêlé à des sulfures de fer, de cuivre, de Plomb, d'Antimoine et d'Argent ;

2° L'*oxyde Bismuthique* ou le *Bismuth hydro-carbonaté*, *Bismuthite* ou *Agnésite*, provenant de l'altération du Bismuth à l'air ;

3° Le *sulfure de Bismuth* ou *Bismuthine*, que l'on trouve à Bisberg ;

4° Le *sulfure de Bismuth plombo-cuivreux*, ou *Nadelerz* des Allemands, ou *Aikinite*; c'est l'espèce la mieux définie :
$$3\,Bi^2\,S^3 + 2\,Pb\,S + Cu\,S.$$

ESSAI PAR LA VOIE SÈCHE.

Comme le Bismuth est sensiblement volatil à l'état naissant, il faut, pour arriver au résultat le plus précis dans les essais par la voie sèche, ménager la chaleur, employer des flux tels qu'ils puissent former des scories très-fusibles avec les gangues du minerai et terminer l'essai le plus rapidement possible. Voici les procédés que l'on peut suivre :

1° La prise d'essai est mélangée avec trois parties de flux noir, le mélange est introduit dans un creuset de terre et recouvert avec un peu de flux, puis chauffé progressivement jusqu'à liquéfaction complète. Après le refroidissement le creuset est brisé, l'essai retiré et le culot de Bismuth, parfaitement nettoyé, est pesé. Mais afin de l'obtenir exempt d'arsenic et de soufre, on le maintient pendant quelque temps en fusion avec le vingtième de son poids d'azotate potassique, qui transforme ces métalloïdes en sels potassiques solubles et qu'on enlève par de l'eau après le refroidissement. Il y a une partie du Bismuth qui est entraînée également en dissolution.

Ou bien encore en fondant pendant une heure le Bismuth avec 3 à 5 % de zinc et un peu de charbon mis à la surface du mélange, pour empêcher l'oxydation du zinc, lequel s'empare de l'arsenic et du soufre ; puis reprenant le culot métallique par du chloride hydrique étendu, le Bismuth reste seul et pur.

2° *Le Bismuth hydrocarbonaté.* — Contenant un peu d'arsenic, d'antimoine, de plomb, de fer et de la chaux, la voie sèche seule est insuffisante pour en débarrasser le bismuth. Pour y parvenir voici le procédé industriel qu'a indiqué M. Carnot :

On attaque le minerai concassé en sable grossier par du chloride hydrique à une douce chaleur et à trois reprises, jusqu'à refus de dissolution ; celle-ci étant filtrée, on y introduit des barreaux de fer, qui en précipitent tout le bismuth, qu'on recueille, lave, dessèche et comprime fortement ; ensuite on l'introduit dans un creuset légèrement brasqué, qu'on remplit avec du charbon concassé et qu'on chauffe pendant trois quarts d'heure au rouge naissant. Au bout de ce temps, on coule le bismuth dans une lingotière, et lorsqu'il est refroidi on le débarrase de l'arsenic, de l'antimoine et du plomb qu'il retient encore en le traitant par la voie humide.

3° *Essai du sulfure, de l'oxyde et du chlorure bismuthiques.* — On fond la prise dans un creuset de porcelaine avec environ cinq fois son poids de cyanure potassique préalablement fondu. Pour réduire le sulfure bismuthique, il faut chauffer plus fortement et plus longtemps que pour les deux autres espèces. Après le refroidissement, on traite la masse par de l'eau, qui laisse ordinairement le bismuth réduit sous la forme de grains métalliques, qu'on lave d'abord avec de l'eau froide, ensuite avec de l'alcool, puis qu'on dessèche et pèse.

Le cyanure potassique est le meilleur réactif de la voie sèche pour réduire les composés de Bismuth.

PRODUITS D'USINES OU ARTIFICIELS.

Les produits d'usines sont le bismuth du commerce, les têts à griller, les coupelles, les soles des fours en terre d'os et le *Magistère de Bismuth* ou *Blanc de fard*.

Le plus important est le Bismuth, qu'on emploie à former divers alliages fusibles et à falsifier le mercure : il contient de petites quantités d'arsenic, de soufre, d'antimoine, de cuivre, de plomb, de fer et d'argent, qu'on ne peut doser par la voie sèche. Vu le prix élevé du bismuth, on y ajoute du plomb jusqu'au cinquième de son poids.

Si le bismuth ne contient que du fer, on peut l'en séparer en le fondant pendant un quart d'heure sous une couche de chlorate potassique additionné de 2 à 5 % de carbonate sodique : le Bismuth reste seul inoxydé.

Pour essayer les têts à griller ou les scorificatoires qui ont servi à la préparation du Bismuth, il faut employer 2 ou 3 parties de flux noir ; si ce sont des coupelles, il faut un mélange de 2 parties de flux noir et de une partie de borax, afin de fondre complétement le phosphate de chaux.

Quant au *Magistère de Bismuth*, on ne peut déterminer exactement les quantités des substances étrangères qui le falsifient que par la voie humide.

ANALYSE DU BISMUTH PAR LA VOIE HUMIDE. — Bi = 210.

Notions préliminaires.

On peut doser le Bismuth à l'état d'oxyde, ou d'oxydochlorure basique, ou de sulfure, ou de chromate, ou d'arséniate, ou de phosphate, ou de métal réduit.

1° *A l'état d'oxyde* :

A. — Le réactif qu'on emploie ordinairement pour précipiter les dissolutions bismuthiques est le sesquicarbo-

nate ammonique, qui, ajouté en excès en précipite complétement le bismuth sous l'état d'hydrocarbonate ; il dissout
d'abord un peu du précipité, mais après un repos de quelques heures à une douce chaleur, tout l'hydrocarbonate
bismuthique est déposé. Alors on le filtre, le lave et le dessèche, puis, l'ayant séparé du filtre, on le grille avec addition d'un peu d'acide nitrique et pèse l'oxyde bismuthique
obtenu : — 1 gr. = 0,893 de bismuth et 0,107 d'oxygène.

Le sesquicarbonate ammonique agit aussi bien dans une
dissolution acide que dans une dissolution devenue laiteuse
par addition d'eau, pourvu qu'elle soit étendue et qu'elle ne
contienne pas d'autre acide que le nitrique.

Le carbonate potassique et la potasse caustique précipitent aussi complétement le bismuth, mais on ne peut pas
en débarrasser totalement le précipité par les lavages les
plus multipliés. Quant au carbonate sodique, il ne précipite pas complétement l'hydrocarbonate bismuthique.

Si la dissolution contient du chloride hydrique, le
précipité d'hydrocarbonate bismuthique retient du chlorure
qu'on ne peut en séparer qu'en faisant bouillir pendant
quelque temps avec une dissolution de potasse caustique ;
il faut donc éviter d'employer du chloride hydrique.

B. — En calcinant l'*Azotate* ou le *carbonate Bismuthique*
dans un creuset de porcelaine, jusqu'à ce qu'il ne varie plus
de poids, il reste l'oxyde Bismuthique qu'on pèse.

2° *A l'état d'oxydo-chlorure (H. Rose).*

On détermine plus exactement le Bismuth en le précipitant à l'état de chlorure basique, qui est complétement
insoluble dans l'eau et dans le chloride hydrique étendu [1],
à tel point que la liqueur filtrée n'en retient pas la moindre
trace.

Pour opérer cette précipitation, il faut ajouter un peu de

[1] Il est soluble dans le chloride hydrique concentré.

chloride hydrique à la dissolution nitrique du bismuth, puis une grande quantité d'eau, et la laisser éclaircir ; alors on y ajoute encore de l'eau pour achever la précipitation, si elle ne l'est pas.

Afin d'éviter une trop grande quantité d'eau, la dissolution ne doit pas contenir trop d'acides nitrique ni chlorhydrique ; si elle en contient trop, il faut éliminer l'excès en chauffant en deçà de l'ébullition, parce que le chlorure bismuthique est volatilisable. Pour plus de certitude et de rapidité, il est préférable d'avoir une dissolution modérément acide et concentrée, et de neutraliser *partiellement* l'acide par de l'ammoniaque ou de la potasse. Lorsque le précipité d'oxydo-chlorure bismuthique est bien déposé, on le recueille dans un filtre taré, on le lave à l'eau froide jusqu'à ce que l'eau de lavage ne contienne plus de chloride hydrique, ce que l'on constate au moyen d'un papier bleu de tournesol et non avec l'azotate argentique, qui trouble encore l'eau à la fin par suite de l'action de l'ammoniaque ou de la potasse. Alors on dessèche le précipité à 100°, puis on le pèse, et par le calcul on détermine la quantité de bismuth qu'il contient : $Bi^2 Cl^6 + 2 Bi^2 O^3$ dont 100 parties contiennent 71,6 de bismuth.

Ce procédé permet de séparer le bismuth d'avec le cuivre, le cadmium, le cobalt, le nickel, le zinc.

3° *A l'état de sulfure :*

On peut aussi précipiter complétement le bismuth de ses dissolutions acides, claires ou laiteuses, par le sulfide hydrique, pourvu que l'acide nitrique n'y soit pas en trop grand excès, parce que alors le sulfure bismuthique contiendrait beaucoup de soufre, et une certaine quantité du précipité pourrait être redissoute par l'excès d'acide. Il faut, dans ce cas, étendre la dissolution de beaucoup d'eau et, si elle est devenue laiteuse, l'agiter presque continuellement pendant le dégagement du sulfide hydrique, afin que

le contact soit permanent et que tout le bismuth soit transformé en sulfure.

Si la dissolution a été faite par le chloride hydrique ou
par l'acide sulfurique, il faut, avant de l'étendre d'eau, y
ajouter de l'acide acétique, pour empêcher qu'elle ne se
trouble, parce que si le fer est présent il sera précipité des
dissolutions bismuthiques *basiques* par le sulfide hydrique.

D'après Thürach, il faut faire bouillir la liqueur pendant
l'action du sulfide hydrique pour faciliter la formation et le
dépôt du sulfure bismuthique (sans sulfure de fer), qu'on
lavera, dessèchera, puis chauffera dans un creuset fermé à
une température de 200 à 300°, ensuite à découvert et jusqu'au rouge pour obtenir de l'oxyde bismuthique.

4° *A l'état de chromate.* — *D'après Lowe et Pearson* :
On verse la dissolution bismuthique obtenue aussi neutre
que possible sans y avoir ajouté un alcali, dans une solution
chaude et en excès de bichromate potassique mise dans
une capsule de porcelaine ; on rince le vase qui contenait la
dissolution bismuthique avec de l'eau acidulée d'un peu
d'acide acétique, on la verse dans la capsule et on fait
bouillir pendant 10 minutes. Au bout de ce temps on abandonne le vase au repos jusqu'à ce que tout le chromate bismuthique soit déposé en une masse grenue ou cristalline ;
alors on filtre le liquide surnageant, on lave le précipité à
plusieurs reprises dans la capsule en faisant bouillir et
continuant de la sorte jusqu'à ce que le lavage soit complet;
on reçoit le précipité dans un filtre taré, on le dessèche à
115° et puis on le pèse : $Bi^2 O^3$, $2 Cr O^3 = Bi^2 O^3 = 68,26$ et
$2 Cr O^3 = 31,74$.

5° *A l'état d'arséniate ou de phosphate :*
L'acide arsénique ou le phosphorique versé en léger excès
dans une dissolution bismuthique légèrement acidulée
d'acide nitrique, donne un précipité blanc, qu'on dessèche
à 120°.

6° *A l'état de bismuth réduit :*

D'après Thürach, on précipite l'oxalate bismuthique tout-à-fait exempt de fer en ajoutant de l'acide oxalique à une dissolution bismuthique légèrement acide. Il faut éviter d'en mettre un trop grand excès, qui redissoudrait du précipité, et séparer rapidement celui-ci de son eau mère, sans quoi il se chargerait de fer dissous. Par la calcination en vase clos de l'oxalate bismuthique (et de tous ses autres sels organiques), on obtient le bismuth réduit.

On peut encore obtenir le bismuth réduit en le précipitant par du magnésium, ou du zinc ou du cadmium ou de l'étain, ou du plomb : il est alors sous la forme d'une poudre noire qu'on recueille dans un filtre taré, puis qu'on lave, dessèche et pèse. En repesant la lame précipitante on a un contrôle.

APPLICATIONS AUX MINERAIS ET AUX ALLIAGES BISMUTHIQUES.

Lorsque le Bismuth est accompagné d'oxydes alcalins ou terreux, ou d'autres non précipitables par le sulfide hydrique, on l'en sépare au moyen de ce réactif, en opérant ainsi que nous l'avons indiqué dans les notions préliminaires.

PRODUITS D'USINES.

1° Le Bismuth du commerce, contenant très-peu d'Arsenic, de soufre, d'Argent et de Thallium ; 2° les Alliages ; et 3° le sous Nitrate ou Magistère de Bismuth, ou Blanc de fard.

Le *soufre* sera aisément séparé du Bismuth par l'Acide Azotique étendu à une chaleur modérée, qui dissoudra le métal et non le soufre qu'on filtrera. L'*Arsenic* sera séparé après dissolution par un excès de sulfhydrate ammonique qui, après l'avoir précipité, le redissoudra, tandis que le sulfure Bismuthique sera complétement précipité.

Mais si pendant le traitement par l'Acide Nitrique il s'est formé de l'Arséniate Bismuthique insoluble, on le traitera dans un tube à une boule par un courant de sulfide hydrique et la chaleur, et on recevra le sulfure d'Arsenic dans de l'ammonique, d'où on le reprécipitera par un acide, et le dosera après l'avoir lavé et desséché, comme il est indiqué à propos de l'Arsenic.

Dans les cas où l'on a dû précipiter le Bismuth à l'état de sulfure pour le séparer d'autres métaux, on le redissout par de l'acide Nitrique (après l'avoir lavé), et puis on le reprécipite par le carbonate ammonique, ou bien sous l'état d'oxydo-chlorure basique, selon les circonstances.

SÉPARATION DU BISMUTH D'AVEC LE CADMIUM, LE COBALT, LE NICKEL, LE CUIVRE, LE MERCURE ET L'ARGENT.

En mettant un léger excès de carbonate alcalin dans leur dissolution étendue, puis immédiatement du cyanure potassique et chauffant pendant quelque temps. Après un repos suffisant pour éclaircir la liqueur, on la filtre, on reçoit le précipité d'hydrocarbonate Bismuthique dans le filtre, on le lave deux ou trois fois avec de l'eau additionnée de cyanure potassique, puis avec de l'eau pure ; on le dessèche, le grille (le filtre à part) et pèse l'oxyde Bismuthique obtenu.

On peut encore le séparer du fer, du cuivre, du Nickel, du cobalt, du zinc et du cadmium, au moyen du bichromate potassique, en opérant comme il est indiqué à la page 195.

SÉPARATION DU BISMUTH D'AVEC L'ÉTAIN ET L'ANTIMOINE.

1° En attaquant l'alliage par de l'acide Nitrique, on transforme l'étain et l'antimoine en oxydes insolubles, tandis que le Bismuth est dissous à l'état de Nitrate. En filtrant et lavant le double précipité avec de l'eau chaude acidulée d'acide Nitrique, on a tout le Bismuth dans la dissolution, d'où on le précipite sous l'un ou l'autre des états insolubles connus, pour le doser ensuite.

2° En dissolvant complétement l'alliage par de l'eau régale, précipitant la dissolution par du sulfhydrate ammonique, dont un excès, par une digestion à une douce chaleur, redissoudra les sulfures d'étain et d'Antimoine.

Après la filtration et le lavage du sulfure Bismuthique, on le redissoudra par de l'Acide Nitrique, et puis etc.

SÉPARATION DU BISMUTH D'AVEC LE PLOMB.

1° Dans leur dissolution acide, pas trop étendue, on verse une quantité suffisante de chloride hydrique, afin de maintenir le Bismuth en dissolution et de précipiter tout le plomb à l'état de chlorure. Pour déterminer la quantité de chloride hydrique à ajouter, il faut laisser reposer la liqueur après la première addition, ensuite y verser une goutte d'eau : si celle-ci produit un trouble, on ajoute de nouveau du chloride hydrique, et on continue de la sorte l'essai par des additions d'eau et d'acide jusqu'à ce qu'il faille plusieurs gouttes d'eau à la fois pour troubler la dissolution. Alors on la traite par de l'acide sulfurique étendu, on y ajoute de l'alcool, on l'agite et on l'abandonne au repos, jusqu'à ce que le sulfate plombique soit bien rassemblé. On le filtre, on le lave à l'eau froide alcoolisée, on le dessèche et on le pèse ; le filtre doit avoir été taré au préalable.

La liqueur filtrée contient le Bismuth et de l'alcool ; on l'évapore à siccité, au bain-marie, on reprend le produit solide par de l'eau acidulée d'un peu de chloride hydrique, puis on précipite le Bismuth par l'hydrogène sulfuré, ou par un autre réactif.

Si dans le cours de ce procédé on a mis trop de chloride

hydrique, on aura dissous du sulfate plombique; voilà pourquoi il faut aller à tâtons.

2° En transformant le Bismuth et le Plomb en chlorures et évaporant à siccité au bain-marie ; y ajoutant alors un peu de chloride hydrique concentré, et un peu d'eau après quelque temps, en quantité insuffisante pour troubler la liqueur, puis un assez grand volume d'alcool rectifié et d'Ether, et abandonnant le vase couvert pendant deux jours au repos. Au bout de ce temps, tout le chlorure plombique est précipité, tandis que le Bismuthique est resté dissous ; filtrant celui-ci, lavant le chlorure plombique avec de l'alcool éthéré, puis le transformant en sulfate, qu'on dose, on obtient le poids du Plomb.

La dissolution Bismuthique est traitée comme il est indiqué à la fin du procédé précédent.

3° On peut encore séparer le Bismuth du Plomb en plongeant dans leur dissolution une lame de plomb pesée exactement et abandonnant le vase fermé au repos pendant douze heures : au bout de ce temps, tout le Bismuth est précipité ; on le recueille, on le lave, on le dessèche et on le pèse ; d'autre part, la lame de plomb, bien lavée, desséchée et repesée, fait connaître, par une proportion, la quantité de Bismuth qui existait dans la dissolution, et permet ainsi de contrôler le résultat.

SÉPARATION DU BISMUTH ET DU THALLIUM.

Il faut les mettre en dissolution par l'acide Nitrique, l'étendre d'eau sans la troubler, puis la précipiter par le carbonate ammonique, qui laissera le Thallium en dissolution.

ESSAI DU MAGISTÈRE DE BISMUTH.

Si l'analyse qualitative a démontré la présence de la *céruse*, ou de la *craie*, ou du *blanc de zinc*, ou de la *Bary-tine*, ou de la *poudre de riz*, dans le *Magistère de Bismuth*, on pourra en déterminer les quantités respectives au moyen des procédés que nous avons fait connaître; les matières organiques seront déterminées par le grillage, si elles sont insolubles dans les dissolvants mécaniques.

DOSAGE VOLUMÉTRIQUE DU BISMUTH.

M. *Pearson* a conseillé de verser une solution titrée de Bichromate potassique dans la dissolution du Bismuth, aci-dulée d'acide acétique, jusqu'à cessation de précipitation; ou bien une solution titrée de chromate potassique neutre dans la dissolution Bismuthique presque saturée par de l'Ammo-niaque.

La première condition est préférable ; quoique cela, nous ferons observer que le dosage volumétrique du Bismuth est loin de fournir des résultats assez précis dans la plu-part des cas des alliages métalliques; vu le prix élevé du Bismuth, il faut toujours tâcher de le déterminer très-exac-tement, et pour y arriver, on doit d'abord le séparer com-plétement de ses co-associés, ce qui est difficile par la voie volumétrique.

DOCIMASIE DU CUIVRE.

Le cuivre est un métal très-répandu dans la nature, et qu'on rencontre dans les trois règnes. M. Piess a même affirmé que la couleur bleue de certaines mers est due à un composé de cuivre ammoniacal, et la couleur verte de certaines autres, à la présence du chlorure de cuivre.

Les minéraux de ce métal sont très-nombreux, et ceux

qui sont susceptibles d'exploitation, sont : le *cuivre natif*, le cuivre oxydulé ou *ziguéline*, le cuivre oxydé ou *Mélaconise*, le cuivre carbonaté constituant la *Malachite* et l'*Azurite*, les silicates de cuivre, les eaux sulfatées, la *chalkosine*, la *chalkopyrite*, les cuivres panachés ou sulfures doubles de cuivre et de fer, et les cuivres gris ou sulfures multiples, dont on forme trois catégories : les *Arsénicaux*, les *Antimoniaux* et les *plombeux*; ils ont une composition très-compliquée.

- ESSAI PAR LA VOIE SÈCHE.

Sous le rapport de l'essai par la voie sèche, on divise les minerais de cuivre en deux classes, savoir : la première comprend les minerais oxydés, et la seconde les minerais sulfurés et arséniés.

MINERAIS DE LA PREMIÈRE CLASSE.

L'essai des minerais de la première classe consiste à fondre la matière avec du flux noir dans la proportion de 3 parties de flux pour une du minerai. On opère sur 15 à 20 grammes de ce dernier, et après avoir introduit le mélange dans le creuset, on le recouvre d'un peu de carbonate sodique sec, en ayant le soin de ne pas remplir le creuset plus d'aux trois quarts, afin d'éviter les pertes que pourrait produire la vive sortie de l'acide carbonique. Pour cela, le creuset étant découvert, on le chauffe graduellement de haut en bas, en l'entourant de charbons noirs et de rouges à la partie supérieure seulement, puis on surmonte le fourneau de son réverbère ou d'une cheminée de tôle. Au bout d'une demi-heure environ, lorsque le boursouflement s'est apaisé, on place le couvercle sur le creuset, et on donne un bon coup de feu pendant 10 à 15 minutes, afin d'obtenir le cuivre réduit en un seul culot.

Le creuset étant refroidi on le brise, et, si l'opération a été bien conduite, on trouve au fond un culot de cuivre rouge, qui n'adhère pas aux parois et qui se sépare facilement de la scorie. Celle-ci ne doit pas non plus, être colorée en bleu, ni en rouge, ni contenir des grenailles de cuivre. Si le minerai essayé contient même de l'oxyde de fer, celui-ci ne sera pas réduit pendant l'opération, la température n'ayant pas été assez élevée, il restera dans la scorie.

MINERAIS DE LA SECONDE CLASSE.

Les minerais de cette classe peuvent être essayés dans deux buts distincts : pour *matte* ou *fonte crue*, et *pour cuivre* ; occupons-nous de l'essai pour cuivre :

1° Les *sulfures de cuivre et de fer* — sont d'abord grillés soigneusement, afin qu'il n'y reste ni soufre ni acide sulfurique, sans quoi la fusion subséquente avec un flux réductif ferait passer du cuivre dans la scorie, ce qu'on évite d'autant plus que le grillage est plus complet.

Grillage.— Pour le réussir, il faut prendre les précautions suivantes :

1° Ménager le feu pendant les premiers moments ; 2° ne chauffer au rouge naissant que quand une certaine quantité d'oxyde s'est produite ; 3° mêler alors la matière avec du charbon, puis la rechauffer pour chasser l'arsenic qui pourrait s'y trouver, et remuer continuellement ; 4° porter la chaleur au rouge vif de temps en temps, pour faire réagir les sulfures et les sulfates les uns sur les autres, afin d'en opérer la décomposition réciproque ; 5° enfin, chauffer au rouge blanc pendant quelques instants, quand le dégagement de l'acide sulfureux a cessé, afin de décomposer tous les sulfates.

Ce grillage doit se faire dans un têt posé sur un feu de charbon, pour que les gaz réductifs de celui-ci retardent et mitigent le plus possible l'oxydation. Voici ce qui se passe pendant ce grillage : le cuivre et le fer s'oxydent ; mais comme le cuivre a plus d'affinité pour le soufre que n'en a le fer, et celui-ci plus d'affinité pour l'oxygène que le cuivre, surtout en présence de matières siliceuses, il en résulte des oxydes ferrique et cuivrique, et plus ou moins de sulfure cuivreux, parce qu'en grand il est impossible d'oxyder complétement le sulfure de cuivre.

Réduction. — La matière grillée est mêlée avec trois à quatre fois son poids de flux noir et un peu de silice, si le minerai n'en contient pas, puis introduite dans un creuset et chauffée dans un moufle. On obtient, de la sorte, à peu près tout le cuivre, tandis que le fer reste dans la scorie, partie à l'état métallique très-divisé, partie à l'état d'oxyde. Si le grillage a été incomplet, la scorie est sulfureuse et retient du cuivre en combinaison.

Pline rapporte, dans son histoire naturelle, que dans l'île de Chypre on grillait d'abord la pyrite cuivreuse pour la transformer en oxyde, et qu'ensuite on la calcinait avec du miel pour en retirer le cuivre.

MINERAIS DE LA TROISIÈME CLASSE.

Les minerais de cette classe étant les plus compliqués connus, on comprend que leur essai par la voie sèche doit l'être aussi. En effet, il exige deux *grillages, une fonte crue, une réduction* et *un affinage.* Leur grillage est plus délicat à conduire que celui des minerais de la deuxième classe, par la raison qu'ils contiennent de l'arsenic et fréquemment du plomb, lequel fait fondre l'essai avant la fin de l'opération ; pour éviter cet inconvénient, on procède à la désulfuration et à l'oxydation comme il suit :

Premier grillage. — On introduit la prise d'essai, bien divisée, dans un creuset qu'on pose incliné et découvert sur un fourneau ; on la chauffe progressivement en l'agitant continuellement et jusqu'à ce qu'il ne se dégage presque plus de gaz à la même température.

Alors on replace le creuset droit, on y ajoute du borax, on le couvre et on le chauffe fortement pour obtenir une matte ou fonte crue, et détruire les sulfates, les arséniates, comme plus haut.

Second grillage. — Cela fait, on retire la matte refroidie, on la pulvérise, on la replace dans le même creuset et celui-ci dans le fourneau, en l'inclinant encore, et on regrille de nouveau, jusqu'à ce que l'on suppose que la désulfuration soit complète.

Pour plus de sûreté et de facilité, on a conseillé de griller les cuivres gris sous un courant de vapeur d'eau, et d'agiter la poudre avec une baguette de bois ou de charbon, pour ralentir l'oxydation et empêcher la liquéfaction.

Réduction. — Le produit grillé est ensuite mêlé avec trois ou quatre fois son poids de flux noir et chauffé dans le même creuset pour obtenir le cuivre réduit. Pour le cas où le cuivre est accompagné d'un métal cassant ou aisément fusible, il est préférable d'exécuter la réduction au moyen de poids égal de carbonate sodique dans un creuset légèrement brasqué.

Le cuivre obtenu par ces traitements n'est pas aussi pur que celui des minerais de la deuxième classe, parce que les métaux qui l'accompagnent sont plus facilement réduits que le fer et s'y mêlent par conséquent ; en outre, l'Asenic a une si grande affinité pour le cuivre, que les grillages et la fonte crue ne suffisent pas à l'expulser complétement ; il en résulte donc qu'on obtient le cuivre avec d'autres métaux et plus ou moins d'arsenic, et qu'il faut l'*affiner* ou *purifier* ensuite.

Affinage du cuivre brut. — Cette opération consiste à séparer tous les métaux en les oxydant à une haute température, excepté le cuivre qui n'est pas oxydé (1). Elle ne donne pas tout le cuivre à l'état de pureté et ne permet de le doser qu'approximativement ; mais elle est très-utile par son analogie avec le raffinage qui se fait en grand, et elle fournit le moyen de déterminer la quantité de cuivre pur qu'on peut extraire des alliages.

Pour l'exécuter, on chauffe le cuivre brut, mis dans un têt ou dans une coupelle, au moyen d'un fourneau de coupellation ; lorsque le moufle a atteint le maxium de température, on y introduit le cuivre et on bouche l'ouverture avec des charbons embrasés, afin que l'oxydation marche lentement ; dès que le cuivre est fondu, on retire une partie des charbons, on met une certaine quantité de Plomb dans la coupelle, si on le juge nécessaire, et alors le raffinage commence : le Plomb, les autres métaux et un peu de cuivre s'oxydent, forment une combinaison fusible qui se porte à la circonférence du culot de cuivre et que la coupelle absorbe A ce moment, le bouton métallique se meut et se recouvre d'une pellicule brillante et irisée ; à mesure que le raffinage tire à sa fin, le bouton est plus agité, la pellicule plus brillante, et puis, tout d'un coup, le mouvement cesse, le bouton se ternit et se solidifie. Ce phénomène, connu sous le nom d'*éclair*, indique que l'opération est terminée ; on laisse refroidir à porte fermée.

Le culot affiné est recouvert d'une couche d'oxyde cuivreux, qu'on enlève en le saupoudrant immédiatement après l'éclair, d'un peu de Borax, qui forme un verre de Borate cuproso-sodique, facile à détacher par quelques coups de marteau après immersion dans l'eau. Le cuivre obtenu doit être rouge et malléable.

Quand on ajoute du Plomb, alors que les alliages n'en contiennent pas, on en met le dixième de leurs poids, et

---

(1) Les métaux qui accompagnent le cuivre dans ses minerais sont plus électro-positifs que lui, excepté l'Argent.

l'on réitère cette addition jusqu'à purification du cuivre ; mais si l'alliage contient trop de Plomb, on y ajoute une certaine quantité de cuivre dont on tient compte, et pour arriver à déterminer le poids du cuivre essayé, le plus exactement possible, on procède comme il suit : il est admis, par approximation, que la quantité de cuivre oxydée équivaut à la onzième partie du mélange scorifié, c'est-à-dire du déchet qu'éprouve l'alliage soumis au raffinage, y compris le plomb ajouté, et à la septième partie du Borax dont on a saupoudré le bouton de cuivre. Par suite de cela, pour calculer la quantité de ce dernier, on ajoute au poids du culot affiné, le 1/11 des métaux plus le 1/7 du borax employé que l'on a soustraits (ainsi qu'il vient d'être dit) du mélange scorifié. Ces données ne sont qu'approximatives et plus ou moins compliquées ; pour simplifier, on a conseillé de saupoudrer le bouton de retour avec du Borax pulvérisé et additionné d'oxyde cuivrique, afin qu'il ne dissolve rien du cuivre essayé.

Les cuivres bruts qui contiennent du zinc ou de l'étain, ne fournissent même pas de bons résultats par l'affinage, parce qu'ils forment des scories infusibles, lesquelles enveloppent le bouton de cuivre et s'opposent à l'action de l'air ; il faut dans ces cas recourir à la voie humide.

PRODUITS D'USINES.

Les produits artificiels du cuivre sont très-nombreux ; voici les principaux :

1° *Le cuivre du commerce*, dont on distingue le *cuivre brut*, le *cuivre noir* et le *cuivre rouge* ; cette variété est moins impure que les deux précédentes. Le cuivre du commerce peut contenir du plomb, du fer, du zinc, du nickel, de l'étain, de l'antimoine, du bismuth, du soufre, de l'arsenic et du carbone.

2° *Les mattes* — sous sulfures contenant divers métaux, notamment le fer.

3° *Les scories*, dont on fait également plusieurs variétés : les scories provenant du raffinage du cuivre brut ; celles qui proviennent de la fusion des minerais et des mattes, et qui contiennent, outre le cuivre, des oxydes de fer, de calcium, de magnésium.

4° *Les alliages*, dont les principaux sont le *laiton*, *l'argent neuf* et le *Bronze*.

Sous le rapport des essais par la voie sèche, on partage ces produits en trois classes, savoir : les composés oxydés, qui ne renferment ni soufre, ni arsenic ; les composés sulfurés ou arséniés et les alliages. On les essaiera comme les composés naturels auxquels ils correspondent ; et quant aux alliages, si l'*affinage* que nous avons décrit pour obtenir du cuivre pur, ne peut leur être appliqué avantageusement, on les essaiera par la voie humide, la seule convenable pour ces analyses, parce que le prix du cuivre est trop élevé pour se contenter d'un résultat approximatif. On a bien indiqué un procédé par la voie sèche, pour séparer le cuivre d'avec le zinc, et qui consiste à chauffer cet alliage dans un creuset brasqué jusqu'à ce que tout le zinc soit volatilisé, mais il arrive que du cuivre est entraîné aussi, ou bien que du zinc reste allié au cuivre, et c'est inexact.

On dosera le carbone contenu dans le cuivre, en dissolvant d'abord celui-ci par de l'acide Nitrique étendu, et transformant ensuite le carbone précipité en acide carbonique, de la manière qu'il a été indiqué à propos du fer et du zinc.

ANALYSE DU CUIVRE PAR LA VOIE HUMIDE. $Cu = 63,5$.

Notions Préliminaires.

On peut doser le cuivre à l'état d'oxyde, ou de sulfure, ou d'iodure, ou de sulfocyanure, ou de métal, ou par différence, ou par la voie volumétrique.

1° *A l'état d'oxyde cuivrique.* — Le meilleur réactif pour précipiter le cuivre à l'état d'oxyde est la potasse caustique ; il faut avoir le soin que la dissolution cuivrique soit étendue, et en opérer la précipitation à l'ébullition, car si elle est concentrée et froide, l'oxyde cuivrique est compacte, hydraté et retient de la potasse qu'il est presque impossible de lui enlever par le lavage ; en outre, les solutions concentrées de potasse et de soude peuvent redissoudre de l'oxyde cuivrique à chaud.

Pour éviter toute inexactitude, voici comment on doit procéder :

On fait bouillir la dissolution cuivrique très-étendue dans une capsule de porcelaine, puis on y verse un excès d'une solution également étendue de potasse caustique ; dès que l'ébullition a transformé l'hydrate cuivrique en oxyde, celui-ci se dépose coloré en brun-noirâtre ; on filtre la liqueur éclaircie, on la remplace à plusieurs reprises par de l'eau chaude, on fait bouillir et on reçoit enfin le précipité d'oxyde cuivrique dans le filtre. Lorsqu'il est lavé complétement, on le laisse bien égoutter, on le dessèche, on le grille, (le filtre à part), et après y avoir ajouté les cendres du filtre, on l'arrose de quelques gouttes d'acide Nitrique, puis on le rechauffe de nouveau jusqu'à ce qu'il ne dégage plus de vapeurs nitreuses, et on le pèse : 100 p. de CuO=78,89 de cuivre et 20,11 d'oxygène.

Si par une ébullition trop prolongée, de l'oxyde cuivrique s'est attaché à la paroi du vase, on l'en détache au moyen d'un peu d'acide nitrique, on ajoute cette dissolution au précipité qui se trouve dans la capsule de platine, et par la calcination tout se transforme en oxyde cuivrique.

Rivot a conseillé, pour éviter l'adhérence de l'oxyde cuivrique à la paroi intérieure du vase, d'ajouter de l'ammoniaque à la dissolution cuivrique avant la potasse caustique ; mais cette addition empêche la précipitation complète de l'oxyde cuivrique, et s'il y a de l'oxyde zincique il peut être entraîné avec le cuivre par la potasse, d'où inexactitude ; d'ailleurs, en opérant la dissolution de la prise d'essai et la précipitation dans une capsule de porcelaine, on n'a pas cet inconvénient à redouter, car il disparaît par l'addition d'un peu d'acide nitrique.

Quels que soient les soins apportés à la précipitation de l'oxyde cuivrique, il faut s'assurer ensuite, au moyen du sulfide hydrique, si la liqueur filtrée ne contient plus de cuivre : s'il se dépose du sulfure de cuivre, on le recueille, on le lave, on le redissout par de l'acide nitrique, puis on transforme ce nitrate en oxyde, comme il a été indiqué.

2° *A l'état de sulfure*. — La précipitation du cuivre par le sulfide hydrique est avantageuse lorsqu'il y a présence de matières organiques ou de métaux non-précipitables par ce réactif, notamment le fer. Il faut que la dissolution soit chaude et faite par le chloride hydrique, parce que l'acide nitrique décompose le sulfure cuivrique, et qu'après le dégagement du sulfide hydrique on bouche le vase et l'abandonne au repos à une douce chaleur pendant six heures.

Lorsque la liqueur est décolorée, on la filtre rapidement, on lave continuellement le précipité avec de l'eau bouillie additionnée de sulfide hydrique, on le dessèche et grille le filtre à part ; ensuite on mêle le sulfure de cuivre et les cendres du filtre avec volume égal de soufre et l'on chauffe dans un creuset de porcelaine, muni d'un couvercle percé d'un trou par où arrive un courant d'hydrogène sec, continué jusqu'à ce qu'il ne se dégage plus que de l'hydrogène. On obtient, de la sorte, du *sulfure cuivreux* que l'on pèse, et dont 100 parties contiennent 79,747 de cuivre et 20,253 de soufre.

Si l'on n'a pas un creuset percé d'un trou, ou qu'on ne veuille pas préparer exprès de l'hydrogène, on grille le sulfure de cuivre, on l'arrose d'acide nitrique, puis on le chauffe fortement pour avoir de l'oxyde cuivrique que l'on pèse.

Le sulfhydrate ammonique ne convient pas pour précipiter le cuivre à l'état de sulfure, parce qu'il peut en redissoudre plus ou moins, selon son degré d'altération ; en outre, le sulfure cuivrique est dans ce cas plus divisé, plus lent à laver, et, par conséquent, plus prompt à se vitrioliser.

3° *A l'état d'iodure*. — En versant une solution d'iodide hydrique dans une dissolution cuivrique, exempte d'acide chlorhydrique et préalablement additionnée d'acide sulfureux. (Voir plus loin pour les détails.)

4° *A l'état de sulfocyanure*. — En versant du sulfocyanure ammonique dans une dissolution cuivreuse. (Voir plus loin.)

5° *A l'état métallique*. — C'est surtout lorsque le cuivre est accompagné du fer, du zinc, du nickel et du cobalt.

A. — En précipitant le cuivre de sa dissolution étendue, par du zinc, ou du cadmium, ou du magnésium en l'absence de l'acide nitrique.

B. — Ou bien en le précipitant par l'électrolyse (voir plus loin).

C. — Ou en calcinant l'oxalate cuivrique.

6° *Par différence*. — M. Levol a conseillé de plonger une lame de cuivre bien polie et pesée exactement, dans une dissolution cuivrique ammoniacale soustraite à l'action de l'air, et de la laisser réagir jusqu'à décoloration complète de l'essai. Alors en retirant la lame de cuivre, la lavant, l'essuyant avec du papier buvard et la repesant, la perte qu'elle a éprouvée est égale à la quantité de cuivre qui existait dans la dissolution :

En effet, celle-ci était *cuivrique*, et pour devenir *cuivreuse* et incolore, elle a dû dissoudre autant de cuivre qu'elle en contenait déjà. Ce procédé est inexact, parce qu'il peut arriver qu'il se dissolve plus de cuivre que n'indique la théorie, soit par la présence d'un sel en *ique*, que la lame de cuivre ramènera au degré en *eux* ; soit par la présence de l'oxygène de l'air ou d'un autre corps capable de s'unir au cuivre ; en outre, il est susceptible de peu d'applications, car il ne faut pas que la dissolution renferme d'autre métal précipitable ou de composition saline variable.

7° *Par la voie volumétrique.* (Voir aux applications.)

ANALYSES SPÉCIALES.

Moyens d'attaque.

1° La prise d'essai peut être attaquée par le chloride hydrique, ou par l'acide Nitrique, ou par l'eau régale, ou par l'acide sulfurique, ce qui dépend de la composition de la substance et du procédé d'analyse qu'on veut suivre.

2° Pour être certain de dissoudre tout le cuivre contenu dans les minerais très-sulfurés, les résidus et les produits grillés, on les attaque d'abord par de l'eau régale, puis par de l'acide sulfurique dans une capsule de porcelaine, et on évapore à siccité en continuant de chauffer pour expulser le soufre ; alors on reprend la masse par de l'eau acidulée d'un acide convenable pour la suite de l'opération. Il arrive parfois qu'on doit répéter deux et même trois fois l'addition des acides Nitrique et sulfurique pour venir à bout d'expulser ou d'acidifier le soufre. Cette attaque doit se faire dans une capsule de porcelaine couverte par un entonnoir renversé, lequel est ensuite rincé avec l'eau acidulée qui doit redissoudre la masse solide.

Les minerais de cuivre étant ordinairement compliqués, il convient de faire usage de réactifs qui produisent des séparations bien nettes. Or l'expérience a prouvé que le sulfide hydrique, en précipitant le cuivre de ses dissolutions sous l'état de sulfure, précipite aussi du zinc, du Nickel et du cobalt, quand la dissolution n'est pas suffisamment étendue et acidifiée par de l'acide sulfurique au préférable.

Pour éviter cette erreur, M. Flajolot a conseillé, en 1853, de précipiter les dissolutions cuivriques par de l'*hyposulfite sodique* ou par de l'*iodide hydrique* (1). Le premier de ces réactifs permet de séparer le cuivre non seulement d'avec le zinc, le Nickel et le cobalt, mais encore d'avec l'Arsenic et l'Antimoine ; de sorte qu'il est très-facile d'isoler le cuivre dans presque tous ses minerais.

Quand dans une semblable dissolution maintenue en ébullition, on verse de l'hyposulfite sodique, tout le cuivre se précipite à l'état de sulfure cuivreux, tandis qu'il se forme du sulfate sodique et un autre acide du soufre tri ou tétrathionique.

Le second précipite complétement le cuivre accompagné d'autres métaux non précipitables d'une dissolution acide par le sulfide hydrique.

Voici la manière d'opérer avec l'hyposulfite sodique :

La dissolution cuivrique ayant été faite par de l'Acide Nitrique ou par de l'eau régale, est évaporée à siccité avec de l'acide sulfurique, afin d'expulser les deux premiers; alors on reprend par l'eau, on fait bouillir, puis on y verse de l'hyposulfite sodique jusqu'à ce qu'il cesse de produire un précipité noir. Lorsque celui-ci est bien rassemblé au fond du vase, et qu'il n'y a plus que du soufre qui surnage, c'est que tout le cuivre est précipité à l'état de sulfure cuivreux, qu'on recueille dans un filtre, lave à l'eau chaude, contenant un peu de sulfide hydrique, et transforme en Nitrate par l'Acide Nitrique, puis en oxyde cuivrique par la potasse caustique, parce que le sulfure cuivreux, étant mélangé de soufre, ne peut être pesé dans cet état.

---

(1) *Annales des mines,* 5e série, t. III.

Dans l'exécution de ce procédé, il faut avoir le soin d'ajouter l'hyposulfite peu à la fois et d'éviter un excès, qui redissoudrait le sulfure de cuivre.

La liqueur privée du cuivre est ensuite soumise à l'ébullition seule ou avec addition d'acide Nitrique pour expulser ou détruire l'acide sulfureux, et puis traitée de façon à en séparer les autres métaux qu'elle contient.

Manière d'opérer avec l'iodide hydrique :

Cette méthode est basée sur l'insolubilité de l'iodure cuivreux dans de l'eau acidulée par de l'acide sulfurique ou Nitrique et contenant un excès d'acide sulfureux, mais pas du tout du chloride hydrique. Par l'iodure potassique on ne peut précipiter complétement le cuivre, parce qu'un léger excès de ce réactif redissout notablement du précipité.

Pour préparer l'iodide hydrique, il suffit de dissoudre de l'iode dans une solution d'acide sulfureux : il se forme de l'iodide hydrique et de l'acide sulfurique, qui restent tous deux dans la liqueur.

Détails de l'expérience :

On dissout la matière cuprifère par de l'acide Nitrique, et l'on évapore de manière à en expulser l'excès ; si l'on est obligé d'employer l'eau régale, il faut expulser les dernières traces de chloride hydrique par la chaleur et de l'acide sulfurique. Cela fait, on ajoute de l'eau, et s'il y a de l'Antimoine on y met aussi de l'acide Tartrique pour empêcher sa précipitation ; après une digestion suffisante, on filtre, s'il y a un résidu, puis on ajoute de l'acide sulfureux et de l'iode dissous dans de l'acide sulfureux. On doit verser ce réactif par petites portions et s'arrêter quand il ne se forme plus de précipité, parce qu'un trop grand excès d'iodide hydrique redissoudrait des traces d'iodure cuivreux. On abandonne la liqueur pendant douze heures au repos, puis après s'être assuré qu'un peu du réactif n'y produit plus de précipité, on la filtre avec précaution, parce que le préci-

pité a de la tendance à remonter vers le bord circulaire du
filtre ; après avoir bien lavé le précipité, on peut le dessécher et le peser, mais il est préférable de le redissoudre
par de l'eau régale, puis de précipiter la dissolution par de
la potasse caustique, et etc.

Il résulte des expériences de M. Flajolot, que l'iode dissous dans l'acide sulfureux précipite le cuivre du sulfate et
du nitrate additionnés d'acide sulfureux, plus complète-
ment que l'acide sulfurique ne précipite la Baryte de ses
dissolutions, car dans 200 grammes de liqueur il n'est
resté que 4 dix-millièmes de cuivre, tandis que dans une
égale quantité de solution de chlorure Barytique précipitée
par de l'acide sulfurique, il est resté 2 milligrammes de
sulfate Barytique.

PROCÉDÉ RIVOT PAR LE SULFOCYANURE AMMONIQUE (1854).

Il est fondé sur l'insolubilité du sulfocyanure cuivreux
dans une liqueur légèrement acide, et sur la grande
solubilité des sulfocyanures des autres métaux dans cette
condition.

Ce procédé, qui permet de séparer le cuivre d'avec
presque tous les autres corps, a été amélioré par M. Férent
en 1874 ; voici en quoi il consiste :

La dissolution, faite avec n'importe quel acide, est d'abord
concentrée, puis additionnée d'un assez grand excès d'acide
sulfurique et chauffée de nouveau pour éliminer les acides
volatils, s'il y en a. On arrête l'évaporation dès que les
vapeurs d'acide sulfurique apparaissent ; alors on laisse
refroidir, on étend d'eau et l'on filtre, s'il y a lieu (sulfate
Plombique, oxyde stannique), on fait bouillir la liqueur et
l'on y ajoute, par petites portions, du sulfite sodique (ou du
bisulfite ammonique, selon Tamm, en 1871) jusqu'à réduction de la liqueur ; ce qu'on reconnaît à la couleur *vert-sale*

qui se produit, ainsi qu'au trouble de la liqueur cuivreuse. Alors on précipite le cuivre par l'addition de sulfocyanure Ammonique, et quand le précipité est rassemblé, on le recueille dans un filtre taré, on le lave, le dessèche à 100° et le pèse : en multipliant son poids par 0,523, on obtient le poids du cuivre y contenu.

Ce mode de dosage est applicable à toutes les combinaisons et à tous les alliages du cuivre ; s'il y avait présence d'Argent, on pourrait d'abord le précipiter par du chloride hydrique ou du bisulfite Ammonique, ou procéder comme nous l'indiquerons à propos ; quant au plomb, il aura été éliminé par l'acide sulfurique.

DOSAGE RESPECTIF DU CUIVREUX ET DU CUIVRIQUE.

1° Il faut d'abord dissoudre la prise d'essai par du chloride hydrique, en prenant les précautions nécessaires pour ne pas changer les degrés de combinaison du cuivre (1) ; cela fait, on additionne la dissolution d'Ammoniaque, puis on y verse du Nitrate argentique assez Ammoniacalisé pour ne pas précipiter du chlorure argentique, et on abandonne la liqueur au repos : il se dépose de l'Argent réduit par le chlorure cuivreux, qui est devenu cuivrique. En recueillant l'Argent réduit, le lavant, le desséchant et le pesant, on constate, par le calcul, qu'il correspond à deux de cuivre à l'état cuivreux. — Si par une opération précédente on a dosé tout le cuivre, on saura, par une soustraction, combien la matière essayée contient du cuivrique.

2° D'après Rose. — En ajoutant petit à petit du carbonate Barytique artificiel à une dissolution chlorhydrique de cuproso-cuprique, on précipite tout le cuivreux et non le cuivrique ; il est donc facile de déterminer aussi les quan-

(1) Faire arriver un courant d'hydrogène dans le vase pendant la dissolution.

tités respectives de ces deux degrés de combinaisons, surtout lorsqu'il s'agit des deux sulfites.

3° Selon nous, une lame de cuivre pesée et plongée dans une dissolution cuivroso-cuivrique, ramènerait le cuivrique à l'état cuivreux en perdant de son poids et ferait connaître la quantité du cuivrique ; plongée ensuite dans une seconde dissolution dont tout le cuivre aurait été transformé en cuivrique, la différence entre les deux pertes que la lame aura éprouvées, ferait connaître cette fois ce qui était à l'état cuivreux.

Il est bien entendu que rien ne doit venir fausser l'exactitude de ces résultats, ainsi que nous l'avons déjà fait observer.

PRODUITS D'USINES DU CUIVRE.

Ces produits sont les variétés de cuivre, qu'on trouve dans le commerce, les alliages qui sont très-nombreux, le *vitriol bleu*, le *vert-de-gris*, le *vert des Schweinfurt* et des mélanges d'*oxyde* et de *carbonate de cuivre*.

D'après ce que nous avons dit des cuivres du commerce, ce sont de vrais alliages métalliques très-compliqués ; nous allons donc traiter de l'analyse des alliages du cuivre avec les métaux dont nous nous sommes déjà occupés. Nous commençons par indiquer les façons particulières de se comporter de plusieurs d'entre eux avec les acides employés à les attaquer.

L'alliage de cuivre et de plomb est inattaquable par le chloride hydrique à l'abri de l'air, tandis qu'un alliage de plomb, de cuivre et d'étain, dans lequel ce dernier métal domine, est dissous par l'acide chlorhydrique. Il en est de même lorsque le cuivre et le plomb sont alliés au zinc ou à un autre métal directement attaqué par l'acide ; parfois aussi l'attaque n'est que partielle, ce qui dépend des proportions relatives de ces métaux (¹). L'acide nitrique, quand il attaque un alliage de cuivre et d'étain, donne ordinairement de l'oxyde stannique cuprifère; tout le cuivre n'est donc pas dissous, et l'oxyde stannique n'est pas pur.

Plusieurs alliages sont attaqués lorsqu'ils ont été martelés, tandis qu'ils ne le sont pas lorsqu'ils ont été coulés; ce qu'on attribue à ce que le martelage détruit l'homogénéité de l'alliage et dérange ses molécules. D'autres cas ont été observés avec de vieux alliages de cuivre, d'argent et d'or; nous les citerons à propos.

Le cuivre brut est, comme nous l'avons dit, l'alliage le plus compliqué connu; cependant la séparation de tous les corps qui l'accompagnent n'est pas bien difficile, car en le traitant de la manière suivante, on parvient à résoudre ce problème: par de l'acide nitrique à l'ébullition, et reprenant le produit par de l'eau acidulée du même acide, on en sépare déjà l'*étain* et l'*antimoine*; traitant ensuite la liqueur filtrée par de l'acide sulfurique, on en élimine le *plomb*; la saturant après cela par du sulfide hydrique, on en précipite le *Bismuth*, le *cuivre* et l'*arsenic*; reprenant ce précipité, bien lavé, par du sulfhydrate ammonique incolore, on en sépare l'*arsenic*; les sulfures de cuivre et de bismuth étant redissous par de l'acide nitrique et leur dissolution mixte traitée par du carbonate ammonique *en excès*, comme il a été indiqué à propos du Bismuth, on redissout le *cuivre*. Quant à la liqueur filtrée après l'action du sulfide hydrique, et qui contient le *fer*, le *zinc*, le *nickel* et le *cobalt*, on la traitera successivement par les réactifs que nous avons recommandés pour séparer exactement ces métaux les uns des autres; les détails vont suivre. Abordons les cas particuliers.

(¹) Voir notre *Traité d'Analyse qualitative*. pages 100-102.

ALLIAGES DE CUIVRE ET DE ZINC.

Le cuivre et le zinc forment entre eux plusieurs alliages, que l'on désigne sous les noms de *Laiton*, *Potin*, *Chrysocal* ou *Chrysocale*, *Similor* ou *or de Manheim* et le laiton des *statuaires*, que l'on confond fréquemment avec le bronze. — La composition de ces alliages varie selon les usages auxquels on les destine et selon les artistes qui les fabriquent ou les mettent en œuvre ; on y ajoute très-souvent un peu de plomb pour les rendre plus malléables.

Pour analyser ces alliages, on en dissout 4 à 5 grammes par de l'acide nitrique, on évapore à siccité, on reprend par de l'eau acidulée d'acide sulfurique et on abandonne au repos pour laisser déposer le sulfate plombique et l'oxyde stannique, s'il y a du plomb et de l'étain dans l'alliage (ce qu'aura révélé l'analyse qualitative (¹). Après la filtration, la liqueur sera traitée par de l'hyposulfite sodique, ou de l'iodide hydrique ou du sulfo-cyanure ammonique pour en précipiter le cuivre. La filtration et le dosage de celui-ci étant terminés, on procédera ensuite à la précipitation et au dosage du zinc, comme il a été indiqué en détail à propos de ce métal.

ALLIAGES DE CUIVRE, DE ZINC ET DE NICKEL.

L'alliage de ces trois métaux est appelé *argent-neuf*, *argentant*, *cuivre-blanc*, parce qu'il est susceptible d'acquérir presque le poli de l'argent. Il en existe aussi plusieurs variétés, dont les principales sont, l'alliage *Christofle* (l'inventeur) ou *Alfénide*, le *Melchior*, le *Packfung* et le *Tutenay*, alliages de la chine, et le *Maillechort* allemand ; on les argente ordinairement par la galvanoplastie.

(¹) Voir plus loin les dosages de ces métaux

L'analyse de ces divers alliages doit être exécutée avec le plus grand soin, afin d'éviter des contestations et même des procès entre les fabricants, parce que ce sont surtout les proportions relatives des métaux, qui constituent les différences. Pour arriver aux résultats les plus précis, on fera usage des procédés spéciaux que nous avons décrits.

ALLIAGES DE CUIVRE ET D'ALUMINIUM.

Ces alliages, dont il existe aussi quelques variétés, sont appelés Bronzes d'Aluminium. Pour les analyser on les dissout par l'eau régale, on évapore à siccité, on reprend par de l'eau acidulée d'acide sulfurique, puis on précipite le cuivre par le sulfide hydrique ou par l'un ou l'autre des procédés connus. L'aluminium sera dosé ensuite à l'état d'oxyde aluminique.

L'analyse des alliages du cuivre avec l'étain sera traitée plus loin ; nous allons dire quelques mots de la séparation du cuivre d'avec le cadmium.

SÉPARATION DU CUIVRE D'AVEC LE CADMIUM.

1º La substance qui les contient étant dissoute par de l'acide nitrique, on peut traiter la dissolution obtenue par un excès de carbonate ammonique, qui redissoudra le cuivre et précipitera tout le cadmium ; mais ce procédé n'est pas tout-à-fait exact lorsqu'il y a beaucoup de cuivre à redissoudre, parce qu'alors le grand excès de carbonate ammonique peut redissoudre du cadmium ou le tenir en suspension.

2º En précipitant complétement leur dissolution mixte par du sulfide hydrique, lavant le double précipité avec de l'eau chargée de ce réactif, puis le traitant par de l'acide sulfurique étendu du double de son volume d'eau et chaud (qu'on fait repasser plusieurs fois), on dissout le sulfure cadmique et non le cuivrique. On comprend bien que ce procédé ne permet pas non plus d'obtenir le résultat le plus précis, et que du sulfure cadmique peut rester indissous, ou du sulfure de cuivre se dissoudre ou se sulfatiser.

3° Leur dissolution étant neutralisée par du carbonate sodique, on y verse d'abord une solution de cyanure potassique, de manière à redissoudre tout, ensuite une solution de sulfide hydrique ou de sulfhydrate ammonique, qui précipitera tout le sulfure cadmique, tandis que le sulfure cuivrique restera dissous par le cyanure potassique.

4° Par le sulfo-cyanure ammonique, on parvient à séparer le cuivre d'avec le cadmium de la façon la plus complète.

5° En plongeant une baguette de cadmium, pesée d'avance, dans la dissolution mixte légèrement acidulée, on en précipite tout le cuivre; ce qui nous amène à traiter de la précipitation du cuivre par l'*électrolyse* dans le but de le séparer de plusieurs autres métaux.

M. Luckow en a fait un procédé d'analyse pour doser le cuivre; voici ce qu'il en dit. : « l'Electrolyse conduit à des résultats exacts, si la substance a été complétement dissoute de la manière indiquée (privée de soufre), et soumise ensuite à un courant galvanique assez fort pour que le cuivre adhère solidement avec une belle couleur à l'électrode négative de platine et ne se dépose pas à l'état grenu, auquel cas il se détacherait facilement. »

Actuellement la méthode électrolytique est pratiquée dans plusieurs usines à cuivre pour séparer ce métal d'avec d'autres, et l'on va jusqu'à dire qu'elle est beaucoup plus exacte que toutes celles qui ont été proposées jusqu'ici pour le dosage du cuivre et du nickel. Voici comment on peut y procéder dans le cas de l'analyse d'un *maillechort :* 1 gramme de l'alliage est dissous par de l'acide nitrique et l'évaporation à siccité ; la masse est reprise par de l'eau additionnée de 4 à 5^{cc} d'acide sulfurique, ce qui en sépare le plomb, s'il y en a. La liqueur claire et étendue de façon à occuper 70^{cc}, est versée dans une capsule de platine pesée d'avance et puis soumise à l'électrolyse : le cuivre se dépose au fond de la capsule et y forme une couche adhérente facile à laver après la décantation du liquide et desséchable complétement ; l'augmentation du poids de la capsule indique le poids du cuivre.

La liqueur contenant le nickel est soumise à l'ébullition, et saturée d'abord partiellement par du carbonate sodique, ensuite et totalement par de l'ammoniaque, jusqu'à ce qu'elle soit devenue bleue (s'il y a encore du plomb, de l'étain, du fer, etc., ils seront précipités). Alors on la verse dans la capsule de platine, où est déjà déposé le cuivre, et on l'électrolyse de nouveau jusqu'à décoloration complète. En lavant, desséchant et repesant une seconde fois la capsule, sa nouvelle augmentation de poids fait connaître celui du nickel. Si on laissait la dissolution acide, le nickel d'abord précipité se redissoudrait aussitôt.

L'appareil employé par M. Herpin consiste en une capsule de platine posée sur un trépied métallique, que l'on réunit au pôle négatif d'une pile ; elle est recouverte d'un entonnoir qui s'appuie sur une demi-gouttière pratiquée à sa partie supérieure, et l'électrode positive est formée par un fil supportant une spirale de platine qui plonge horizontalement dans le liquide. Deux éléments de Bunsen (petit modèle) suffisent pour précipiter suscessivement en deux ou trois heures le cuivre et le Nickel ; on se sert également avec succès d'une petite machine de Gramme, ou d'une pile thermo-électrique à gaz de Clamond (1).

___

(1) Bulletin de la *Société d'Encouragement*, t. 1. 3me série, Novembre 1874, p. 595.

D'après nos expériences, on parvient à des résultats très-précis en précipitant le cuivre par le Magnésium, à tel point que le cyanure ferroso-potassique versé dans la liqueur filtrée, ne la colore pas le moins du monde.

Les meilleures conditions à réaliser sont les suivantes : La dissolution du cuivre à l'état de sulfate neutre, additionnée de sel Ammoniac (si elle est acide, la réaction est trop tumultueuse), étendue au point de paraître incolore et ayant été bouillie, est introduite dans de petits tubes à essais, de 8 à 10 centimètres de longueur, de façon à les remplir à peu près, et dans chacun desquels on plonge une lame de Magnésium un peu plus longue que le tube, et presque aussi large ; de la sorte, le métal réductif est en contact intime avec toutes les parties de la dissolution cuivrique et les réduit promptement. Il convient de mettre ces tubes à l'abri de l'air. Lorsque le liquide est devenu tout-à-fait incolore et qu'il ne se dégage plus de gaz, la réduction est achevée (au bout de 12 à 15 minutes pour les volumes indiqués) ; alors on recueille le cuivre, on le lave à l'eau bouillie, on le dessèche et on le pèse. En opérant sur 3 ou 5 quantités semblables, on a un contrôle.

Comme le Magnésium a également le pouvoir de réduire les dissolutions de fer, de zinc, de Nickel et de cobalt, *quand elles sont concentrées et légèrement acidulées*, et qu'on peut avoir à séparer le cuivre d'avec ces métaux, voici les expériences que nous avons faites dans le but d'y parvenir : la quintuple dissolution de ces sulfates neutres, privée d'air par l'ébullition, puis additionnée de sel ammoniac, a été introduite dans trois petits tubes d'essais, dans chacun desquels nous avons plongé une lame de Magnésium ; quand tout le cuivre en a été précipité et qu'il ne s'est plus dégagé de gaz, nous avons filtré les liqueurs et les avons essayées respectivement par le cyanure ferroso potassique et par le sulfide hydrique : le premier de ces réactifs a produit un précipité blanc-bleuâtre, accusant le fer à l'état ferreux, et le second un précipité blanc de sulfure zincique ; d'autre part, nous avons lavé le cuivre réduit avec de l'eau chaude d'abord, puis avec de l'eau chaude très-peu acidulée d'acide sulfurique, afin de lui enlever les corps étrangers. Après avoir fait repasser plusieurs fois cette eau acidulée sur le cuivre, nous l'avons essayée par le cyanure ferroso potassique, qui y a produit un procédé bleu, et par le sulfide hydrique, lequel n'a rien donné.

De ce qui précède, nous concluons que du fer a été réduit en même temps que le cuivre, et qu'il est facile de l'en séparer en lavant celui-ci avec de l'eau très-peu acidulée d'acide sulfurique, afin de redissoudre tout ce qui lui est étranger, puis avec de l'eau pure, de le dessécher ensuite et de le peser.

L'analyse des alliages du cuivre avec l'étain, le plomb et les autres métaux dont nous ne nous sommes pas encore occupés, viendra plus loin.

ANALYSE DES PRODUITS COMMERCIAUX DU CUIVRE.

Le vitriol bleu, le carbonate, l'Acétate ou *verdet* et l'*Arsénite de cuivre*, peuvent être falsifiés respectivement, par du sulfate de zinc ou de fer (couperose) ; par des matières minérales ou végétales colorées en vert (du sable vert), par de la craie ou de la poudre d'os, ou de la fécule, ou de la farine ou de la crême de *tartre brute, etc.*, il sera facile, connaissant la séparation du cuivre d'avec les métaux des substances ajoutées, de déterminer la valeur de la fraude : ces divers composés du cuivre sont solubles dans l'eau ou les acides dilués, tandis que les substances organiques citées y sont insolubles ; en outre, le sulfide hydrique précipitera complétement le cuivre et l'Arsenic, et celui-ci en sera séparé par un excès de sulflydrate ammonique.

DOSAGE DU CUIVRE PAR LA VOIE VOLUMÉTRIQUE.

Beaucoup de procédés volumétriques ont été indiqués pour doser le cuivre, mais il n'y en a aucun de très-satisfaisant ; c'est-à-dire, assez simple et assez rapide pour être adopté par la majorité des chimistes ni même des industriels, ce que l'on doit attribuer à la complexité des minerais de cuivre, laquelle ne permet pas à un seul réactif de le dégager de ses combinaisons.

Quoi qu'il en soit, nous allons décrire les plus convenables jusqu'à présent.

1° PROCÉDÉ DE M. FR. WEIL.

C'est au moyen du chlorure stanneux qui, sous l'influence d'une légère ébullition, ramène le cuivrique à l'état cuivreux avec décoloration de la liqueur.

On prépare le chlorure stanneux en dissolvant à chaud 6 grammes d'étain en feuille dans 200^{cc} de chloride hydrique, puis y ajoutant de l'eau bouillie pour produire un litre.

D'autre part, la dissolution cuivrique, avec laquelle il faudra titrer le chlorure stanneux avant chaque nouvelle série d'essais, se fait en dissolvant 7 grammes 867 de sulfate cuivrique (pulvérisé et desséché entre des doubles de papier à filtre) dans de l'eau bouillie pour produire un demi-litre qui renfermera 2 grammes de cuivre. Cela fait, on verse 25^{cc} de cette solution (contenant 0,1 de cuivre) dans un ballon de verre incolore, de 100^{cc} environ ; on y ajoute 5^{cc} de chloride hydrique concentré (qui changent la couleur bleue en verte), on chauffe, puis on y verse, d'abord rapidement, ensuite goutte à goutte, la dissolution de chlorure stanneux jusqu'à ce que la liqueur soit devenue incolore comme de l'eau. Alors on y ajoute de nouveau 5^{cc} d'acide chlorhydrique, on observe s'ils produisent une légère coloration verte, qu'on fera disparaître par l'addition de quelques gouttes de chlorure stanneux.

Si l'on veut avoir plus de certitude, on ajoute, sur la fin de l'opération, une goutte de chlorure Mercurique à un petit essai de la liqueur refroidie : s'il ne se forme pas de trouble apparent, c'est que le chlorure stanneux n'est pas encore en excès ; on en ajoutera de nouveau, jusqu'à ce qu'il se forme un faible trouble de chlorure mercureux, et dans ce cas, on retranchera $0,05^{cc}$ du volume de la dissolution stanneuse employée.

Pour exécuter l'analyse volumétrique d'une substance cuprifère, on opère de la manière que nous venons d'indiquer. S'il y a de l'acide Nitrique, il faut d'abord l'expulser en évaporant la dissolution à siccité avec de l'acide sulfurique ; s'il y a du ferrique, il sera réduit aussi en ferreux par le chlorure stanneux, et, dans ce cas, on prendra un second essai, on en précipitera le cuivre à chaud au moyen du zinc et du platine (selon nous au moyen du Magnésium), qui, en outre, ramèneront le ferrique à l'état ferreux, puis on dosera ce dernier par le permanganate potassique. Ensuite on défalquera du nombre total des cc de chlorure stanneux employés, ceux qui ont servi à transformer le ferrique en ferreux ; le restant correspond au chlorure cuivrique contenu dans la dissolution essayée.

Comme contrôle, on recueille le cuivre précipité par l'électrolyse, on le lave complétement, on le dessèche et on le pèse. On obtient, de la sorte, des résultats assez satisfaisants, quand rien ne s'oppose à l'exécution de ce procédé : ainsi, pour l'essai des divers alliages du cuivre avec Zinc, Étain, Plomb, Nickel, Antimoine et Aluminium, le traitement par l'acide Nitrique sépare l'Étain et l'Antimoine; celui par l'acide sulfurique sépare le Plomb ; enfin, le réactif chlorure stanneux n'a pas d'action sur le Nickel ni sur l'Aluminium.

2° PROCÉDÉ DE M. STEINBECK (pour doser le cuivre approximativement dans les Schistes du Mansfeld).

La dissolution du minerai étant faite par du chloride hydrique, est d'abord traitée par du zinc et du platine, afin d'en précipiter tout le cuivre qu'on recueille et lave. Ensuite, on le dissout dans une quantité suffisante d'acide Nitrique (dont on tient note pour tous les essais), puis on y ajoute une quantité d'Ammoniaque, mesurée aussi, afin d'obtenir une liqueur bleue bien limpide, dans laquelle on verse jusqu'à décoloration une solution normale de cyanure potassique. Son titre doit avoir été pris avec un poids de cuivre *approximativement égal à la moyenne de cuivre à doser dans les divers essais,* et traité absolument comme il vient d'être indiqué pour le minerai ; il doit correspondre à 0,005 de cuivre par centimètre cube.

Le zinc, se comportant comme le cuivre avec l'ammoniaque, ne permet pas de suivre ce procédé, qui est plus empirique que scientifique ; il peut convenir cependant pour contrôler les variations d'une même sorte de minerai ; toutefois on peut s'arrêter après la précipitation du cuivre par le zinc et le platine, recueillir le dépôt et le peser. Comme on peut s'en assurer, ces procédés, et ceux décrits dans l'ouvrage de Mohr, sont plus longs, plus compliqués et moins exacts que les procédés de Flajolot, de Rivot et de Férent ; nous leur préférons même les essais par l'électrolyse, dont il a été question.

DOCIMASIE DU MERCURE.

Le mercure se rencontre dans la nature principalement à l'état de sulfure, appelé *cinabre*, lequel a pour gangue des schistes argilo-bitumineux ou du calcaire compacte ; il est fréquemment accompagné de pyrites de fer et de cuivre.

Parfois aussi, on trouve dans les roches qui accompagnent le cinabre, du mercure natif, disséminé sous la forme de gouttelettes.

Le mercure existe encore à l'état de séléniure, de chlorure, d'iodure et d'amalgame avec l'argent ; mais le sulfure est seul abondant et exploitable.

ESSAIS DU MERCURE PAR LA VOIE SÈCHE.

1° Pour déterminer la quantité de Mercure libre contenue dans un minerai :

On en prend 100 gr. pulvérisés, on les introduit dans une petite cornue de verre résistant, à col très-court, que l'on adapte à un récipient incliné le plus possible, afin de faciliter la descente des globules mercuriels. On chauffe progressivement la cornue jusqu'à la ramollir, et au moyen d'un dôme on maintient chaude sa partie supérieure pour que tout le mercure sublimé passe dans le récipient ; cela étant, on recueille le mercure, on le lave, le dessèche avec du papier buvard et le pèse.

Si l'on opère sur une plus forte quantité de matière, il faut employer une cornue de porcelaine, parce que celle de verre, se ramollissant, pourrait céder sous la pression du poids.

2° Essai par réduction du cinabre.

Le réactif que l'on peut employer est le fer, ou l'étain, ou le cuivre, ou le flux noir, ou un mélange de chaux éteinte à l'air et de charbon, ou de chaux sodée. Le mélange de la prise d'essai et du réactif étant introduit dans la cornue, on le recouvre d'une couche de réactif, pour que pas la moindre partie du cinabre ne se sublime sans avoir été décomposée ; ensuite on adapte le récipient et on chauffe la cornue comme il est indiqué plus haut.

Quand on emploie du flux noir, le dégagement d'acide carbonique sert à balayer l'appareil.

Lorsqu'il y a des pyrites dans la prise d'essai, on augmente la quantité des réactifs; il va sans dire que si du mercure restait attaché à l'intérieur de la cornue, on devrait l'en faire sortir au moyen d'une barbe de plume ou en brisant le col.

3° Pour déterminer le mercure contenu dans les Azotates, les iodures et les autres sels de mercure, on a conseillé de les mêler avec de la tournure de cuivre et de chauffer ce mélange dans un tube à combustion auquel est adapté un condenseur à une boule pour recevoir le mercure. Au bout fermé du tube est placé du bicarbonate sodique, puis du cuivre, ensuite le mélange mercuriel avec le cuivre, enfin de la tournure de cuivre : on chauffe d'avant en arrière, jusqu'à cessation de toute vapeur, alors on chauffe le bicarbonate sodique, pour que son acide carbonique balaie l'appareil, et puis on pèse le mercure obtenu.

4° Procédé de Rose pour doser le mercure contenu dans l'iodure.

Iodure de Mercure mélangé avec 8 à 10 parties de cyanure potassique, additionné lui-même du double de son poids de chaux (pour empêcher sa fusion), et que l'on traite de la manière suivante :

Dans un tube de verre résistant et fermé par un bout, on introduit une couche de carbonate Magnésique, puis l'iodure mélangé avec le cyanure potassique et la chaux, encore du cyanure potassico-calcique avec lequel on a rincé le mortier, enfin une couche de carbonate Magnésique ; cela fait, on adapte un tube récipient, contenant un peu d'eau, afin de laver le mercure et de dissoudre les alcalis qu'il aurait entraînés. Alors on chauffe le tube à combustion de la manière indiquée plus haut, et lorsque l'acide carbonique en a balayé l'intérieur, on cesse de chauffer, on détache le récipient, on en retire le mercure, qu'on dessèche et qu'on pèse.

Comme il est rare de trouver un tube à combustion assez résistant pour supporter la température nécessaire à la décomposition du carbonate Magnésique, nous conseillons d'employer un tube ouvert aux deux bouts et de le faire traverser constamment par un courant d'acide carbonique sec.

5° ESSAI POUR CINABRE.

On essaie aussi les minerais de Mercure pour savoir combien ils contiennent de sulfure de Mercure réel, ce qui s'appelle *essai pour cinabre*.

Pour cela, on chauffe le minerai pulvérisé dans une cornue de verre sans addition : les substances sublimables se condensent dans le col, et on les pèse après avoir coupé celui-ci ; en chauffant ensuite le col de verre qui contient le sublimé on en expulse ce dernier, et en le repesant, la perte de poids fait connaître la quantité de cinabre.

Mais comme il y a fréquemment présence de calcaire dans le minerai, ou quelquefois de matière bitumineuse, une certaine quantité de sulfure mercurique est réduite et la diminution de poids n'en fait pas connaître la totalité. Pour arriver à quelque chose de précis, il faut traiter, au préalable, la prise d'essai par de l'acide acétique, ou nitrique ou chlorhydrique, afin d'enlever le calcaire, et puis par de l'eau bouillante et des décantations pour ne laisser que le minerai de mercure, qu'on chauffera dans un appareil à sublimation. Un courant d'azote dégagé pendant la chauffe, peut aussi empêcher la réduction du cinabre.

PRODUITS D'USINES.

Ces produits sont le mercure du commerce, le résidu du traitement du minerai, les suies et le vermillon.

Le *mercure du commerce* est parfois falsifié avec du plomb, du zinc, de l'étain et un peu de bismuth; ce dernier, presqu'aussi cher que le mercure, lui est ajouté pour corriger la traine allongée que font les gouttes de mercure versées sur du papier blanc, ce qu'on exprime en disant que le mercure *fait la queue*.

Les *résidus* contiennent ordinairement de l'argile, de la chaux, du manganèse, du fer, de l'eau et de l'acide carbonique provenant du calcaire.

Les *suies* contiennent du mercure libre, du chlorure et du sulfure de mercure, de la chaux, de l'ammoniaque, de l'acide sulfurique et du charbon, etc. ; leur composition varie comme on le comprend bien.

Le *vermillon* est le composé mercuriel le plus falsifié : il peut contenir des oxydes *ferrique* et *plombique* (minium), de la brique pilée, du *chromate biplombique*, du *sang dragon*, du *réalgar ou d'autres substances rouges*.

On peut déterminer la valeur de ces fraudes par la voie sèche, et surtout au moyen de la chaux cyanurée ; mais pour plus de précision, il est préférable d'opérer par la voie humide, la chose en vaut la peine.

ANALYSE DU MERCURE PAR LA VOIE HUMIDE : $Hg = 200$.

Notions préliminaires.

Le mercure peut être dosé à l'état métallique, ou de chlorure mercureux, ou de sulfure mercurique, ou d'oxyde, ou par différence :

1° *A l'état métallique* — on obtient d'assez bons résultats en réduisant les dissolutions de mercure par le chlorure stanneux. La dissolution ne doit pas contenir d'acide nitrique (qui produirait de l'oxyde stannique), qu'on expulse par l'évaporation à siccité et la reprise par l'eau et le chloride hydrique en excès; cela fait, on verse une solution bien claire de chlorure stanneux neutre dans la dissolution mercurielle, et on fait bouillir, tant pour opérer la réduction que la réunion des globules en une seule masse. Alors on laisse refroidir en vase clos, et après l'éclaircissement de la liqueur on décante, on lave le mercure, d'abord avec de l'eau aiguisée de chloride hydrique, puis avec de l'eau pure. Il est prudent de ne pas jeter la liqueur décantée parce qu'elle peut encore fournir un peu de mercure par un long repos. Le mercure est mis dans un petit creuset de porcelaine taré, puis desséché avec précaution et pesé.

Quel que soit le degré de combinaison de la dissolution mercurielle, ce procédé peut être suivi; il permet même de doser le mercure contenu dans les composés insolubles de ce métal, excepté le sulfure.

2° *A l'état de chlorure mercureux* — Procédé de Rose. Au moyen de l'acide sulfureux, ou d'un formiate alcalin, ou de l'acide phosphoreux. Ce dernier réactif est préférable aux deux premiers, parce que son action n'est pas entravée par la plupart des autres corps.

L'acide phosphoreux à employer est celui qui se produit spontanément lorsqu'on abandonne pendant quelque temps du phosphore dans une atmosphère saturée d'humidité : il contient plus ou moins d'acide phosphorique, lequel est sans inconvénient et lui a fait donner le nom d'acide phosphatique.

Pour opérer, on additionne d'abord la dissolution mercurielle de chloride hydrique (si elle n'en contient pas), et on y verse ensuite la solution d'acide phosphoreux. Si la dissolution est très-étendue et qu'on laisse réagir à la température ordinaire, ce n'est qu'au bout de 12 heures environ que tout le mercure en est séparé à l'état de chlorure mercureux ; mais une légère élévation de température, qui ne doit pas dépasser 60° (parce qu'on aurait plus ou moins de mercure réduit), accélère la précipitation. Le dépôt du précipité et la filtration se font beaucoup mieux quand la dissolution contient du chloride hydrique libre ; on lave le précipité, on le dessèche à 100° et on le pèse : 1 gr. = 0,8495 de mercure et 0,1505 de chlore.

La présence d'une faible quantité d'acide nitrique, ou de chlorures alcalins, n'empêche pas l'exactitude de ce procédé, et par l'emploi de l'acide phosphoreux on peut continuer à séparer les autres métaux de la dissolution.

3° *A l'état de sulfure.* — La dissolution mercurique ne renfermant pas du tout d'acide nitrique, est acidulée par un peu de chloride hydrique, si elle n'en contient déjà, puis *sursaturée* par du sulfide hydrique, parce que les dissolutions mercuriques précipitent d'abord en blanc, et seulement en noir par un excès de sulfide hydrique ; on obtient ainsi tout le mercure à l'état de sulfure.

Si la dissolution contient de l'acide nitrique, on y verse de la potasse en quantité suffisante pour neutraliser *presque* tout l'acide, dont la réaction doit être encore sensible, puis on y ajoute une solution bien limpide de cyanure potassique, et on y fait arriver un courant de sulfide hydrique en excès ; ensuite on l'abandonne au repos en vase couvert. Dès que le précipité est bien rassemblé, on le reçoit dans un filtre taré, on le lave rapidement à l'eau froide, on le dessèche à 100° et on le pèse : 1 gr. = 0,862 de mercure et 0,138 de soufre. On peut également faire usage d'une solution incolore de sulfhydrate ammonique.

Si le précipité de sulfure mercurique contient du soufre, ce qui arriverait s'il y avait de l'acide nitrique libre ou de l'oxyde ferrique, il faut l'introduire avec le filtre dans un petit ballon, le chauffer avec du chloride hydrique, puis y verser goutte à goutte de l'acide nitrique et continuer de chauffer jusqu'à ce que le soufre ait pris une teinte jaune ; alors on étend d'eau, on filtre pour séparer le soufre, puis on reprécipite de nouveau le mercure par du sulfide hydrique.

On a conseillé, pour séparer le soufre d'avec le sulfure de mercure, de faire bouillir celui-ci avec du sulfide sodique ou du sulfide carbonique, qui dissolvent le soufre libre.

Si la dissolution est mercureuse, il peut arriver que le précipité soit formé de sulfure mercurique et de mercure réduit ; dans ce cas, pour connaître la quantité de tout le mercure, il faut introduire le précipité dans un petit matras avec une solution très-étendue de potasse caustique et y faire passer un courant de chlore, en agitant souvent et chauffant modérément. Lorsque la liqueur est devenue acide la dissolution est opérée ; on la filtre et on la précipite par de l'acide phosphoreux, comme il a été indiqué.

4° *A l'état d'oxyde.* — Ce dosage s'applique aux combinaisons de l'oxyde mercurique avec les composés oxygénés de l'azote : le sel à analyser est introduit dans un tube à une boule, que l'on met en communication par un bout avec un courant d'air sec, alors que l'autre bout recourbé et effilé plonge dans de l'eau. On chauffe le sel jusqu'à ce qu'il ne dégage plus de gaz, mais de façon à ne pas décomposer l'oxyde mercurique, qu'on pèse après le refroidissement.

Il est bien entendu qu'il ne doit pas y avoir d'autres oxydes.

5° *Par différence :* En chauffant tous les composés volatils du mercure, ou les amalgames, et repesant le résidu fixe, on connaît la quantité du mercure par la diminution de poids.

ANALYSE DU CINABRE.

Pour le dissoudre on peut employer plusieurs moyens :

1° Par l'acide nitrique fumant en prolongeant l'attaque pendant plusieurs heures.

2° Ou bien l'eau régale, évaporer à siccité et reprendre la masse par de l'eau acidulée de chloride hydrique.

Si les gangues qui accompagnent le cinabre sont solubles dans l'acide chlorhydrique ou acétique étendus, on les enlèvera préalablement, et non par l'acide nitrique, qui dissoudrait le mercure libre ou l'oxyde que pourrait contenir le minerai.

3° Ou encore, en suspendant le cinabre finement divisé dans une solution de potasse ou de soude caustique et le traitant par un courant de chlore à une douce chaleur jusqu'à dissolution complète ; alors on fait bouillir un peu, pour expulser l'excès de chlore et l'on filtre.

4° Ou enfin, d'après M. Rodolphe Wagner : on met digérer la prise d'essai finement divisée dans de l'eau contenant 3 p. % de Brome, ou dans une solution de 13 parties de Brome pour 100 de chloride hydrique. Au bout de quelques jours et des agitations souvent répétées, la dissolution est complète, comme l'indique l'équation suivante :

$$HgS + 8Br + 4H^2o = HgBr^2 + So^5H^2o + 6BrH.$$

On évapore à siccité pour éliminer l'excès de Brome, d'acide chlorhydrique et rendre la silice insoluble ; on reprend par de l'eau, on filtre et précipite la dissolution bien claire par le sulfide hydrique ; le sulfure Mercurique est ensuite dosé par l'un ou l'autre des procédés décrits.

DOSAGE DU MERCUREUX ET SA SÉPARATION D'AVEC LE MERCURIQUE.

La dissolution mixte étant très-étendue, on y verse du chloride hydrique, qui précipite tout ce qui est mercureux à l'état de chlorure ; on reçoit celui-ci dans un filtre taré, on le lave, le dessèche à 100° et le pèse : 100 parties contiennent 84,95 de Mercure et 15,05 de chlore.

PRODUITS D'USINES DU MERCURE.

Le Mercure du commerce peut contenir du Plomb, ou du zinc, ou de l'étain, ou un peu de Bismuth, et plus rarement de l'Argent.

Pour en faire l'analyse quantitative, on en dissout une certaine quantité dans de l'acide Nitrique, on évapore à siccité, puis on reprend la masse par de l'eau acidulée d'acide Nitrique, qui redissout tout, excepté l'oxyde stannique, qu'on filtre, lave, dessèche, grille avec addition d'un peu d'acide Nitrique et pèse ; par le calcul on connaît la quantité d'étain.

Dans la dissolution contenant le Plomb, le Zinc, le Bismuth et l'Argent, on verse un léger excès de carbonate sodique, puis du cyanure potassique, également en excès et l'on chauffe : le Mercure et l'Argent restent en dissolution à l'état de cyanure mercurico-potassique et de cyanure Argentico-potassique, tandis que le Plomb, le Zinc et le Bismuth sont précipités à l'état de carbonates, qu'on recueille dans un filtre et lave avec soin. D'autre part, on verse de l'acide Nitrique goutte à goutte dans la dissolution pour précipiter le cyanure Argentique qu'on filtre ; enfin on précipite le Mercure de la liqueur claire par un courant de sulfide hydrique. Après un repos suffisant, on filtre le sulfure mercurique, on le lave parfaitement, puis on le dose sous l'un des états que nous avons fait connaître.

Le triple précipité des carbonates plombique, zincique et bismuthique est redissous par de l'Acide Nitrique étendu, et la dissolution est additionnée d'acide sulfurique très-dilué, afin d'en précipiter tout le Plomb à l'état de sulfate (voir à l'article Plomb) ; ensuite on sépare le Bismuth d'avec le Zinc par un courant de sulfide hydrique, ou par un excès d'ammoniaque, et on achève comme il a été indiqué.

SÉPARATION DU MERCURE D'AVEC LE CUIVRE ET LE CADMIUM.

Le meilleur procédé consiste à traiter la dissolution exempte d'acide Nitrique, par l'acide Phosphoreux produit spontanément, lequel précipite tout le mercure à l'état de chlorure Mercureux et non les deux autres métaux.

Les résidus et les suies seront analysés par l'un ou l'autre des procédés que nous avons décrits et selon leur composition respective.

Le vermillon sera traité par de l'acide chlorhydrique étendu et la chaleur, pour lui enlever les oxydes ferrique et plombique, et laisser le vermillon intact, qu'on dosera après dessiccation. Quant au sulfure d'Arsenic, on pourra l'enlever au moyen de l'ammoniaque ou de l'acide nitrique à chaud, lequel dissoudra également le chromate de Plomb basique; la brique pilée étant fixe à la chaleur et insoluble dans les acides, on pourra la séparer du vermillon en sublimant celui-ci.

On peut encore séparer le vermillon d'avec le minium, en traitant le mélange par une solution chaude d'acide oxalique dans l'acide Nitrique très-étendu : il se dégage de l'acide carbonique, il se forme de l'Azotate plombique soluble, et le sulfure mercurique reste insoluble ; on le pèse après lavage et dessiccation.

DOSAGE VOLUMÉTRIQUE DU MERCURE.

1° En versant une solution titrée de chlorure stanneux dans la dissolution mercurique chauffée et exempte d'acide Nitrique, jusqu'à cessation de dépôt de mercure réduit, et repêchant les divisions de chlorure stanneux mises en trop, au moyen d'une solution normalisée de bichromate potassique. Il est bien entendu qu'il ne faut pas qu'un autre corps capable d'agir sur le chlorure stanneux existe dans la dissolution de Mercure; ce procédé est donc peu applicable.

2° En versant une solution titrée de chlorure ferroso-Ammonique, ou de sulfate ferroso-Ammonique, ou de chlorure ferroso-sodique, dans la dissolution étendue de chlorure Mercurique, jusqu'à cessation de précipité blanc de chlorure Mercureux; le nombre des divisions employées fait connaître la quantité de mercure contenue dans la prise d'essai.

Si l'on a affaire à un sel mercurique oxydé, il faut l'évaporer à siccité avec un excès de chloride hydrique, puis le redissoudre afin d'avoir le mercure à l'état de chlorure.

Il ne faut pas qu'il y ait du Plomb, ou de l'Argent, ou un autre corps réductible.

Viennent ensuite le *Palladium*, l'*osmium*, le *Rhodium*, et le *Ruthénium* ; mais comme ces métaux sont alliés naturellement au Platine et qu'ils constituent avec lui ce qu'on appelle les *minerais de Platine*, nous traiterons de leur séparation et de leur dosage à propos de ce dernier métal.

DOCIMASIE DU PLOMB.

On trouve dans la nature beaucoup d'espèces minérales qui contiennent du plomb, mais il y en a peu qu'on puisse considérer comme minerais; parmi elles on a la *galène*, qui est le minerai le plus abondant et qui fournit au commerce la plus grande quantité de plomb ; la *céruse*, ou carbonate plombique, existe aussi dans la nature et accompagne très-souvent la *galène*, dont elle provient par suite d'une altération à l'air. Il y encore la *pyromorphite* ou *chloro-phosphate plombique*, qu'on n'a pas rencontrée en assez grande quantité pour l'exploiter ; lorsqu'elle renferme de l'antimoine, on l'appelle *targionite* ; quand c'est de l'arsenic on la nomme *steinnannite*.

L'un des plus beaux filons de galène est celui du *Bleyberg*, dont le nom signifie *montagne de plomb* ; la mine de plomb du comté de Davidson, dans la Caroline du Nord, aux Etats-Unis, est très-riche en argent et en or. Toutes les galènes contiennent de l'argent, et les pyrites qui les accompagnent sont quelquefois aurifères : l'or y est disséminé à l'état métallique à ce qu'il paraît.

Sous le rapport des essais par la voie sèche, on divise les minerais de plomb en deux classes : les sulfurés et *les oxydés*. Leurs gangues peuvent être le quartz, le calcaire, la dolomie, la barytine ou un feldspath.

Observation. — Le plomb et son sulfure étant sensiblement volatils, il s'ensuit que l'essai par la voie sèche sera d'autant moins exact qu'on aura opéré à une plus haute température *longtemps soutenue*; d'après cela le réductif qui agira le plus rapidement devra être préféré. Ces essais peuvent se faire dans de petits fourneaux de calcination, ou dans le fourneau à vent; mais dans ce dernier cas, on emploie un creuset de fonte et on ne l'y laisse que 12 à 15 minutes au plus, l'expérience ayant démontré que la perte est moindre lorsqu'on chauffe rapidement et tout d'un coup.

Il existe beaucoup de procédés pour faire l'essai des minerais de plomb par la voie sèche, parce que suivant qu'on veuille opérer pour en retirer l'argent ou le plomb, que les galènes sont antimoniales ou non, ou qu'on opère à une température moyenne, ou à une température élevée, il faut varier les procédés. Nous allons décrire les principaux.

A. — *Essais à une température moyenne des minerais de la première classe.*

1° *Procédé de M. Levol.* — On chauffe progressivement, jusqu'au rouge-cerise dans un creuset de terre, un mélange fait de 15 parties de Galène, d'autant de cyanure ferroso-potassique anhydre et de 8 parties de cyanure potassique fondu, dont on réserve une petite quantité pour recouvrir le mélange.

Au bout d'une heure de chauffe, on retire le creuset du feu, on le laisse refroidir, puis on le fend longitudinalement pour en retirer le culot total; on plonge celui-ci dans de l'eau chaude légèrement acidulée de chloride hydrique, pour dissoudre et en séparer la scorie, ce que l'on achève en le martelant ensuite ; lorsque le culot de plomb est parfaitement nettoyé et essuyé avec du papier buvard, on le pèse.

D'après les expériences de l'auteur, on retire en moyenne 84,5 de plomb d'une galène pure, laquelle en contient 86,611. Ce procédé peut être employé pour essayer les galènes qui contiennent de la blende ou des pyrites, mais pas pour les *Galènes antimoniales*, parce que l'antimoine réduit aussi s'allie au plomb : l'auteur en a constaté jusqu'à 7 p. c.; dans ce cas, il ne faut pas employer un réductif contenant du fer.

2° *Pour les galènes antimoniales.* On mêle 15 gr. de galène avec 60 gr. de carbonate sodique, ou de flux-noir, ou de crême de tartre; on introduit ce mélange dans un creuset de terre, on le recouvre avec un peu de flux et on chauffe progressivement dans un fourneau ordinaire, le creuset étant découvert, afin que l'accès suffisant de l'air empêche la formation d'une certaine quantité de sulfate double plombico-potassique. – On chauffe lentement et graduellement pour éviter des projections, qui seraient dues au dégagement trop vif de l'acide carbonique, et l'on continue jusqu'à liquéfaction parfaite de la masse, qu'on maintient dans cet état pendant 20 à 25 minutes. Alors on retire le creuset du fourneau, on le laisse refroidir et on achève l'essai comme plus haut. Dans le cas présent, l'antimoine est resté en combinaison avec la soude.

Quand l'essai a bien réussi, la galène peut donner de 75 à 80 % de plomb; mais avant de conclure le marché, il convient de faire plusieurs essais en variant la qualité et les quantités du fondant, selon la proportion de stibine contenue dans le minerai.

3° *Pour les galènes argentifères* — on mêle 15 gr. du minerai avec 45 de carbonate sodique bien sec et 4 gr. et 1/2 de nitre fondu, ou d'azotate sodique (l'azotate doit être concassé en grains et non en poudre, parce qu'il agirait trop vite et trop énergiquement). Le mélange étant mis dans un creuset de terre, on le recouvre d'une couche de chlorure sodique décrépité et de 8 millimètres d'épaisseur environ (afin d'empêcher la volatilisation de l'argent), on ferme le creuset et puis on le chauffe lentement jusqu'au rouge blanc. On obtient, de la sorte, le plomb qui renferme tout l'argent et qu'on peut coupeler ensuite.

Si l'on mettait trop de nitre, le soufre ne serait pas seul oxydé, mais aussi plus ou moins du plomb, qui serait transformé en sulfosel, tandis qu'une petite quantité de nitre détruit le sulfosel, ou en empêche la formation, et met ainsi le plomb en liberté.

Par ce procédé on ne retire que 78 °/. environ de plomb, mais il renferme tout l'argent qui était contenu dans la galène.

B. — ESSAIS A UNE TEMPÉRATURE ÉLEVÉE.

Ces essais s'exécutent au moyen d'un creuset de fonte qu'on chauffe dans un fourneau de forge ou dans un fourneau à réverbère ; mais on ne peut employer les cyanures comme réductifs, parce qu'ils attaquent le creuset de fer.

D'après le docteur Percy, voici comment on essaie les galènes dans les usines à plomb en Angleterre.

1° D'une part, on chauffe dans un fourneau à réverbère un creuset de fonte d'un demi-litre de capacité, d'un centimètre d'épaisseur environ et fermé par un couvercle de terre réfractaire ; d'une autre part, on fait un mélange avec 15 gr. de galène, 15 de carbonate sodique sec et 10 de tartre ; on l'introduit dans un double cornet de gros papier, on le recouvre de 4 à 5 gr. de borax fondu et pulvérisé, et on ferme le double cornet. Lorsque le creuset est chauffé au rouge vif, on y fait glisser (sans le retirer du feu et au moyen d'une main de cuivre) le cornet de papier et on replace le couvercle de terre réfractaire sur le creuset. Au bout de dix à douze minutes, on découvre le creuset, et, si tout y est en fusion bien tranquille, qu'on n'aperçoive plus des points de galène à la surface du bain, on le retire du feu, on le frappe de quelques coups secs contre la plaque du fourneau, pour faire descendre toutes les grenailles de plomb, puis on coule son contenu dans une lingotière conique et huilée, qu'on couvre aussitôt ([1]). Au bout de cinq à six minutes de refroidissement, on la renverse, on la frappe de quelques coups secs pour en faire sortir le culot total, dont on achève le traitement comme il a été indiqué.

Lorsque le procédé a bien réussi, on peut retirer 85 % de plomb d'une galène tout-à-fait pure ; si l'on veut obtenir le plomb le plus argentifère, on n'emploie pas de *tartre*, parce que ce réactif, agissant comme agent réductif, donne une scorie sulfurée qui retient une notable proportion d'argent.

2° *Procédés allemands*. — Galène pulvérisée, carbonate sodique sec et tartre brut, de chacun 15 gr.; le mélange étant opéré, on le met dans un double cornet de papier, on le recouvre avec 15 gr. de borax, on ferme le cornet, on l'introduit dans le creuset de la manière indiquée et on remet aussitôt le couvercle. Le reste du procédé n'offre rien de particulier à mentionner.

Si l'on a du flux noir, on peut l'employer en lieu et place du carbonate sodique et du Tartre.

Observations. — Dans ces essais, si le creuset n'a pas été chauffé assez fortement, il y restera plus ou moins de Plomb par adhérence ; pour l'en retirer, on y mettra un peu de

---

([1]) Le creuset ne doit pas rester plus de 15 minutes en tout dans le feu, parce que la perte en plomb est plus considérable à la fin du procédé qu'au commencement.

carbonate sodique et du Borax, on rechauffera jusqu'à liquéfaction complète, puis on coulera dans la lingotière; cela s'appelle *rincer le creuset*.

Quand la Galène contient de la Blende ou de la Stibine, la perte en plomb est plus grande qu'en l'absence de ces espèces minérales.

Les essais de Plomb sont réussis lorsque la scorie ne renferme pas des grenailles de Plomb ; et dans les essais *pour Argent*, la scorie ne doit pas dégager du sulfide hydrique par le chloride hydrique, car cela indiquerait qu'elle retient du sulfure d'Argent à l'état de sulfosel.

ESSAIS DES MINERAIS DE LA SECONDE CLASSE.

Les minerais de la seconde classe sont : *la céruse, les oxydes de Plomb, les sulfate, Phosphate et Arséniate* ; ils sont beaucoup plus rares que les minerais de la première classe; on peut aussi les essayer à une température moyenne, ou à une température élevée.

A. *Essais à une température moyenne.*

1° *Par le procédé Levol* — voir le premier procédé.

2° Par les procédés suivants indiqués, par le Dr Percy :
Pour la céruse et les oxydes. En chauffant dans un creuset de terre un mélange formé de 30 gr. du minerai, d'autant de carbonate sodique sec, de 6 gr. 1/2 de Tartre, et le recouvrant de 1,02 gr. de Borax. La chauffe et le reste du procédé s'exécutent comme aux premiers essais.

3° *Pour les sulfate, Phosphate et Arséniate.* Le mélange, formé de 20 gr. de minerai, 23 de carbonate sodique, 6 et 1/2 de tartre et recouvert de 2 gr. de Borax, est chauffé dans un creuset de terre et agité constamment pendant la fusion avec une lame de fer, comme agent de réduction, surtout quand le minerai est Arséniaté. Après la liquéfaction complète et le refroidissement, on brise le creuset et on achève la détermination du plomb comme il a été indiqué.

B. *Essais à une température élevée.*

On peut faire les essais des oxydes de plomb et de la céruse non sulfatée, dans un creuset de fonte à une haute température et en procédant comme pour les Galènes; seulement on n'emploiera que la moitié de Borax.

PRODUITS D'USINES DU PLOMB.

Les produits artificiels du Plomb sont nombreux ; ce sont :

1° *Le Plomb du commerce*, dont il y a plusieurs variétés, et qui contient ou de l'Argent, ou du cuivre, ou de l'Antimoine, ou du zinc, ou de l'étain, ou du fer, ou du soufre, ou de l'Arsenic ; celui qui contient de l'argent est appelé *Plomb d'œuvre.*

2° *Les Alquifoux.* — Sables plombifères employés à vernisser les poteries communes; ils ont une composition extrêmement variée, et contiennent de la Galène, du carbonate plombique, ou de la Pyrite, ou de la Blende et du sable.

3° *Les mattes* ou sulfures-multiples ; ce sont des combinaisons de divers sulfures au minimum de sulfuration ; quelquefois aussi, ce sont des Arsénio-sulfures ; dans ce cas, et quand elles sont peu sulfurées, on les appelle *Speiss* ou *Speises*, c'est-à-dire des alliages qui se forment pendant la réduction de la Galène. Par *cadmies*, on désigne des Plombs qui contiennent du zinc, de l'Antimoine et de l'Arsenic.

4° *Les Scories*, dont on distingue des silicatées, des sulfatées et des Phosphatées.

5° *Les Abstrichs* ou *Abzugs* sont des litharges brutes, plus ou moins impures : elles sont composées d'oxyde de Plomb et de ceux de tous les métaux qui accompagnaient e Plomb dans les minerais ; on y rencontre assez souvent de l'Antimoine, de l'Arsenic, des traces d'Argent et de Cuivre. C'est la présence de l'Argent qui a fait donner le nom de *Litharge* à l'oxyde de Plomb.

6° *Les fumées des fourneaux*, c'est-à-dire les matières qui se déposent dans les cheminées, et qui contiennent divers métaux, du soufre et de l'Arsenic.

7° Comme produits commerciaux, on a la *Litharge*, le *Massiot*, le *Minium* et la *Céruse*.

Les trois premiers peuvent être falsifiés avec de la brique pilée, ou du Colcothar et d'autres matières de moindre valeur ; la céruse peut contenir de la craie, de la Barytine, du blanc de zinc, etc.

L'essai du Plomb et de ses alliages avec les métaux usuels ne peut s'exécuter par la voie sèche ; celui des autres produits d'usines peut, jusqu'à un certain point, se faire assez exactement par l'un ou l'autre des procédés indiqués ; cependant on conçoit qu'ils ne seront pas extrêmement exacts, vu la complexité de ces produits et les minimes quantités des corps étrangers y contenus. La voie humide, au contraire, permet d'arriver à des résultats très-précis et est la seule qui convienne pour analyser les produits commerciaux.

ANALYSE DU PLOMB PAR LA VOIE HUMIDE : $Pb = 207$.

Notions préliminaires.

Le Plomb peut être précipité complétement de ses dissolutions par l'acide sulfurique ou les sulfates neutres, par le sulfide hydrique ou les sulfures, par l'oxalate ou le carbonate Ammonique, par le bichromate potassique, ou par l'électrolyse. En outre, le chlorure Plombique étant presque insoluble dans l'eau froide, et tout-à-fait dans l'alcool, il peut aussi servir à doser le Plomb.

1° Le plus souvent, on précipite le Plomb à l'état de sulfate, en ayant le soin d'étendre suffisamment d'eau l'acide sulfurique, parce qu'on a reconnu que le sulfate plombique est plus soluble dans un excès d'eau que dans l'acide sulfurique étendu, et que, dans ce cas, un huitième d'alcool du volume de la dissolution suffit. Si l'on craint d'avoir mis trop d'acide sulfurique, dans lequel le sulfate plombique se dissout, on évapore à siccité au bain-marie et l'on reprend par de l'eau froide, un peu alcoolisée, afin d'avoir tout le sulfate plombique indissous.

Après avoir ajouté petit à petit l'acide sulfurique étendu à la dissolution, on y verse un peu d'alcool, on agite parfaitement et l'on abandonne le vase au repos, jusqu'à complet éclaircissement de la liqueur.

L'emploi du sulfate potassique ou du sodique donnerait lieu à du sulfate plombico-potassique ou sodique plus ou moins soluble, et ne fournirait pas tout le Plomb ; cet inconvénient ne se produit pas avec le sulfate ammonique employé en solution étendue, lequel ne rend pas la dissolution acide.

Le précipité de sulfate plombique après avoir été lavé le plus possible à l'eau froide, est mis dans un filtre taré, encore lavé à l'eau froide alcoolisée, desséché jusqu'à ce qu'il ne diminue plus de poids et pesé.

L'expérience nous a démontré que lorsqu'on grille le sulfate plombique seul et le filtre à part, celui-ci brûle avec une flamme bleue, claire, qui indique que du plomb se volatilise ; il est donc préférable de se contenter de la dessiccation : 100 p. de sulfate Plombique = 72,13 de Plomb.

2° La détermination du Plomb sous l'état de sulfure, exige

certaines précautions et ne peut se pratiquer dans tous les cas : si la dissolution *neutre* ne contient que du Plomb précipitable par le sulfide hydrique, on fait usage de celui-ci, on recueille le sulfure plombique, on le lave, le dessèche à une douce chaleur et le détache le plus possible du filtre, qu'on brûle ; ses cendres sont ensuite ajoutées au sulfure plombique, ainsi qu'une petite quantité de soufre, et le mélange est fondu dans un creuset de porcelaine sous un courant d'hydrogène ; après le refroidissement on pèse le sulfure plombique, dont 100 p $=86,611$ de Plomb et $13,389$ de soufre.

Observations. — Bien que la dissolution ne renferme pas de métal précipitable, *théoriquement*, d'une dissolution acide par le sulfide hydrique, on ne peut pas se fier la dessus, pour admettre qu'il en sera absolument ainsi ; d'autre part, la liqueur contenant de l'acide Nitrique, celui-ci aura décomposé une certaine quantité de sulfide hydrique, dont le soufre sera ajouté au sulfure plombique et produira une erreur ; voilà pourquoi il faut procéder comme nous l'indiquons.

La présence de l'acide chlorhydrique, ou sulfurique ou Nitrique (libre), empêche que la précipitation du sulfure plombique soit complète : il se précipitera en même temps du chlorure, ou du sulfate plombique, ou bien, par la présence de l'acide Nitrique libre, il se redissoudra du sulfure plombique et il se précipitera du soufre comme il vient d'être dit. Dans ces cas, il faut saturer l'acide par de l'Ammoniaque, ou faire usage du sulfhydrate Ammonique.

Comme il peut se faire qu'on doive employer le sulfide hydrique pour précipiter le plomb d'une dissolution qui renferme, en outre, d'autres métaux précipitables par ce réactif, voici comment on procède ensuite à la séparation du plomb : le précipité de tous les sulfures étant bien lavé dans le filtre et égoutté, est traité par de l'acide Nitrique ; à cet effet on peut opérer de deux façons, selon que les autres métaux accompagnant le sulfure plombique se comporteront avec l'Acide Nitrique : ainsi le sulfure plombique chauffé avec de l'Acide Nitrique fumant, puis un peu du sulfurique, jusqu'à siccité et même légèrement calciné, laissera du sulfate plombique insoluble, qu'on dosera comme précédemment ; mais s'il y a de l'étain ou de l'Antimoine, il se formera de l'oxyde stannique ou Antimonique insolubles aussi, et, par conséquent, inséparables du sulfate plombique. Dans ce cas, il faut trouer le filtre contenant les sulfures, le laver parfaitement, puis traiter le précipité par de l'Acide Nitrique étendu et à une douce chaleur, afin de dissoudre tout le sulfure plombique à l'état d'Azotate et de laisser indissous l'étain ou l'Antimoine, qu'on sépare par la filtration. Ensuite la dissolution plombique sera précipitée par de l'acide sulfurique étendu, et etc. Les métaux accompagnant le sulfure plombique, autres que l'étain et l'antimoine, pourront se dissoudre aussi à l'état de nitrates, mais ils ne seront pas ensuite précipités par l'acide sulfurique.

3° *a*. Par l'oxalate Ammonique. — La dissolution plombique doit être neutre, pas alcaline et exempte de sels ammoniacaux ; dans ces conditions, on y verse de l'oxalate ammonique jusqu'à cessation de précipitation et on l'abandonne au repos jusqu'au lendemain ; alors on s'assure, par un peu du réactif, que tout le plomb est précipité, on filtre, on lave l'oxalate plombique avec de l'eau ammoniacalisée, on le dessèche, on le grille, le filtre à part, et, après avoir ajouté les cendres au précipité, on arrose celui-ci avec un peu d'acide Nitrique et on continue de chauffer jusqu'à cessation de dégagement de vapeur et qu'il reste l'oxyde plombique, qu'on pèse : 100 p = 95,85 de Plomb. Même observation que précédemment par rapport au grillage.

b. Par le carbonate ammonique. — C'est le sesquicarbonate ammonique dissous d'abord dans de l'eau, puis additionné du tiers de son poids d'ammoniaque caustique,qu'on verse dans la dissolution plombique neutre jusqu'à ce qu'il cesse d'y produire un précipité. Alors on chauffe modérément et on abandonne le vase à un repos suffisant pour que tout le carbonate plombique se rassemble bien ; ensuite on le reçoit dans un filtre taré, on le lave complétement, on le dessèche jusqu'à ce qu'il ne diminue plus de poids (pendant 24 h. environ) et on le pèse.

4° Par le bichromate potassique. — La dissolution plomblique étant bien neutre (si elle contient de l'acide nitrique libre, il faut y ajouter un excès d'acétate sodique), on l'acidule franchement par de l'acide acétique, puis on y verse un excès de bichromate potassique et on l'abandonne à un repos suffisant. Ensuite on reçoit le précipité dans un filtre taré, on le lave à l'eau tiède, on le dessèche à 100° et on le pèse.

5° Par l'électrolyse. — En plongeant une lame de zinc, ou de cadmium ou de magnésium dans la dissolution plomblique.

D'après nos expériences, le magnésium convient mieux que les deux autres métaux, et voici comment il faut opérer.

Les dissolutions plombiques qui se prêtent le mieux à la précipitation de ce métal sont celles du chlorure et de l'acétate neutres, très-claires et très-étendues ; or, l'acétate se troublant ordinairement par une grande quantité d'eau, il faut y ajouter une ou deux gouttes d'acide acétique avant d'y plonger la lame de magnésium,car celui-ci ne la réduit pas complétement lorsqu'elle est trouble, et alors le dosage du plomb est inexact. Lors donc qu'on se place dans les conditions que nous venons d'indiquer, le plomb est si complétement précipité de ces deux dissolutions au bout de quelques minutes, qu'après les avoir filtrées, elles ne donnent pas même de coloration avec l'iodure potassique, ni avec le sulfhydrate ammonique.

6° *Par le chloride hydrique concentré.* — Indiquons d'abord une particularité importante du chlorure plombique : celui-ci se dissout dans 121 parties d'eau à la température ordinaire ; mais si l'on ajoute à l'eau 15 p. c. de chloride hydrique, elle n'en dissout plus que 0,716 p. c.; moins ou plus de chloride hydrique ajouté à l'eau, fait que celle-ci dissout davantage de chlorure plombique.

Cela étant connu, voici comment on procède à cette précipitation.

Le plomb étant en dissolution neutre, obtenue par l'acide nitrique ou, préférablement, par l'acide acétique, on y verse petit à petit du chloride hydrique concentré, puis une grande quantité d'alcool et on abandonne le vase couvert à un repos suffisant ; lorsque la liqueur est bien éclaircie, on y verse de nouveau un peu de chloride hydrique, qu'on répartit dans le liquide surnageant, et l'on attend encore quelque temps, afin de s'assurer que tout le chlorure plombique est précipité. On peut ensuite le recevoir dans un filtre taré, le laver avec de l'alcool absolu, le dessécher et le peser ; mais on comprend bien que le dosage du plomb sera dans ce cas moins précis que celui obtenu par les procédés précédents.

ANALYSES SPÉCIALES.

Nous commencerons par l'analyse de la galène, en rappelant que son véritable dissolvant, l'acide nitrique, peut agir de deux façons différentes, suivant qu'il est étendu, ou qu'il est fumant : Dans le premier cas, l'acide nitrique étendu, en agissant sur la galène à une température inférieure à l'ébullition, la transforme en nitrate plombique dissous et précipite le soufre en nature ; dans le second cas, celui de l'acide nitrique fumant et à l'ébullition, la galène et son soufre sont complétement transformés en sulfate plombique insoluble. On procédera donc à l'attaque de la galène d'après ce qu'on voudra la dissoudre ou non pour la séparer d'avec d'autres corps.

Dans l'immense majorité des cas, il est préférable de dissoudre la galène, et c'est pourquoi nous avons imaginé le procédé suivant :

Supposons une galène contenant, en outre, des sulfures de fer, de zinc, d'Antimoine et de cuivre, du calcaire et de l'Argile.

On en prendra deux grammes finement pulvérisés, qu'on mettra à digérer dans de l'eau bouillie acidulée d'acide acétique, afin d'enlever tout le calcaire. Pendant ce temps, on fera bouillir une assez grande quantité d'eau distillée pour en chasser l'air, et lorsqu'on aura séparé par décantation et plusieurs lavages tout ce qui s'est dissous dans l'acide Acétique, on traitera le restant de la prise d'essai par de l'eau chaude et de l'acide Nitrique, qu'on ajoutera peu à peu, tout en chauffant modérément sans faire bouillir, afin d'éviter la formation de sulfate plombique. Lorsque plus rien de métallique ne se montrera dans l'essai, on évaporera jusqu'à siccité, afin de rendre l'Antimoine et la silice ou l'Argile insolubles. Après une heure de repos à une chaleur modérée, on reprendra la matière par de l'eau acidulée d'acide Nitrique, on chauffera modérément pendant quelques minutes, on laissera éclaircir la liqueur, et on la filtrera en ayant le soin de garder tout le dépôt dans le vase ; s'il n'est ni suffisamment attaqué, ni blanc, on le retraitera une troisième fois par de l'acide Nitrique moins étendu, puis on étendra la dissolution et on la filtrera.

Le résidu, contenant de la silice, ou de l'Argile et de l'oxyde Antimonique (peut-être de la Pyrite ou de la Blende), sera lavé complétement à l'eau chaude et celle-ci ajoutée à la dissolution du Nitrate plombique. C'est de cette dernière, placée dans les conditions que nous avons fait connaître page 245, qu'on précipitera le Plomb sous l'état de sulfate insoluble et le séparera complétement des sulfates de fer, de zinc, de cuivre, et peut-être d'alumine, qui resteront en dissolution.

Si malgré la faiblesse de l'acide Nitrique et celle de la chaleur employée, il s'était formé un peu de sulfate plombique, il faudrait le dissoudre par du chloride hydrique chaud ou par une solution de potasse caustique ; mais comme on dissoudrait en même temps l'Antimoine, il faudrait les séparer ensuite par un excès de sulfhydrate ammonique, qui redissoudrait le sulfure d'Antimoine et non le plombique.

Quant à séparer le fer, le zinc, le cuivre et l'alumine les uns des autres, on consultera ce qui a été indiqué précédemment.

2° *Procédé de Lœwe.*—La galène est traitée à chaud par de l'acide Nitrique, qui donne lieu à du Nitrate plombique soluble et à du sulfate insoluble. Ensuite on filtre cette première dissolution et on épuise le résidu (le sulfate plombique et la Gangue) par de l'eau bouillante jusqu'à enlèvement complet des sels solubles et de l'acide excédant, puis on le fait digérer avec une solution concentrée et froide d'hyposulfite sodique. Après avoir répété deux ou trois fois ce traitement, on épuise de nouveau le résidu par de l'eau, on réunit les deux ou trois liqueurs qui contiennent le sulfate plombique et on les précipite par le sulfide hydrique, ou le sulfhydrate Ammonique ; pour faciliter la réunion du précipité et son lavage, on chauffe au bain-marie. Après la filtration et des lavages suffisants, on dissout le sulfure plombique par de l'acide Nitrique étendu et à une douce chaleur ; on filtre la dissolution pour la séparer du soufre, on l'ajoute à celle du Nitrate obtenu lors de la première attaque, puis on en précipite le plomb ainsi qu'il a été indiqué.

On peut aussi dissoudre le sulfate plombique, formé lors de la première attaque, en faisant bouillir tout le dépôt avec une solution de potasse caustique ou de tartraté Ammonique basique, filtrant la dissolution, puis la précipitant par le sulfide hydrique et achevant l'opération comme ci-plus haut.

3° On peut encore dissoudre la Galène par du chloride hydrique et l'évaporation à siccité; reprendre ensuite la masse par beaucoup d'eau acidulée de chloride hydrique, afin de dissoudre tous les chlorures au moyen de la chaleur, et de laisser la silice ou l'argile indissoute; de filtrer, d'ajouter du chlorure ammonique à la dissolution, qui doit être constamment chauffée, sans quoi le chlorure plombique se déposerait, puis de la sursaturer par du sulfide hydrique. Cela fait, on ajoute immédiatement de l'eau froide à la liqueur, dans le double but de la refroidir et de hâter la précipitation du plomb à l'état de sulfure noir et non de chloro-sulfure plombique jaune, plus ou moins brun, ce qu'il faut éviter dès le commencement du dégagement de sulfide hydrique. On bouche le vase, on l'abandonne pendant 24 heures au repos, alors on filtre, et après des lavages suffisants, on traite le sulfure plombique de façon à le transformer en sulfate, etc.

Ce procédé, recommandé pour analyser les galènes qui contiennent des sulfures de fer et de zinc, du calcaire et de l'argile, n'est pas aussi bon que les précédents.

Les minerais oxydés du plomb seront analysés de la même façon : le sulfate et le phosphate plombiques étant mis en dissolution, le plomb sera séparé de ces acides par le sulfide hydrique, et puis etc.

PRODUITS D'USINES ET COMMERCIAUX DU PLOMB.

L'analyse de ces produits ne peut plus présenter des difficultés, sachant actuellement que le plomb se sépare complétement sous l'état de sulfate, des métaux usuels dont il a été question jusqu'à présent. Néanmoins, nous allons traiter quelques cas :

Supposons un plomb marchand contenant plomb, cuivre et argent. En 1865, on a constaté la présence du nickel dans le plomb de provenance anglaise, et on l'avait pris pendant longtemps pour du cuivre; il se concentre dans le plomb argentifère pendant le Pattinsonage.

1° Le plomb marchand dont il s'agit sera dissous à une douce chaleur par de l'acide azotique dilué, et lorsque la dissolution sera complète, on l'étendra d'eau, on y versera un léger excès de sesquicarbonate ammonique dissous dans de l'ammoniaque, puis aussitôt un excès de cyanure potassique. Ensuite on chauffera modérément, et, au bout de quelque temps de repos, on recueillera le précipité de carbonate plombique, on le lavera suffisamment. le desséchera, puis le grillera, le filtre à part, si l'on veut doser le plomb à l'état d'oxyde ; ou bien on redissoudra le carbonate plombique par de l'acide nitrique étendu, et reprécipitera le plomb à l'état de sulfate, etc.

L'argent sera séparé du cuivre par un excès de chloride hydrique étendu (voir plus loin), ou par l'addition d'un peu d'acide nitrique, qui fera apparaître tout l'argent à l'état de cyanure; après filtration, le cuivre sera précipité par la potasse caustique, etc.

S'il y a présence de nickel, ce qui est rare, l'acide sulfurique, puis le sulfide hydrique le laisseront en dernier lieu dans la dissolution, d'où l'on pourra enfin le précipiter et le doser comme il a été indiqué.

2° Un plomb contenant, en outre, de l'antimoine, du

cuivre et de l'argent. On divise le plus possible la prise
d'essai, puis on l'attaque d'abord à froid, dans une capsule
de porcelaine (couverte par un entonnoir renversé), par des
portions successives d'acide nitrique concentré, puis à
chaud jusqu'à disparition de tout point métallique ; alors,
on évapore à siccité, on reprend par de l'eau acidulée d'a-
cide nitrique, qui dissout les azotates plombique, cuivrique
et argentique et non l'oxyde antimonique. On recueille
celui-ci dans un filtre taré, on le lave à l'eau légèrement
ammoniacalisée pour lui enlever le cuivre et l'argent qui
pourraient y rester, ensuite on le lave à l'eau chaude, le
dessèche et le pèse. On peut aussi le redissoudre par du
chloride hydrique et traiter cette dissolution par un excès
de sulfhydrate ammonique, qui redissoudra complétement
le sulfure d'antimoine et rien des sulfures des trois autres
métaux, s'il y en avait encore (voir plus loin les dosages de
l'antimoine).

3° Plomb et Etain. — Cet alliage, constituant la soudure
des Plombiers, sera attaqué par de l'acide Nitrique et l'évaporation à siccité ; ensuite, reprise par de l'eau acidulée
d'acide Nitrique, filtration, dessiccation et pesage de l'oxyde
stannique. Nous indiquerons plus loin l'analyse détaillée
des alliages dans lesquels l'étain et l'arsenic entrent.

On résoudra donc facilement les cas d'analyses des
alliages de Plomb, de Zinc, de Fer, de Nickel, de Cadmium,
de Mercure, de Bismuth etc. : le Zinc, le Fer et le Nickel
ne sont précipitables des dissolutions acides ni par le sulfide hydrique, ni par l'acide sulfurique ; les trois autres
métaux ne le sont pas non plus par ce dernier réactif, mais
bien par le premier.

L'analyse des oxydes de plomb, de la céruse et des acétates plombiques, se conçoit et s'exécutera facilement aussi :
la brique pilée, l'oxyde ferrique et les autres matières
rouges qui pourraient s'y trouver (ce qu'aura indiqué l'ana-

lyse qualitative), seront facilement éliminés et dosés, soit par leur insolubilité dans les acides, comme l'est la brique, soit par leur non-précipitation par le sulfide hydrique ou l'acide sulfurique : tels sont le fer et les autres matières rouges ; soit par la *dissolution complète* du minium, au moyen de l'acide oxalo-nitrique (voir ce que nous avons indiqué à propos des falsifications du vermillon). Le cuivre qu'on rencontre parfois dans le Minium sera déterminé comme plus haut.

L'analyse de la céruse falsifiée, consiste à éliminer et à doser le calcaire, ou la Barytine, ou le Blanc de Zinc, ou le Gypse, ou le phosphate des os. Un traitement par de l'acide Azotique à une douce chaleur et la reprise par de l'eau bouillante, dissoudra tout, excepté la barytine, qu'on filtrera, lavera, desséchera et pèsera ; de la dissolution acidulée par un acide minéral on séparera le plomb par le sulfide hydrique, et y laissera la chaux et le zinc, qu'on déterminera comme on sait. Par une évaporation à siccité de la liqueur privée du plomb, et la reprise du résidu par de l'eau froide alcoolisée, on laissera le phosphate calcique et le Gypse indissous ; celui-ci se séparera du phosphate calcique en épuisant le résidu par de l'eau chaude.

Le plus difficile est de séparer la Barytine d'avec le sulfate plombique qui pourraient se trouver dans la céruse : Eh bien, nous avons indiqué plus haut l'hyposulfite sodique et le Tartrate ammonique basique pour dissoudre le sulfate plombique ; on parviendra donc facilement et simplement à séparer ces deux sulfates insolubles.

Quant à la farine ou toute autre poudre blanche d'origine organique, qu'on aurait ajoutée à la céruse, elle en sera facilement séparée par de l'eau acidulée d'acide nitrique, qui dissoudra cette dernière et laissera indissoute la farine qu'on recueillera, desséchera et pèsera.

DOSAGE VOLUMÉTRIQUE DU PLOMB.

Plusieurs procédés ont été indiqués pour doser le plomb volumétriquement, mais jusqu'à présent il n'y en a pas encore de satisfaisant.

Ainsi d'après Hempel, on verse une solution titrée d'acide oxalique dans la dissolution d'Azotate plombique neutre, et on repêche l'excès au moyen d'une solution de Permanganate potassique, titrée par rapport à l'acide oxalique. On fait observer, avec raison, que la dissolution plombique ne doit pas contenir d'autres oxydes précipitables par l'acide oxalique. Mais quand cela se présente-t-il, puisque la gangue la plus commune de la Galène est le calcaire ? Les autres métaux ne sont pas tous indifférents non plus envers l'acide oxalique; en outre, la préparation et l'emploi de deux liqueurs normales, tout cela est compliqué et peu souvent applicable.

D'après Schwartz, on précipite la dissolution plombique par une solution de bichromate potassique, qui précipite tout le Plomb ; ensuite on fait digérer le chromate plomblique dans une solution titrée d'un sel ferreux, afin de transformer l'acide chromique en oxyde, et puis on dose l'excédant du sel ferreux par une solution titrée de permanganate potassique. Procédé long, plus compliqué que ceux des méthodes ordinaires et peu applicable aussi.

Le procédé Graeger consiste à faire usage de cyanure ferroso-potassique; mais qu'est-ce qui n'est pas précipité par ce réactif?

Nous passons les autres sous silence.

Selon nous, on peut arriver à doser le plomb volumétriquement en versant dans sa dissolution neutre et alcoolisée, une liqueur titrée faite avec de l'acide chorhydrique ou du sulfurique, ou du chlorure sodique : en effet, ces réactifs peuvent, ainsi que nous l'avons vu, précipiter complétement le plomb de ses dissolutions en observant bien les conditions prescrites, et le séparer d'avec les autres métaux qui l'accompagnent naturellement; on pourra peser ensuite le précipité pour contrôler l'essai. L'argent seul présenterait une petite erreur, mais combien y a-t-il d'Argent dans un gramme de Galène?

S'il y a présence de chaux ou de Baryte, on fera usage du chloride hydrique normalisé.

THALLIUM.

Le *Thallium* est un métal rare, inusité, et, par conséquent, peu important.

Dans la nature, on peut avoir à le séparer du fer, du zinc, du césium, du Rubidium et parfois aussi du Cadmium ; dans les produits artificiels il peut se trouver en même temps que le plomb. On le séparera des quatre premiers, soit par le sulfide hydrique, qui précipite le thallium de ses dissolutions neutres et surtout alcalines, et des cinq premiers par l'iodure potassique qui le précipite le plus complétement ; on le séparera du plomb au moyen de l'acide sulfurique, qui donne lieu à du sulfate thallique soluble et à du plombique insoluble.

DOCIMASIE DE L'ARGENT.

Les minerais d'Argent sont très-variés à cause de la grande valeur de ce métal, que l'on retire des substances qui n'en contiennent même que des traces.

Voici quelles sont ses principales espèces minérales :

L'*argent natif*, que l'on rencontre seul, mais le plus souvent allié avec le cuivre ou l'Antimoine, ou l'Arsenic ; quelquefois avec l'or ou le Mercure.

Les sulfures simples, les sulfures doubles, c'est-à-dire d'Argent et de cuivre ; ceux *d'Argent et d'Antimoine, d'Argent et d'Arsenic; puis les sulfures Multiples*, formés de plusieurs sulfures, tels que ceux d'Argent, de cuivre, d'Antimoine,de Plomb,de Bismuth, de fer, de zinc et d'Arsenic, et analogues aux cuivres gris; le *chlorure Argentique*, le *Bromure et l'Iodure*; les alliages de l'Argent avec l'Antimoine,qu'on appelle les *Antimoniures*, et enfin l'Amalgame, ou alliage d'Argent et de mercure, appelé *Argental*.

A toutes ces variétés on peut encore ajouter la *Galène*,certaines *Pyrites-Arsénicales*, des *sulfures de cuivre, d'Antimoine et la Blende*, qui, parfois, fournissent assez d'Argent pour pouvoir être traités comme minerais de ce métal.

Le sulfure d'Argent, l'Argent rouge, l'Antimoniure et le chlorure ou kérargyre, sont les principales espèces qui, pures ou mélangées, forment généralement l'objet de l'exploitation de ce métal.

Les eaux de la mer en contiennent en solution à l'état de chlorure Argentico-sodique : de 100 litres d'eau de mer,M. Malaguti a retiré 1 milligramme d'Argent ; les bois des vignes en contiennent également.

Sous le rapport de l'essai par la voie sèche, on divise les Minerais d'Argent en deux classes :

Dans la première classe sont rangés les composés contenant l'Argent mêlé ou combiné avec des substances qui ne permettent pas de les soumettre immédiatement à la coupellation : tels sont les sulfures, les Arséniures et les Antimoniures.

La seconde classe renferme les substances Argentifères qui peuvent être soumises immédiatement à la coupellation : ce sont les alliages avec le Plomb et le cuivre, la galène, le sulfure de cuivre, quelques Arsénio-sulfures et la kérargyre.

ESSAIS PAR LA VOIE SÈCHE DES MINERAIS D'ARGENT.

Minerais de la première classe.

Dans tout essai d'Argent, il faut d'abord obtenir ce métal en alliage avec le Plomb et le soumettre ensuite à la coupellation, pour séparer le Plomb et les diverses autres substances qu'il pourrait contenir.

On y parvient par l'un des traitements suivants :

1° Par la fusion avec un flux réductif.

2°.   id.   avec un réactif oxydant.

3° Par la scorification.

4° Par l'Amalgamation.

1° *Fusion avec un flux réductif.* — On fond immédiatement avec un flux réductif, tel que le *flux noir*, toutes les matières plombeuses dans lesquelles le plomb est à l'état d'oxyde, ou de sulfure, ou de Phosphate ou d'Arséniate, ou de carbonate, ainsi que les scories, les fonds de coupelles, les litharges, etc.; en un mot, on essaie comme pour Plomb, par l'un des procédés indiqués à propos de ce métal, toutes les matières *Plombo-Argentifères sulfurées*, de manière à obtenir un plomb d'œuvre renfermant tout l'argent.

On essaie comme pour cuivre, tous les minerais Argentifères qui donnent du cuivre pur ou presque pur, parce que le cuivre allié à l'Argent peut passer immédiatement à la coupellation, en y ajoutant du plomb.

On fond aussi avec un flux réductif toutes les matières argentifères non plombeuses, ne renfermant pas d'oxydes réductibles, et celles dont le charbon ne sépare que des métaux non alliables avec le plomb, ou qui du moins ne peuvent nuire à la coupellation; mais il faut ajouter une certaine quantité de litharge au réductif, afin d'oxyder le soufre et l'Arsenic et de produire le Plomb métallique avec lequel l'Argent doit se trouver allié.

2° *Fusion avec un réactif oxydant.* — Les réactifs oxydants dont on fait généralement usage, sont la Litharge et le Nitre.

a. La litharge oxyde tous les éléments qui accompagnent l'Argent, et laisse ce dernier en alliage avec le plomb réduit, lequel peut être soumis ensuite à la coupellation, alors même qu'il contiendrait un peu de cuivre. La litharge doit être exempte d'argent.

Mais lorsqu'on a affaire à des persulfures, la proportion de litharge à employer est considérable, et la quantité de plomb à coupeller ensuite est trop forte ; afin de la diminuer on emploie la litharge et le nitre simultanément.

b. Le nitre, employé seul et en excès, peut oxyder toutes les substances qui accompagnent l'argent, et parfois même un peu de ce dernier ; mais employé en proportion insuffisante pour tout oxyder, et lorsque le mélange contient de la litharge ou qu'on en ajoute, cela n'a pas lieu, parce que celle-ci agit seulement après le nitre sur le reste des substances oxydables, et donne le plomb réduit, qui s'allie avec l'argent et entraine même celui qui aurait pu, sans cela, être oxydé par le nitre. On peut donc, par une proportion convenable de nitre et de litharge, extraire tout l'argent d'un minerai oxydable et l'obtenir allié avec une quantité de plomb aussi petite qu'on le désire ; pour cela il faut faire plusieurs essais comparatifs, et s'aider des données suivantes :

Pour les pyrites de fer, il faut plus de 2 et 1/2 parties de nitre ; pour la stibine, il en faut plus de 1 p. et 1/2 et pour la galène plus des 2/3 (voir l'essai des galènes argentifères); pour les blendes on en fond 10 gr. avec 100 de litharge et 10 gr. de nitre fondu, ensuite on coupelle le culot obtenu ; ou bien encore, selon messieurs Malaguti et Durocher, on fond 10 gr. de blende avec 12 de nitre fondu, 30 gr. de litharge et 20 gr. de carbonate sodique ; le culot de plomb est ensuite coupellé.

3° *Par la scorification*. — La scorification n'est plus pratiquée aujourd'hui dans les laboratoires, parce qu'elle est trop longue et qu'on préfère aller plus directement au but, ou bien essayer les matières argentifères par la voie humide. Nous ne la décrirons pas, ni l'amalgamation non plus, qui est une opération plus métallurgique que docimastique.

Tous les traitements préliminaires que l'on fait subir aux minerais de la première classe, ayant pour but de les allier avec une certaine quantité de plomb, afin de pouvoir les coupeller ensuite, nous allons nous occuper des minerais de la seconde classe et de la coupellation.

MINERAIS ET MATIÈRES DE LA SECONDE CLASSE.

Sont comprises dans cette classe toutes les matières argentifères qui peuvent passer directement à la coupellation.

Coupellation.

La coupellation est le plus ancien procédé d'analyse quantitative connu : elle remonte à une époque antérieure au règne de *Philippe-Auguste* (8ᵉ siècle); elle a été indiquée vaguement par *Pline*, *Strabon*, *Diodore de Sicile*, et parfaitement décrite par l'arabe *Géber*, au 9ᵉ siècle; on l'appelait encore *ciniritium*.

Voici sur quoi elle est fondée :

Lorsqu'on chauffe au contact de l'air des alliages ou des mélanges de métaux usuels ou vils et de métaux nobles, les premiers s'oxydent, tandis que les derniers restent intacts et conservent leur brillant ; mais pour arriver à un dosage exact de ceux-ci, il faut que pendant cette oxydation partielle, les oxydes s'en séparent complétement; on obtient ce résultat en ajoutant du plomb ou du bismuth à l'essai et le chauffant dans un vase en terre d'os, nommé *coupelle*, dont les pores sont très-nombreux, mais très-fins : le plomb ou le bismuth ajouté s'oxyde également, et comme leur oxyde est extrêmement fusible, il fait fondre ceux des autres métaux et les entraîne dans la masse de la coupelle, pour ne laisser à la surface que le ou les métaux nobles, qu'on pèse ensuite. C'est à l'oxyde de plomb que l'on a d'abord reconnu cette propriété, et plus tard, en 1727, Defay fit savoir que le bismuth agit absolument de la même manière ; mais comme il coûte presqu'aussi cher que l'argent et qu'il est plus volatil que le plomb, on n'emploie que ce dernier.

Quant à la coupelle, on la prépare avec de la poudre d'os lévigée, dont on fait une pâte ferme avec de l'eau gommée, qu'on introduit dans un moule de forme à peu près conique et qu'on dessèche ensuite. Il faut la choisir bien saine (sans fissures ni aspérités) et de capacité suffisante, ce qui veut dire que, si elle est trop petite, sa masse n'absorbera pas la totalité des oxydes formés et le métal noble n'en sera pas séparé ; si elle est trop grande, tout pourra passer dans son intérieur, et l'essai sera manqué également ; on admet généralement qu'une coupelle desséchée complétement peut absorber au maximum le double de son poids d'oxyde plombique pendant l'essai.

Le fourneau de coupellation est un fourneau à moufle, dont nous ne ferons pas la description ; nous dirons seulement que pour les coupellations, on divise l'intérieur du moufle en trois zones distinctes par rapport aux degrés de chaleur et qui sont entre elles, en commençant par le devant, comme 8 est à 12, est à 21, ou, pour les grands fourneaux, comme 8 est à 14 est à 24. Toutefois la température varie selon les dimensions du fourneau, la section et la longueur de sa cheminée et la disposition de sa grille.

Lors donc qu'on se propose de faire une coupellation, on

choisit d'abord la ou les coupelles (car il faut faire plusieurs essais comparatifs simultanément) d'après la proportion de la matière à traiter, et surtout d'après la quantité *approximative* d'oxyde à absorber ; nous disons approximative, car les alliages métalliques ou les plombs d'œuvre doivent avoir une composition à peu près connue de l'essayeur, quant aux métaux usuels.

Si l'on n'a pas une coupelle de capacité tout à fait convenable, il faut la prendre plutôt trop petite que trop grande, parce que cette dernière pourra absorber du métal précieux, tandis que la moindre n'en absorbera pas, et qu'on pourra rendre sa capacité d'absorption suffisante en la posant sur une seconde coupelle, ou sur un tas de poudre d'os, ce qui n'offrira aucun inconvénient. Les coupelles étant choisies, on les dessèche en les introduisant peu à peu dans le moufle chauffé à feu naissant, afin de ne pas enchasser trop brusquement l'humidité, ce qui les ferait fendre (¹) ; pendant ce temps on apprête l'essai, c'est-à-dire qu'on pèse la matière, parfaitement desséchée aussi, et la quantité de plomb nécessaire pour faire passer l'essai à la coupelle, comme on dit.

La quantité de plomb à employer varie avec le titre de l'alliage ; or, comme ceux que l'on coupelle le plus habituellement et presque uniquement dans les hôtels des monnaies ou les bureaux de contrôle officiels, etc., sont des alliages de cuivre et d'argent ; voici les quantités de plomb à ajouter à chaque gramme, d'après les données de l'expérience :

(¹) On peut les poser sur leur fond, quand on a bien le temps, ou les renverser, la face en bas, quand on est pressé.

Titre de l'alliage.	Plomb nécessaire à l'affinage.
1000 ou Argent pur.	0,3 ou 0,5 décigrammes.
950	3 grammes.
900	7 »
800	10 »
700	12 »
600	14 »
Au-dessous . . .	de 16 à 17 grammes.
Cuivre pur ou 1000.	

Pour les titres intermédiaires, on déduit la quantité de Plomb à y ajouter des nombres précédents et par un calcul de proportion arithmétique : ainsi, par exemple, l'Argent à 850 millièmes exigerait $\frac{7+10}{2}$, soit 8 gr. 5 de Plomb. Il importe beaucoup de ne pas en mettre trop, parce que si la liquidité était trop forte, de l'argent pénétrerait dans la coupelle.

Le cuivre étant le métal usuel le plus difficile à séparer de l'argent par la voie sèche, on est certain que la quantité de Plomb qui a suffi dans ce cas, suffira aussi pour en séparer les autres métaux, et l'on part de là pour faire leurs coupellations.

La quantité de matière à coupeller dépend de sa richesse : ainsi, pour les matières les plus riches, on opère sur cinq décigrammes ; sur un gramme pour de moins riches, et sur cinq à dix grammes pour de pauvres ; pour les alliages officiels on en prend un gramme. — Revenons à l'opération.

Lors donc que les coupelles sont desséchées, on y introduit la prise d'essai enveloppée dans une feuille de plomb mince, pesée exactement et exempte d'Argent (¹) ; ou bien,

(¹) Si le plomb est argentifère, il faut qu'on en connaisse la teneur, ou mieux, qu'on la détermine en même temps qu'on fait *l'essai*, en coupellant un poids égal du même plomb employé : le grain d'Argent qui reste alors est appelé *le témoin*, et on en soustrait le poids de celui fourni par *l'essai*.

si l'on met d'abord le plomb dans la coupelle, on attend qu'il soit fondu, et alors on pose dessus l'essai enveloppé dans du papier, puis on bouche l'ouverture du moufle avec des charbons ou avec sa porte, afin que l'atmosphère intérieure ne soit pas d'abord oxydante. On laisse aller les choses ainsi jusqu'au *découvert*, c'est-à-dire que le tout soit fondu et présente un bain métallique à surface convexe ; alors on débouche l'ouverture pour y laisser pénétrer l'air, et, dès ce moment, le bain, qui est brillant, se recouvre bientôt de taches lumineuses et irisées d'oxyde plombique, puis il s'en élève des fumées de plomb. Ces réactions allant en augmentant, on aperçoit que le bain métallique ou *l'œuvre* diminue, qu'il se meut de plus en plus rapidement, à mesure que son volume diminue et puis qu'il s'arrête tout-à-coup, en même temps que disparaissent les couleurs irisées, pour ne laisser qu'un bouton d'argent au centre. Comme ce dernier phénomène se produit rapidement et instantanément, on lui a donné le nom *d'éclair, fulguration* ou *coruscation*, et on l'a attribué à la disparition rapide et complète de la dernière pellicule d'oxyde plombique, ou au dégagement de chaleur latente au moment de la solidification rapide du bouton, qui perd la chaleur des réactions chimiques, ou même au dégagement d'oxygène que l'argent avait absorbé mécaniquement ; ce qu'il y a de certain, c'est que le bouton d'Argent perd son éclat parce qu'il repasse à la température du moufle, laquelle est inférieure à celle des réactions chimiques. Alors on ferme le moufle, on laisse refroidir lentement, puis on retire la coupelle, d'où on enlève le bouton d'Argent qu'on pèse.

Caractères que doit offrir le bouton de retour : il doit être bien arrondi, à surface convexe, brillante, uniforme et cristalline ; sa face inférieure doit être plate, grenue, d'un blanc mat, et il doit se détacher aisément de la coupelle. Si le bouton ne présente pas ces caractères, c'est que l'essai n'a pas réussi, et voici ce qu'il pourra présenter : un bouton à surface terne, aplatie, à bord circulaire et aigu, indique que l'essai a eu trop chaud, et que de l'Argent s'est volatilisé ; si la face inférieure n'est pas plate, et si elle présente des taches grisâtres, c'est que l'essai n'a pas eu assez chaud, ni assez de Plomb ; si le bouton ne se détache pas facilement, c'est que de l'Argent a pénétré dans la coupelle ; enfin, l'essai a pu *Rocher*, c'est-à-dire que pendant le refroidissement, l'argent aura éprouvé des projections et, par conséquent, des pertes ; *le rochage* est dû au dégagement rapide et forcé de l'oxygène que l'Argent avait absorbé mécaniquement pendant sa liquéfaction, et qu'il abandonne en se contractant par un refroidissement rapide. Berzélius a dit que l'Argent absorbe dans ce cas l'oxygène de l'air, et pas l'Azote, de la même manière qu'une éponge absorbe l'eau et la laisse sortir par la compression ; cette quantité d'oxygène peut être 22 fois le volume de l'Argent.

M. Leblanc a constaté que la litharge absorbe aussi de l'oxygène, et qu'elle l'abandonne également par le refroidissement.

D'autres causes peuvent encore faire manquer la réussite de l'essai : ainsi une coupelle, ou une quantité de plomb, ou une température insuffisante, peut faire noyer l'essai, l'Argent ne vient pas au jour ; les excès contraires font que de l'Argent peut être absorbé par la coupelle ou volatilisé. On peut diminuer la température en fermant les ouvreaux, ou en touchant la coupelle avec des pinces froides, ou en plaçant des coupelles froides en contact avec celle qui a trop chaud. Quoi qu'il arrive, il ne faut pas essayer de raccommoder un essai défectueux, mais recommencer à nouveau.

Sulfure d'Argent.— On pourrait le coupeller directement et sans addition de Plomb, mais comme il passe facilement à travers les coupelles, il est préférable d'en ajouter une certaine quantité.

Galènes. — On peut aussi les soumettre directement à la coupellation, mais comme il peut se former du sulfate plombique, qui empêcherait ensuite l'oxygène de purifier complétement l'Argent, on y ajoute autant de plomb, afin de former du sous-sulfure, lequel empêche la production du sulfate, mais donne lieu, au contraire, à une plus grande quantité de litharge qui détermine la fusion des oxydes et les entraîne dans la coupelle. Pour être plus certain de réussir, il est préférable de les traiter d'abord par les procédés indiqués pour obtenir le *plomb d'œuvre* argentifère, que l'on coupellera ensuite. On peut opérer sur 100 grammes.

Argent gris ou cuivre gris. — Parmi ces minéraux, il y en a qu'on peut, à la rigueur, coupeller directement, mais comme il arrive très-souvent que les coupelles se fendillent, le résultat n'est jamais bien certain, et il vaut mieux les traiter par un procédé mixte, parce que la présence du cuivre augmente la volatilité de l'argent, dont la perte peut aller de 0,003 à 0,005, pour les Galènes.

PROCÉDÉ MIXTE DE M. FIELD.

M. Field a conseillé le procédé suivant pour essayer le sulfure de cuivre et d'argent :

Le minerai finement pulvérisé est traité par de l'acide Nitrique à chaud, jusqu'à ce que la liqueur soit bien bleue ; alors on l'étend d'une grande quantité d'eau, puis on la précipite par du chloride hydrique et l'abandonne au repos jusqu'à éclaircissement ; on la filtre et l'on reçoit tout ce qui est insoluble dans le filtre. On lave le dépôt, on le dessèche, puis on le mêle dans un mortier avec du carbonate sodique sec, un peu de litharge et quelques grains de Nitre fondu.

Cela fait, on met la moitié de ce mélange dans un creuset, puis le filtre replié, ensuite le restant du mélange, que l'on recouvre avec un peu de borax qui a servi à rincer le mortier. Le creuset étant fermé, on le chauffe progressivement jusqu'à fusion complète, puis on le laisse refroidir, et on en retire le culot de plomb argentifère, qu'on coupelle ensuite plus facilement que lorsqu'il contient du cuivre.

En disposant ainsi les matières dans le creuset, les pertes sont impossibles.

S'il y a du plomb dans le minerai, on étend d'eau la dissolution au point de ne pas en précipiter du chlorure plombique par le chloride hydrique.

Kérargyre. —Elle passe très-facilement à la coupellation ; mais on ne peut éviter qu'il s'en infiltre une partie dans la coupelle avant que le Plomb ait pu la décomposer ; en outre, il s'en volatilise aussi une petite quantité.

Il est donc préférable de mêler le chlorure Argentique avec de la craie et du charbon pur, et de chauffer ce mélange dans un creuset de porcelaine ; on obtient un petit culot d'Argent que l'on pèse : pour 10 p. de chlorure Argentique, on en met 7 de craie et 0,5 de noir de fumée.

PRODUITS D'USINES ET COMMERCIAUX.

Ces produits sont : l'Argent en lingots, les divers alliages métalliques, les amalgames, les boues d'amalgamation, les résidus d'ateliers d'orfévrerie, de bijouterie, de photographie, etc.

L'argent brut contient souvent du cuivre et du plomb ; quelquefois du Nickel, de l'Antimoine, du Soufre, de l'Arsenic, du Mercure. On a constaté récemment la présence du sélénium, même dans des lingots au titre de 999/1000. Il paraît que le sélénium contenu dans l'Argent au titre de 950/1000, le 1er pour faire les alliages, en gêne la confection, parce qu'il les rend bulleux et aigres. La présence de ce corps étranger est attribuée à l'emploi d'un acide sulfurique sélénifère à l'affinage de l'Argent.

Les alliages d'Argent et de cuivre pour la fabrication des monnaies, sont formés dans des proportions fixées par les lois de chaque pays, et ont divers titres, selon leur richesse en Argent.

Les amalgames artificiels renferment tous les métaux qui accompagnaient l'argent, et presque pas de ce dernier, lorsque l'amalgamation a été faite avec soin.

Les résidus d'ateliers sont formés des rognures et des déchets des objets ouvrés; ce sont donc des alliages divers. Les bains et papiers photographiques sont des composés salins, dans lesquels l'Argent est dissous par des sels alcalins et accompagnés de matières organiques.

L'essai par la voie sèche de ces divers produits se fait par la coupellation, toutes les fois que cela est possible et exact.

La coupellation des alliages de cuivre et d'argent s'exécute comme nous l'avons indiquée pour les minerais, seulement nous ajouterons que, dans le cas présent, l'argent dominant sur le cuivre, il le retient plus fortement, en retarde l'oxydation et la rend, par conséquent, plus difficile; pour y parvenir, il faut ajouter le maximum de plomb, c'est-à-dire la quantité que nécessite la coupellation du cuivre pur (voir le tableau page 264).

Les alliages formés de fer, ou de zinc, ou d'étain, se coupellent difficilement et donnent des résultats plus inexacts encore, parce que ces métaux, très-avides d'oxygène, s'oxydent dès le début de l'opération, avant le plomb, et comme il n'y a pas encore assez de litharge formée, ils restent à la surface de la coupelle et font noyer l'essai, s'ils sont en notable proportion. Si, d'autre part, l'opérateur veut éviter cet incident, il force la température pour faire fondre les oxydes, et alors d'autres inconvénients en résultent, ainsi que nous l'avons dit. L'antimoine et l'arsenic entraînent une notable proportion d'argent en se volatilisant.

En résumé, la coupellation est un procédé dont la réussite est très-incertaine, même pour l'expert le plus habile, car on ne retrouve jamais exactement la quantité d'argent contenue dans la prise d'essai, et c'est pourquoi Gay Lussac a dit qu'elle devrait être bannie de tous les Hôtel des Monnaies

Résidus solides d'ateliers de photographes et autres, etc.— Si ces résidus contiennent des substances organiques telles que bois, ou papiers, on commence par les incinérer, puis on mêle la cendre obtenue avec la moitié de carbonate sodique sec et le quart de quartz, et l'on fond le mélange dans un creuset de terre ; après la fusion et le refroidissement, on obtient un culot d'argent métallique, qu'on pèse (Davanne).

ANALYSE DE L'ARGENT PAR LA VOIE HUMIDE. $Ag = 108$.

Notions préliminaires.

L'argent peut être isolé facilement des autres métaux et déterminé d'une manière très-rigoureuse. On peut le précipiter par beaucoup de réactifs ; le plus employé est le chloride hydrique, qui le précipite à l'état de chlorure tout-à-fait insoluble dans les acides et indécomposable par la chaleur, mais qui ne le précipite pas lorsqu'il y a présence d'hyposulfite sodique, parce que celui-ci dissout le chlorure argentique. — Voici comment on doit opérer :

1° Il faut aciduler la dissolution argentique, très-étendue et chaude, par de l'acide nitrique au préalable, parce que le chlorure argentique se dépose et se rassemble mieux quand la liqueur est chaude et acide ; il peut se dissoudre dans l'excès de chloride hydrique quand la liqueur est concentrée.

Si la dissolution contient de l'ammoniaque, il faut d'abord l'éliminer, car il peut se faire que l'Argent ne soit pas précipité par le chloride hydrique, ou tout au moins pas entièrement, vu que l'ammoniaque redissout le chlorure Argentique.

Les chlorures précipitent aussi l'Argent, comme le fait le chloride hydrique, mais celui-ci est préférable parce qu'il n'introduit aucun nouveau métal dans la dissolution. Toutefois, si pour l'une ou l'autre raison on doit faire usage d'un chlorure alcalin, que ce ne soit pas l'ammonique (voir ce qui est rapporté plus haut), et quel que soit l'autre chlorure alcalin employé, qu'il ne le soit pas en excès, parce qu'il redissoudrait du chlorure Argentique. Aussi malgré la précaution prise, faut-il, après avoir séparé le précipité, évaporer la liqueur à siccité avec addition d'acide Nitrique, reprendre le résidu solide par de l'eau et du chloride hydrique, afin de s'assurer s'il contient encore de l'Argent.

Les Bromide et Iodide hydriques et leurs composés halogènes alcalins ne produisent pas ces inconvénients, mais ils précipitent beaucoup d'autres corps.

Lors donc que la dissolution Argentique est dans les conditions convenables, on y verse petit à petit le chloride hydrique ou le chlorure alcalin, jusqu'à cessation de précipitation, et puis on l'abandonne à une chaleur de 60° jusqu'à ce que tout le chlorure argentique soit bien déposé, après quoi on la laisse refroidir. (Il ne faut pas se hâter de filtrer, parce que l'eau froide, et à plus forte raison l'eau chaude, dissolvent sensiblement du chlorure Argentique récemment précipité. En outre, dès le moment où l'on précipite le chlorure argentique, la suite des opérations, y compris son dosage, doit s'exécuter à l'abri de la lumière, parce qu'elle le transforme en sous-chlorure d'où erreur). Après la filtration au moyen d'un filtre taré, on lave le précipité avec de l'eau chaude acidulée d'acide Nitrique, puis avec de l'eau pure ; ensuite on le laisse bien égoutter, on le dessèche à l'abri de la lumière jusqu'à ce qu'il ne diminue plus de poids, et l'on considère la dernière pesée comme représentant la quantité exacte de chlorure argentique obtenue.

Je préfère agir ainsi que de fondre le chlorure argentique et d'y ajouter les cendres du filtre, parce qu'il est difficile d'empêcher l'action réductive de la lumière et de défalquer exactement le poids du résidu du filtre. Si l'on peut arranger les choses sans devoir filtrer ce, n'en sera que mieux, on aura le poids directement.

Cependant, en grillant avec un peu d'eau régale le chlorure argentique noirci, on lui rend sa composition normale ; ou bien encore, en le chauffant dans un creuset de porcelaine, sous un courant d'hydrogène, on obtient de l'Argent pur, qu'on pèse : 100 p. de chlorure $= 75,261$ d'Argent.

2° On peut aussi précipiter l'argent par du Cyanide hydrique dissous dans de l'alcool étendu, ou par du cyanure potassique et de l'acide Nitrique, ou par du sulfo-cyanure ammonique, en observant les précautions indiquées et selon les divers cas qui peuvent se présenter.

On ne doit jamais manquer de s'assurer si la liqueur filtrée et claire ne contient plus de l'argent.

3° A l'état métallique. — En plongeant une lame de cadmium dans une solution chaude de sulfate Argentique, on en précipite tout l'argent réduit, en poudre noirâtre, qu'on lave, dessèche et pèse.

Ou bien, selon nous, au moyen du Magnésium et comme il suit : dans la solution d'Azotate argentique, étendue de plusieurs fois son volume d'eau et additionnée d'une goutte d'acide Nitrique (pour 10ᶜᶜ de liqueur), on plonge une petite lame de Magnésium qui réduit l'argent au bout de quelques minutes, et le précipite tellement complétement, que l'iodure potassique n'en accuse plus dans la liqueur.

4° On peut encore précipiter tout l'Argent de ses dissolutions neutres, ou acides, ou alcalines, par le sulfide hydrique ou le sulfhydrate ammonique, mais on ne le dose guère à l'état de sulfure, parce qu'il est mêlé avec du soufre; si on le précipite sous cet état, c'est pour le séparer d'avec d'autres métaux, tels que ceux des terres, ceux du groupe du fer et ceux dont les sulfures se redissolvent dans un excès de sulfhydrate ammonique.

Lorsque la dissolution Argentique est ammoniacale, il faut faire usage du sulfhydrate ammonique; on peut aussi réduire le sulfure d'Argent par l'hydrogène aidé de la chaleur.

ANALYSES SPÉCIALES.

La substance argentifère, bien divisée et pesée, est attaquée par de l'acide Nitrique à chaud et jusqu'à dissolution complète de tout ce qui est métallique. Après la filtration, on étend la liqueur de beaucoup d'eau, on l'acidule avec de l'acide Nitrique, si elle ne l'est pas suffisamment on la fait bouillir, puis on la précipite par du chloride hydrique, ainsi qu'il a été recommandé. Il faut laver le précipité de chlorure argentique par décantations le plus possible, afin de ne pas l'exposer à la lumière en le versant dans le filtre; le reste de l'opération s'achève comme on le sait, etc.

Si l'on a à faire l'analyse des composés halogènes de l'Argent, l'acide Nitrique ne peut pas être employé; il faut d'abord les fondre soit avec du fer ou du zinc, ou du cadmium, ou les réduire au moyen d'un flux réductif, et comme il a été indiqué à la voie sèche. Dans les premiers cas on obtient un alliage d'Argent et du métal employé, qui, traité ensuite par de l'acide sulfurique étendu, laisse l'argent précipité; dans le second cas, on a l'argent seul; mais comme il peut ne pas être assez purifié, on le redissout, dans les deux cas, par de l'acide Nitrique et on en achève le dosage comme plus haut.

Procédé Mène, pour doser l'Argent dans les Galènes. — On traite 20 grammes de Galène à chaud par de l'Acide Nitrique étendu de 3 à 4 fois son volume d'eau : le soufre se sépare en nature et les métaux se dissolvent. (Il ne faut pas former du sulfate plombique.) La liqueur filtrée est précipitée par un grand excès d'ammoniaque, puis refiltrée rapidement, et les oxydes précipités sont lavés avec de l'eau chaude ammoniacalisée : le liquide filtré contient tout l'argent et les autres oxydes solubles dans l'ammoniaque ; on y verse du chloride hydrique en excès, additionné de quelques gouttes d'acide Azotique, afin que l'argent seul soit précipité complétement ; on recueille le chlorure Argentique et on achève l'analyse comme etc.

D'après l'auteur, ce procédé est applicable à tous les cas d'analyse, quelle que soit la composition de l'échantillon à analyser.

Mais l'observation que nous avons faite à propos de l'ammoniaque et de son chlorure, doit être prise en considération ici, et nous montre que ce procécé n'est pas aussi exact que le croyait son auteur.

Selon nous, voici comment on peut le rendre exact : c'est d'évaporer à siccité la dissolution ammoniacale, et de calciner le résidu de façon à en expulser toute l'ammoniaque ; de reprendre ensuite ce qui reste par de l'acide Nitrique très-étendu, puis d'y ajouter beaucoup d'eau, et de précipiter enfin l'argent par du chloride hydrique, etc.

Nous croyons inutile d'exposer ici l'analyse d'autres composés argentifères naturels, car ils ne peuvent plus offrir de difficulté d'après ce que nous avons indiqué. En résumé, l'Argent se séparera des alcalis des terres et de presque tous les métaux, soit par le sulfide hydrique, ou le sulfhydrate ammonique, soit par l'un ou l'autre des quatre hydracides. Nous allons nous occuper des produits artificiels.

PRODUITS D'USINES ET COMMERCIAUX.

L'argent du commerce peut contenir, avons-nous dit, du plomb, du cuivre, du mercure, du Nickel, de l'Antimoine et du sélénium. Voyons ces divers cas d'analyse.

Si nous supposons une prise d'essai renfermant outre l'Argent, les cinq métaux cités, on commencera par la dissoudre au moyen de l'acide Nitrique et la chaleur continuée jusqu'à siccité; alors on reprendra la masse par de l'eau acidulée d'acide Nitrique et on filtrera la dissolution pour en séparer l'oxyde Antimonique, lequel reçu dans un filtre, lavé à l'eau chaude, légèrement acidulée par le même acide, puis desséché et pesé, fera connaître la quantité d'Antimoine contenue dans l'essai. De la dissolution acidulée on pourra séparer directement l'Argent par le chloride hydrique, en ayant le soin de l'étendre au point de ne pas précipiter du tout le plomb (en essayant par des essais à part).

a. Ou bien encore, en précipitant les métaux, excepté le Nickel, par le sulfide hydrique, reprenant les quatre sulfures bien lavés, par de l'acide Nitrique étendu et à une douce chaleur, on obtient une dissolution, qui, filtrée pour en séparer le soufre, renferme l'Argent, le plomb, le cuivre et le mercure. Voici comment on en séparera l'Argent :

On versera dans la dissolution acide et très-étendue d'eau, un léger excès de carbonate sodique, puis aussitôt un excès aussi de cyanure potassique et l'on chauffera : le plomb est seul précipité à l'état de carbonate, tandis que les autres restent dissous à l'état de cyanures doubles; on filtrera, puis on précipitera l'Argent de la dissolution en y versant goutte à goutte de l'acide Nitrique étendu jusqu'à cessation de précipitation de cyanure Argentique blanc, qu'on filtrera (au moyen d'un filtre taré), lavera, desséchera à 110° et pèsera. La séparation et le dosage des autres métaux, y compris le Nickel, sera pratiquée d'après les procédés décrits précédemment.

b. Pour être plus certain de ne pas précipiter du plomb en même temps que l'Argent par le chloride hydrique, il faut, après avoir étendu la dissolution avec beaucoup d'eau, y ajouter un excès d'acétate sodique et faire bouillir ; ensuite on y verse petit à petit le chloride hydrique, etc. Il est bon de s'assurer, dans ces cas, si le chlorure argentique ne renferme pas du plombique ; à cet effet, on lave le précipité avec de l'ammoniaque après l'avoir pesé, et s'il se dissout entièrement, c'est qu'il est exempt de chlorure plombique.

Quant au sélénium qui peut être contenu dans l'argent affiné, on le détermine comme il suit : on dissout 100 gr. d'argent par de l'acide Nitrique à 34° de Baumé, qui laissera l'or indissous, s'il y en a. On reprend par de l'eau acidulée, on filtre, puis on précipite l'argent par du chloride hydrique. Après avoir séparé le chlorure Argentique, on évapore la dissolution à siccité sans la faire bouillir, on ajoute du chloride hydrique au résidu, on chauffe à l'ébullition, afin de transformer l'acide sélénique en acide sélénieux, dans la solution duquel on dégage de l'acide sulfureux pour obtenir le sélénium réduit, qu'on lave, dessèche et pèse.

ALLIAGES D'ARGENT.

Les principaux alliages sont ceux d'argent et de cuivre, qui, pour la plupart, ont un titre légal ; il est inutile de nous y arrêter, mais nous dirons encore quelques mots de l'analyse des alliages de l'Argent avec le mercure, le Bismuth et le cadmium.

Argent et Mercure. — On dissout l'essai par de l'Acide

Nitrique, de façon à être certain que le Mercure y est à l'état de Nitrate mercurique qu'on étend d'eau ; alors on ajoute de l'Acétate sodique à la dissolution, afin que le chlorure argentique, qu'on produira, ne se dissolve pas dans l'Azotate mercurique, puis on y verse du chlorure sodique jusqu'à cessation de précipitation de chlorure Argentique. L'addition de l'Acétate sodique facilite, en outre, l'éclaircissement de la liqueur.

Dans le cas que nous venons d'examiner, on ne peut faire usage de Bromure, ni d'iodure alcalins, parce que le mercure serait précipité également.

Argent et Cadmium. — La prise d'essai étant dissoute par de l'acide Nitrique, et la dissolution suffisamment étendue, on y ajoute d'abord *un peu* de carbonate sodique pour la neutraliser *à peu près*, puis un excès de cyanure potassique, pour redissoudre le précipité formé en premier ; ensuite on y verse peu à peu de l'acide Nitrique, afin de précipiter tout le cyanure argentique, et etc.

Argent et Bismuth. — La dissolution étendue et suffisamment acidulée pour qu'elle *reste claire*, est précipitée par du chloride hydrique ; le précipité de chlorure argentique est lavé avec de l'eau acidulée d'acide Nitrique afin de lui enlever ce qu'il pourrait retenir du bismuth, puis desséché et pesé.

Bains et papiers photographiques. — Les bains photographiques contenant de l'hyposulfite sodique ne peuvent pas être analysés directement ; il faut les évaporer à siccité et même calciner, puis reprendre la masse par de l'acide nitrique, étendre d'eau la dissolution acidulée, la filtrer, puis la précipiter. On peut aussi chauffer ces résidus avec une solution de Glucose et de l'acide sulfurique, afin d'obtenir tout l'Argent réduit, qu'on dissout ensuite. Si c'est du chlorure ou du Bromure Argentique, on le fait bouillir avec un excès d'alcali, pour précipiter l'Argent, qu'on reprend par de l'acide Nitrique.

Les papiers photographiques seront incinérés, puis traités par de l'acide Nitrique, et etc.

Nous reviendrons plus loin aux alliages de l'Argent avec les métaux que nous n'avons pas encore étudiés.

DOSAGE DE L'ARGENT PAR LA VOIE VOLUMÉTRIQUE.

1° Gay-Lussac, qui avait donc conseillé d'abandonner la coupellation, a imaginé le procédé suivant, en 1828, qu'on a adopté dès 1830 dans les hôtels des Monnaies :

Il est basé sur ceci, qu'un atome d'argent dissous à l'état de nitrate est complétement précipité par un atome de chlorure sodique ; ou que 0,5417 de ce dernier précipitent 1 gr. d'argent. Or, comme ce procédé a été conçu en vue de l'essai des monnaies et des *alliages officiels d'argent et de cuivre seulement*, afin de constater s'ils ont les titres légaux, il s'exécute sur une prise d'essai qui doit contenir au moins un gramme d'argent, et dans la dissolution de laquelle on *verse d'un trait* la quantité de solution *normale de chlorure sodique* nécessaire pour précipiter complétement l'argent à l'état de chlorure. Comme il peut arriver que la prise d'essai contienne plus d'un gramme d'argent, tel est le cas de l'argent coupellé ou *vierge*, il faut bien ajouter encore de la solution de chlorure sodique, mais étendue de dix fois plus d'eau, afin qu'elle accuse les millièmes d'argent, et qu'on appelle pour cela *solution décime*.

Par contre, il arrive plus souvent que la prise d'essai ne contient pas tout-à-fait un gramme d'argent, et qu'il faut repêcher ensuite la quantité de chlorure sodique mise en trop dès la première fois ; cela se fait au moyen d'une *dissolution décime d'azotate argentique*, correspondant à la *solution décime de chlorure sodique*. Donc, l'exécution de ce procédé exige quatre liqueurs : la première est la dissolution de la prise d'essai, la deuxième est la *solution normale de chlorure sodique*, la troisième est la *solution décime de chlorure sodique* et la quatrième est *la dissolution décime d'argent*.

La solution normale de chlorure sodique est préparée telle qu'il en faille 100ᶜᶜ à une température déterminée pour précipiter exactement un gramme d'argent. A la température de 16 à 17° 1/2 (celle des pièces où l'on opère ces essais), elle contient 568 gr. 76 de chlorure sodique pur par 105 litres d'eau distillée, ou 5 gr. 417 par litre.

On obtient le volume de 100ᶜᶜ au moyen d'une pipette de verre jaugée de manière que, remplie d'eau jusqu'au trait indicateur, elle laisse couler *d'un jet continu* 100 gr. d'eau à la température de 16 à 17°, car après la cessation du jet, la pipette fournit encore deux ou trois gouttes de liquide qui ne doivent pas être comptées.

Solution décime de chlorure sodique. — Pour la préparer on prend 100ᶜᶜ de la précédente et on y ajoute de l'eau de façon à produire un litre, dont chaque centimètre précipite un milligramme d'argent.

Dissolution décime d'argent. — On la prépare en dissolvant 1 gr. d'argent dans de l'acide nitrique et en étendant cette dissolution d'une quantité d'eau distillée de manière à produire un litre de liqueur.

Voici comment on opère :

Pour exécuter cette opération, il faut bien choisir la prise d'essai, afin qu'elle représente exactement la moyenne de la composition des alliages, qui n'ont jamais une homogénéité complète, vu qu'ils ne sont pas définis, et que leur composition varie avec la durée du temps et des mouvements ou des secousses qu'ils éprouvent ; nous citerons des exemples concluants à propos des alliages d'argent, d'or et de cuivre. Lorsque l'alliage est récent la composition de la prise d'essai est plus homogène et offre plus de certitude.

On doit opérer sur une quantité qui contienne un gramme d'argent pour se mettre dans les conditions du procédé.

Supposons donc qu'il s'agisse de déterminer le titre d'une pièce de 5 francs, lequel doit être 897/1000 : on en dissout 1 gr. 1148 dans un flacon de 1/4 de litre, chauffé au bain-marie, et contenant 5 à 6 centimètres cubes d'acide azotique marquant 22° de Baumé.

Après dissolution, on chasse les vapeurs nitreuses au moyen d'un soufflet, puis on introduit dans le flacon, avec une pipette jaugée, 1 décilitre de la *solution normale de sel marin*, qui y produit un abondant précipité. Si le titre de l'alliage est supérieur à 897, il restera de l'argent dans la liqueur ; pour le doser, on ajoutera à celle-ci, bien éclaircie, 1 centimètre cube de la *solution décime*, qui précipitera 1 milligramme d'argent; en répétant cette addition jusqu'au moment où le dernier centimètre de la *solution décime* ne trouble plus la liqueur d'essai, on connaîtra, par le nombre de centimètres cubes employés à *compléter* la précipitation de l'argent (1), le nombre de milligrammes qu'il faut ajouter à un gramme pour obtenir la quantité d'argent contenue dans la prise d'essai. Mais comme rien ne prouve que le dernier centimètre cube qui a produit un léger précipité (c'est-à-dire l'avant-dernier versé), ait été totalement employé, on admet que la moitié seulement a servi ; si donc on en a versé 5, on n'en compte que 3 et 1/2, et comme cela le titre réel de la monnaie est connu exactement à 1/2 millième près, car il suffit d'ajouter 3 et 1/2 à 897, pour obtenir 900 1/2 millièmes et demi.

Le contraire peut se présenter, c'est-à-dire que le premier centimètre cube de *solution décime de chlorure sodi-*

____

(1) Ce qui doit s'entendre comme il suit : le dernier centimètre n'ayant pas troublé la liqueur ne doit pas être compté; il a seulement indiqué le point d'arrêt.

que ne produise pas de précipité dans la liqueur : alors le titre de l'alliage est égal à 897/1000, ou il lui est inférieur. Pour le connaitre, on verse 1 centimètre cube de la *dissolation décime d'argent* dans le flacon, pour précipiter le chlore du centimètre cube de la *solution décime de chlorure sodique* ajouté et qui n'a rien fait ; on continue cette addition jusqu'à ce qu'un dernier centimètre cube de *la dissolution décime d'argent* ne précipite plus ; alors, du nombre employé, on retranche aussi un et demi centimètre cube, pour les mêmes raisons que plus haut, et, en supposant qu'on ait employé 5 centimètres de la dissolution argentique, on n'en compte que 3 et 1/2, ce qui indique que le titre de l'alliage est égal à 897—3,5, c'est-à-dire 893,5.

Mais l'expérience a prouvé qu'il est préférable, lorsqu'on est exercé, de ne faire usage que d'une seule solution normalisée de chlorure sodique (la décime), parce que à un certain moment de l'opération, surtout lorsqu'on emploie les deux solutions de chlorure sodique ou une seule et la dissolution décime d'argent, le chlorure argentique se dissout dans le chlorure sodique, et il arrive que la liqueur peut continuer ou non de précipiter par des additions successives de chlorure sodique et de nitrate d'argent, sans qu'on puisse arriver à quelque chose de précis ; ce qu'on désigne dans le cas négatif par les expressions *d'équilibre de réaction*.

M. Stas a recommandé le bromure sodique, qui ne redissout pas le bromure argentique.

En outre, la présence du mercure, du platine, de l'étain, du plomb, du bismuth et du soufre, gêne l'exactitude de ce procédé, vu qu'on ne filtre pas pour séparer ce qui est insoluble ; le platine allié à l'argent se dissout aussi dans l'acide nitrique.

M. Levol a, le premier, reconnu l'inconvénient de la présence du mercure, et a conseillé d'ajouter d'abord 25^{cc}

d'ammoniaque, puis la solution de chlorure sodique et ensuite de l'acide acétique. Mais Gay-Lussac, qui avait reconnu l'efficacité de cette modification, l'a simplifiée en ajoutant 10 gr. d'acétate ammonique, ou mieux du sodique, à la dissolution nitrique, et puis il continuait l'essai comme à l'ordinaire. MM. Dumas et Debray ont conseillé d'expulser le mercure au préalable par la calcination.

Si l'on veut essayer le sulfure argentique par ce procédé, l'acide nitrique s ul ne suffit pas pour l'attaquer, parce qu'il laisse du soufre dans la dissolution, et on obtient un titre trop faible; il faut pour tout dissoudre, ajouter quelques centimètres cubes d'acide sulfurique à la dissolution nitrique et faire bouillir; après cela on fait usage de la dissolution normale de chlorure sodique.

Diverses modifications ont été faites à ce procédé dans le but de l'améliorer, mais elles le rendent plus compliqué et moins applicable.

Plusieurs procédés volumétriques ont été recommandés pour doser l'argent; nous ne les trouvons pas assez exacts pour les conseiller et par conséquent pour les décrire; cependant nous faisons une exception en faveur du procédé de M. Volhard, parce que nous le reconnaissons supérieur aux autres.

Il est basé sur ce que les sulfocyanures alcalins précipitent complétement l'argent de ses dissolutions acides, en un précipité blanc, caillebotté, de sulfocyanure argentique, ressemblant au chlorure, et tellement insoluble, que si l'on filtre la liqueur, elle ne précipite plus par le chloride hydrique. Pour constater le point d'arrêt, il faut ajouter, au préalable, un peu de sulfate ferrique à la dissolution, afin de la colorer en rouge définitivement après la précipitation de l'argent.

Pour titrer le sulfocyanure ammonique, on dissout un dixième d'atome d'argent, $= 10$ g, 8 dans de l'acide nitrique, puis on étend d'eau jusqu'à 1 litre; d'autre part, on dissout 8 gr. de sulfocyanure ammonique dans 1 litre d'eau également. Cela fait, on verse dans un verre 10 centimètres cubes de la dissolution argentique, puis 5 centimètres d'une solution de sulfate ferrique (contenant 50 gr. d'oxyde par litre) et 150 à 200 centimètres cubes d'eau; ensuite on y fait couler, au moyen d'une burette graduée, la solution de sulfocyanure ammonique jusqu'à ce que le liquide ait pris une teinte rougeâtre permanente. En répétant plusieurs fois cet essai, on peut fixer le titre de la liqueur.

Pour exécuter l'essai, on opérera de même sur 1 gr. et $^1/_2$ d'un alliage d'argent et de cuivre, selon sa richesse.

Ce procédé est encore très-exact quand l'alliage contient 70 °/₀ de cuivre; mais plus de ce métal donne un précipité de sulfocyanure cuprico-argentique. Dans ce cas, pour éviter la précipitation du cuivre, dont le *sulfocyanure cuivreux* est insoluble aussi, il faut ajouter un poids connu d'argent pur à l'alliage et aciduler davantage la dissolution mixte que lorsqu'elle ne contient que du cuivre.

Enfin, nous ferons observer que dans le procédé de Volhard le cuivre n'est pas précipité par le sulfocyanure ammonique parce qu'il y est à l'état cuivrique, ce qu'il n'est pas dans le procédé Rivot-Férent pour le dosage de ce métal.

Sixième Groupe.

Le sixième et dernier groupe des métaux comprend l'*étain*, l'*antimoine*, l'*or*, le *platine*, l'*iridium*, le *Molybdène* et le *tungstène*.

Les quatre premiers sont très-importants par les nombreux usages auxquels ils servent, tant dans l'industrie que dans le commerce et les sciences; les trois derniers ne présentent guère d'intérêt.

DOCIMASIE DE L'ÉTAIN.

Les minéraux d'étain sont peu nombreux; les principaux sont : la *stanine* ou *stannite*, sulfure stannique, la *cassitérite* ou oxyde stannique et l'*étain natif*. La première espèce est assez rare et n'est pas encore utilisée en métallurgie; elle contient, outre le sulfure stannique, des sulfures de fer, de cuivre et de zinc; on la représente par la formule suivante :

$$Sn\ S^2,\ Cu^2\ S + {}^2(Fe\ S,\ Zn\ S) + Su\ S^2.$$

La seconde ou *cassitérite*, ou *zinnstein* des Allemands, est plus abondante et constitue le seul minerai duquel on retire l'étain; elle a pour gangues des roches composées de silice, d'alumine, de chaux et même de potasse; en outre, elle contient presque toujours un peu d'oxyde ferrique en mélange intime, et quelquefois aussi des oxydes de manganèse, de titane et de molybdène; plus rarement des sulfures de tungstène, de bismuth, de fer et d'arsenic.

La troisième, l'*étain natif*, se rencontre très-rarement; on l'a trouvé en *Bolivie* en même temps que de l'oxyde stannique, renfermant 79 % d'étain, 20 de plomb et un peu de fer, d'arsenic et de gangue. — Damour en a rencontré dans les dépôts aurifères de la Guyane française.

ESSAI PAR LA VOIE SÈCHE.

Sous le rapport de l'essai par la voie sèche, on pourrait diviser les minerais d'étain en deux classes, les sulfurés et les oxydés; mais comme le sulfure n'est pas traité pour en retirer l'étain, il n'y a pas lieu d'établir cette division. Cependant, comme on pourrait avoir à en faire l'essai, pour un motif ou l'autre, nous dirons qu'on peut l'exécuter en grillant d'abord la prise d'essai, afin d'en éliminer le soufre et l'arsenic, puis fondre le produit obtenu avec du bisulfate potassique ou sodique, traiter ensuite la masse par du chloride hydrique et de l'eau pour en enlever le fer, le manganèse et le cuivre; faire digérer le résidu avec de l'ammoniaque pour dissoudre l'acide tungstique, mélanger ce qui reste avec du charbon pur et du cyanure potassique, puis chauffer, on obtiendrait un culot d'étain qu'on pèserait. (Voir l'essai de la cassitérite.)

ESSAI DE LA CASSITÉRITE.

Bien que l'oxyde stannique soit complétement réductible par le carbone à la chaleur blanche, il a une telle affinité pour l'acide silicique qu'on ne peut l'en séparer totalement dans un fourneau à vent ; en outre, les autres métaux qui accompagnent l'étain s'y unissent pendant la réduction, en altèrent la qualité et faussent le rendement. Pour éviter ces effets, il faut purifier plus ou moins le minerai avant de le réduire : pour cela on a conseillé de le griller avec le cinquième de son poids de charbon, mais il est préférable de l'attaquer par de l'eau régale, qui, sans action sur la cassitérite, dissout les pyrites et la plupart des autres corps y contenus ; la partie insoluble, renfermant tout l'oxyde stannique, est appelée *cassitérite préparée à l'eau régale*. Voici les meilleurs procédés à employer :

1° *Procédé Levol.* — On traite 12 grammes du minerai porphyrisé, par de l'eau régale à chaud et l'évaporation à siccité ; alors on reprend le produit par de l'eau, on verse le résidu dans un filtre, on le lave, puis on le grille et le pèse approximativement, afin de connaître le poids des matières dissoutes et celui de l'oxyde d'étain sur lequel on va opérer. Ensuite on y ajoute le tiers de son poids de charbon pur (charbon de sucre ou de noir de fumée) et la moitié de cyanure potassique fondu, dont on réserve une petite quantité pour recouvrir le mélange qu'on chauffe jusqu'à fusion complète dans un creuset de porcelaine fermé. Après le refroidissement, on obtient un culot d'étain que l'on sépare de la scorie par la pulvérisation, on enlève les grenailles métalliques et on les ajoute au culot, afin d'avoir exactement tout l'étain réduit, que l'on pèse.

2° *Procédé de M. Moissenet.* — Le minerai est préalablement traité par de l'eau régale, puis lavé, desséché et calciné avec du charbon, ce qui fournit un culot métallique d'étain et peut-être d'autres métaux aussi. Pour les séparer, on traite ce culot par du chloride hydrique, puis de cette dissolution on précipite l'étain par du zinc ; cela fait, on recueille l'étain, on le lave, on le dessèche, ensuite on le fond dans un creuset de porcelaine, sous une couche de stéarine, et on le pèse après le refroidissement.

Comme on doit faire au moins trois essais comparatifs, on pourrait s'assurer si l'étain précipité contient d'autres métaux, en analysant qualitativement l'un des trois précipités avant de procéder à la fusion des deux autres.

3° *Procédé Anglais.* — Le principal marché de l'étain et de ses minerais est à Londres ; or ce métal étant rare et cher relativement (on ne peut en produire assez), on vend la cassitérite plus ou moins purifiée, c'est-à-dire plus ou moins riche et débarrassée ou non de ses gangues, ce qui fait que le prix varie aussi comme on le pense bien. Afin de pouvoir contracter les marchés avec une certaine connaissance du rendement en étain, voici comment on essaie rapidement et séance tenante les minerais :

On chauffe au fourneau à vent un mélange de 1 p. de minerai (apprêté ou non, ce qui dépend de la convention) et de 1/4 de partie de houille dans un creuset de terre : si le minerai n'a pas été préparé au préalable (soit mécaniquement, soit chimiquement par l'eau régale), et qu'il contienne trop de gangue pour qu'il fonde dans la condition que nous avons indiquée, on y ajoute le tiers de Borax, et puis l'on chauffe. Cet essai dure 15 à 20 minutes au plus, afin de ne pas trop réduire les autres oxydes métalliques, puis on coule l'étain dans une lingotière et la scorie dans un mortier de fonte pour la pulvériser ; ensuite on sépare les grenailles d'étain, on les ajoute au culot principal et on pèse. On n'obtient pas très-exactement tout l'étain contenu dans le minerai, mais assez approximativement pour savoir ce qu'on pourra en produire par le traitement métallurgique.

Tels sont les meilleurs procédés connus actuellement pour essayer les minerais d'étain par la voie sèche ; aucun ne donne l'étain pur sans recourir en fin de compte à la voie humide, à moins que la préparation préalable à l'eau régale n'ait enlevé tout ce qui n'est pas étain. Il s'en suit donc que s'il s'agit d'une détermination exacte, il est préférable de recourir à l'analyse par la voie humide.

PRODUITS D'USINES ET COMMERCIAUX DE L'ÉTAIN.

Les produits artificiels de l'étain sont :

1° Les divers étains du commerce.

2° Les alliages ferreux et ceux avec le cuivre, le plomb, etc.

3° Les scories provenant du traitement des minerais d'étain et les émeaux.

4° Le sel d'étain.

D'après ce que nous venons de conclure relativement à l'exactitude des procédés d'essais par la voie sèche des minerais d'étain, on comprend qu'on ne peut les appliquer avantageusement à l'essai des divers étains commerciaux, ni des alliages.

Quant aux scories, qui contiennent de la silice, plus ou moins d'oxyde stannique et d'autres, tels que ceux du fer, du Manganèse, du calcium, de l'aluminium, etc., on devra les traiter comme il a été indiqué à propos de la cassitérite, mais comme ces produits sont encore plus compliqués que cette dernière, il est préférable de les analyser par la voie humide, à moins qu'on ne veuille savoir ce qu'ils rendraient en grand.

ANALYSE DE L'ÉTAIN PAR LA VOIE HUMIDE : $Sn = 118$.

Notions préliminaires.

L'Etain peut se doser à l'état d'oxyde stannique, de sulfure et de métal.

1° *L'oxyde stannique*, même hydraté, est insoluble dans les acides sulfurique et Nitrique ; il se dissout dans les autres acides, à moins qu'il n'ait été chauffé au rouge, et il ne recouvre sa solubilité qu'après avoir été fondu avec un alcali.

Si l'étain est allié à d'autres métaux, tels que Cuivre, Plomb, Bismuth, Argent, Cadmium, Zinc, Nickel, Cobalt, Mercure, etc., on attaque la prise d'essai par de l'acide Azotique concentré, de façon à transformer tout l'étain en oxyde Stannique insoluble, qu'on séparera par l'eau et la filtration après un long repos à une douce chaleur, qu'on lavera parfaitement, desséchera, grillera et pèsera : 100 part. de $Sn\,O^2 = 78,67$ d'étain et $21,33$ d'oxygène ([1]).

Si l'étain se trouve à l'état stanneux dans une dissolution, on le fait passer à l'état d'oxyde stannique insoluble, en y ajoutant de l'acide Nitrique concentré et faisant bouillir. On ne doit pas oublier que, dans ce cas, l'hydrate stannique est soluble dans le chloride hydrique, et que si la liqueur en contient, il faut l'éliminer par un excès d'acide Nitrique, évaporer à siccité et même calciner dans un creu-

([1]) Nous verrons plus loin que l'oxyde stannique peut, dans ce cas, retenir de l'oxyde cuivrique.

set de porcelaine, en y ajoutant de l'acide Nitrique de temps en temps.

Pour plus de précaution, on peut y mettre un petit morceau de carbonate ammonique à la fin de la calcination et faire rougir de nouveau, afin de volatiliser les dernières traces des deux acides, et puis peser l'oxyde stannique.

Il faut expulser tout le chloride hydrique par de l'acide Nitrique concentré et non par l'ébullition, qui volatiliserait du chlorure d'étain.

L'acide sulfurique étendu précipite également l'oxyde stannique de ses dissolutions ; mais pour obvier à l'inconvénient que présente l'acidité de la dissolution, on peut la précipiter par de l'Azotate Ammonique, ou du sulfate sodique, puis l'évaporer à siccité et reprendre la masse solide par de l'eau, qui laissera l'oxyde stannique indissous. Il est bien entendu que la dissolution ne doit contenir que l'étain de précipitable par l'acide sulfurique.

Le procédé d'attaque par l'acide Nitrique, que nous venons de décrire, ne convient pas lorsque l'étain est accompagné d'Antimoine, d'Arsenic ou d'acide Phosphorique, qui, dans ce cas, sont insolubles aussi dans l'acide Nitrique ([1]) ; le procédé devient alors plus compliqué.

S'il y a du fer, il se transforme en oxyde ferrique, qui rend l'oxyde stannique plus ou moins soluble dans l'eau.

2° *Par le sulfide hydrique.* — On emploie ce réactif pour précipiter l'étain d'une dissolution qui contient, en outre, de l'acide Phosphorique ou un autre corps non précipitable en même temps que l'étain : il se précipite du sulfure stanneux brun, si la dissolution est stanneuse, et du sulfure stannique jaune, si elle est stannique.

On ne doit recueillir le précipité qu'après l'avoir fait digé-

---

([1]) L'antimoine se transforme en oxyde insoluble, l'Arsenic et le Phosphore en Arséniate et Phosphate stanniques insolubles.

rer dans la liqueur à une douce chaleur, au contact de l'air, et jusqu'à ce que l'odeur du sulfide hydrique ne se perçoive plus, parce qu'un excès de ce réactif retiendrait du sulfure stannique en dissolution.

Si l'on veut doser l'étain à l'état de sulfure, on reçoit celui-ci dans un filtre taré, on le lave avec de l'eau additionnée de chlorure sodique d'abord, puis avec de l'eau contenant un peu d'acétate ammonique (si sa présence dans la dissolution filtrée ne gêne pas les opérations ultérieures), enfin avec de l'eau pure; ensuite on dessèche le précipité et le filtre, qu'on repèse, et l'augmentation de poids de ce dernier indique la quantité de sulfure stanneux ou stannique produite, et, par suite, le poids de l'étain = le premier en contient 78,67 et le second = 64,835. La précipitation est plus complète lorsque la dissolution est stanneuse que lorsqu'elle est stannique.

Mais si l'on ne connaît pas exactement le degré de combinaison de l'étain, ou s'il existe aux deux degrés à la fois, ou s'il y a du soufre libre précipité en même temps, il est impossible d'obtenir une détermination précise. Alors le mieux est de traiter le précipité bien lavé et bien égoutté par de l'acide Nitrique fumant et comme il suit : on le met dans une capsule de porcelaine à bord assez haut et sur laquelle est renversé un entonnoir, puis on y verse prudemment de l'acide Nitrique fumant pour transformer l'étain en oxyde stannique et le soufre en acide sulfurique. Quand la première réaction est apaisée, on chauffe progressivement, et on continue l'addition de l'acide et la caléfaction jusqu'à ce qu'on obtienne une masse parfaitement blanche, privée des acides sulfurique et Nitrique, et qui ne soit que de l'oxyde stannique, qu'on pèse. Il faut ajouter un peu de carbonate ammonique sur la fin, pour faciliter l'expulsion de l'acide sulfurique.

On peut aussi employer le sulfhydrate ammonique pour

séparer l'étain d'avec les métaux dont les sulfures sont insolubles dans un excès de ce réactif.

Enfin, si l'étain est dans une dissolution alcaline, il faut y verser *un excès* de chloride hydrique, afin de redissoudre l'oxyde stannique qui se précipite, et de le transformer en chlorure stannique que l'on précipitera ensuite par un courant de sulfide hydrique.

3° *A l'état de métal* — en le précipitant à l'abri de l'air soit par le zinc, soit par le Magnésium, lorsqu'aucun autre métal précipitable n'accompagne l'étain.

ANALYSE DE LA CASSITÉRITE.

La cassitérite étant incomplétement dissoute par les acides, il faut, lorsque l'on veut déterminer le poids des matières étrangères qui l'accompagnent, porphyriser la prise d'essai, puis la mêler avec 3 à 4 fois son poids de carbonate alcalin et fondre ce mélange en le chauffant d'abord modérément, parce que le trop vif dégagement d'acide carbonique produirait des projections.

Ou bien en fondant la cassitérite mêlée avec 6 à 7 fois son poids d'un mélange fait à parties égales de carbonate sodique et de soufre pour la transformer en sulfosel stannique, qu'on dissout par de l'eau.

Ou mieux, mélanger la prise d'essai avec trois fois son poids de fluorure sodique et recouvrir ce mélange, mis dans un creuset de platine, avec 12 parties de bisulfate potassique ou sodique, et chauffer modérément d'abord puis au rouge à la lampe au gaz pendant douze à quinze minutes.

Après le refroidissement, on épuise la masse par de l'eau, afin de lui enlever tous les sels alcalins et la silice, ensuite on traite le résidu, contenant tout l'oxyde stannique disgrégé par de l'acide chlorhydrique, sans faire bouillir (car on volatiliserait du chlorure stannique), on en sépare par filtration la silice qui pourrait encore y rester, et l'on obtient une liqueur contenant tous les métaux du minerai, moins les alcalins.

Pour en séparer les oxydes de zinc, de fer, de manganèse et les terres d'avec l'oxyde stannique, on y fait passer un courant de sulfide hydrique, qui précipite seulement l'étain sous l'état de sulfure, lequel recueilli, lavé et égoutté, est ensuite transformé en oxyde stannique, ainsi qu'il a été indiqué.

Mais si la dissolution contient du plomb, du bismuth, du cuivre, ou d'autres précipitables par le sulfide hydrique, ils sont précipités en même temps que l'étain ; alors il faut remettre le précipité en dissolution au moyen de chloride hydrique et la chaleur, étendre d'eau, puis neutraliser avec de l'ammoniaque et y verser un excès de sulfhydrate ammonique afin de tenir le sulfure stannique en solution, et laisser les autres indissous. (Le sulfure potassique et le sodique conviennent mieux lorsqu'il y a présence de sulfure cuivrique.)

On exécute cette précipitation dans un grand matras incomplétement fermé, que l'on abandonne à une douce chaleur jusqu'à ce que le volume du précipité reste stable ; alors on le sépare par filtration, on le lave à l'eau bouillie additionnée d'un peu de sulfure alcalin, puis on le redissout par de l'acide azotique étendu, et l'on opère ensuite la séparation du plomb, du bismuth et du cuivre d'après les procédés décrits précédemment.

A la liqueur séparée par la filtration, et qui contient le sulfure stannique dissous, on ajoute de l'eau, puis du chloride hydrique peu à peu, mais assez pour la rendre acide et de manière à en précipiter tout le sulfure stannique. Arrivé à ce point, on abandonne le sulfure à une douce chaleur, jusqu'à ce qu'elle n'exhale plus l'odeur de sulfide hydrique, puis on la filtre, lave complétement le sulfure stannique qu'on transforme en oxyde comme il a été dit.

Vu la grande affinité de l'acide silicique pour l'oxyde stannique, il arrive parfois que cet acide, éliminé en premier de la dissolution, retient encore un peu d'oxyde; pour l'en séparer on le fait digérer dans du sulfhydrate ammonique avant de le calciner, et de cette façon, on redissout l'oxyde stannique y retenu.

Pour bien exécuter cette opération, il faut enduire de suif ou de glycérine le col de l'entonnoir qui contient le précipité d'acide silicique stannifère, puis l'introduire dans un bocal à orifice assez étroit pour qu'il soit hermétiquement bouché; on verse ensuite du sulfhydrate ammonique sur le précipité, on recouvre l'entonnoir d'une plaque de verre et on laisse digérer pendant 4 à 6 heures; au bout de ce temps, on soulève l'entonnoir et la filtration se produit. Lorsqu'elle est terminée, on lave complétement la silice, on la dessèche et on la dose comme à l'ordinaire; d'autre part, la liqueur contenant la petite quantité de sulfure stannique est évaporée à siccité au contact de l'air et avec un peu de carbonate ammonique, afin de transformer l'étain en oxyde stannique, que l'on ajoute à la portion obtenue précédemment, et l'on pèse le tout.

Rivot a conseillé de traiter l'acide silicique stannifère par un courant d'hydrogène sec et la chaleur, afin d'obtenir de l'étain réduit, qu'on sépare de la silice, après le refroidissement, par de l'acide chlorhydrique, et le reste etc.; mais ce procédé n'est pas suivi, parce que la quantité de silice stannifère est toujours trop minime pour la traiter de la sorte.

Selon nous, la séparation de l'étain en dissolution en même temps que l'acide silicique, peut se faire complétement au moyen d'une lame de zinc ou de magnésium, qui précipitera tout l'étain et non la silice.

Voici comment le magnésium se comporte avec le chlorure stanneux dissous :

Si l'on plonge une lame de magnésium dans cette dissolution neutre et étendue, l'étain s'en précipite complétement au bout de quelque temps et la réaction est très-énergique. Lorsqu'elle a cessé, la liqueur filtrée ne se colore même pas par le sulfhydrate ammonique ; il suffit donc de recueillir l'étain, de le laver, le dessécher et le peser.... s'il est seul.

DÉTERMINATION RESPECTIVE DU STANNEUX ET DU STANNIQUE.

Cette détermination se pratique ordinairement sur le sel d'étain ou chlorure stanneux, qui ne doit contenir ni oxyde, ni chlorures stanniques, parce que le premier est insoluble, par conséquent sans utilité pour les teinturiers ; que le second agit comme acide sur les étoffes, et au lieu de les mordancer convenablement, il les brûle, les désorganise ; en outre, à poids égal il contient moins d'étain que le chlorure stanneux.

Pour en faire l'analyse, on introduit dans la dissolution *neutre et privée d'air*, un morceau d'étain pur, soigneusement pesé, et on remplit complétement le vase avec de l'eau bouillie ; on le bouche aussitôt et on l'abandonne au repos pendant quelque temps. Après cela on enlève l'étain restant, qu'on lave, dessèche et repèse ; sa perte de poids ayant servi à transformer le stannique en stanneux, indique la quantité de chlorure stannique contenue dans la prise d'essai : un atome d'étain 118 correspond à un atome de chlorure stannique représenté par 260.

Comme contrôle, on fait une seconde opération, en transformant toute la prise d'essai en chlorure stannique, dans lequel on plonge la lame d'étain pesée ; après l'opération, on la repèse, et la plus grande perte de poids qu'elle a subie indique ce qui est réellement stanneux dans le composé dont il s'agit.

PRODUITS D'USINES ET COMMERCIAUX DE L'ÉTAIN.

1° *Les étains du commerce.* — Ceux de *Banca*, de *Malacca* (Indes Orientales) et l'*Étain anglais en lames* sont les plus purs; presque toutes les autres variétés contiennent ou du plomb, ou du cuivre, ou du fer, ou du bismuth, ou des traces d'arsenic. On les désigne ordinairement sous le nom d'*étains de roche.*

2° *Les divers alliages* de l'étain avec le fer, le plomb, le cuivre, l'antimoine, le zinc; etc.

3° *Les scories.*

4° *Le sel d'étain* ou *chlorure stanneux*, qui peut être falsifié avec du sulfate ou du chlorure zincique, ou avec du sulfate sodique, ou qui peut contenir du chlorure stannique.

Avant d'aborder l'analyse de ces différents produits, nous rappelons que, par l'acide nitrique on peut séparer l'étain d'avec la plupart des métaux usuels, excepté l'antimoine ; par le sulfide hydrique on le sépare des métaux du groupe du fer; par un excès de sulfhydrate ammonique ou potassique ou sodique, on le sépare d'avec le plomb, le cuivre, le bismuth, le mercure, le cadmium, etc.; enfin, par des procédés spéciaux, que nous ferons connaître, on le sépare d'avec l'antimoine, les métaux nobles et l'arsenic.

ANALYSE DE L'ÉTAIN DU COMMERCE.

1° Pour séparer l'étain d'avec le cuivre et le Plomb, on attaque la prise d'essai par de l'acide Nitrique à chaud et jusqu'à complète oxydation ; alors on évapore à siccité, puis on reprend par de l'eau acidulée d'acide Nitrique et on abandonne le vase à un long repos, pour permettre à l'oxyde stannique de se déposer complétement; ensuite on filtre et on lave le précipité jusqu'à ce que les eaux de lavage ne soient plus acides ; alors on le dessèche, on le grille et le pèse. Cela fait, on évapore la liqueur restante à siccité avec de l'acide sulfurique étendu, afin d'en expulser l'acide Nitrique et de former du sulfate plombique insoluble, qu'on reprend par de l'eau froide alcoolisée, reçoit dans un filtre taré et en détermine le poids comme il a été indiqué. Pour doser le cuivre, on évapore de nouveau la liqueur à siccité pour en volatiliser l'alcool, on reprend le produit par de l'eau, puis l'on verse du carbonate potassique ou de la potasse caustique dans la solution obtenue pour en précipiter tout l'oxyde cuivrique, etc.

Observation. — En analysant de l'étain qui contenait du Plomb et du cuivre, en 1862, nous avons constaté que l'étain et le plomb s'étaient dissous complétement dans le chloride hydrique ; que cet étain attaqué par l'acide Nitrique et l'évaporation à siccité, avait laissé, après la reprise par de l'eau acidulée d'acide Nitrique, de l'oxyde stannique coloré en vert par du Nitrate cuivrique et que les lavages à l'eau pure n'ont pu lui enlever, tandis qu'on y est parvenu avec de l'eau chaude ammoniacalisée. MM. Millon et Morin ont signalé la même chose dans le *Répertoire de chimie appliquée*, de janvier 1863.

2° Pour séparer l'Etain d'avec le zinc, on fera usage du sulfide hydrique dans leur dissolution chlorhydrique ; ou de l'acide sulfurique étendu versé dans cette dissolution, ou de l'acide Nitrique pour attaquer la prise d'essai et transformer tout l'étain en oxyde stannique, qu'on lavera d'abord avec de l'eau chaude ammoniacalisée, afin qu'il ne retienne pas la moindre trace d'oxyde zincique.

ALLIAGES FERREUX.

La prise d'essai est divisée le plus finement possible, puis attaquée par du chloride hydrique concentré jusqu'à cessation d'action (sans faire bouillir). La dissolution contenant donc tout l'étain et le fer est sursaturée de sulfide hydrique, qui n'en précipite que l'étain à l'état de sulfure stanneux ; après un repos suffisant, celui-ci est filtré, lavé complétement, ensuite traité par de l'acide Nitrique fumant, ainsi qu'il a été indiqué précédemment.

Mais il peut se faire que toute la prise d'essai ne se dissolve pas, ce qui arrive lorsqu'elle contient du Tungstène ; alors le résidu, retenant un peu de fer aussi, est fondu avec deux fois son poids de Nitre dans un creuset d'argent, puis repris par de l'eau qui dissout le Tungstate potassique et non l'oxyde ferrique. Celui-ci, recueilli dans un filtre, lavé complétement, desséché, grillé et pesé, fait connaître le poids du fer, lequel ajouté à celui de l'étain, indique par différence la quantité de Tungstène contenue dans la prise d'essai. Pour admettre ces résultats, il faut être certain de la composition d'alliage.

Lorsque l'alliage contient beaucoup de fer, il est plus difficilement attaqué par le chloride hydrique, qu'il faut employer en plus forte proportion et prolonger davantage l'action ; mais alors du Tungstène se dissout et colore la dissolution en bleu, et l'analyse devient plus compliquée. Dans ce cas, il est préférable de fondre la prise d'essai avec son poids d'étain, sous une couche de Borax, pour le préserver du contact de l'air, et puis de continuer l'analyse comme ci-dessus.

D'après Rose et Ramelsberg, en calcinant le mélange d'oxyde stannique et d'acide Tungstique avec 6 à 8 fois son poids de chlorure Ammonique, on volatilise tout l'étain à l'état de chlorure stannique. Il faut répéter cette calcination jusqu'à ce qu'on ne constate plus de perte de poids, et opérer dans un creuset de porcelaine placé dans un autre fortement chauffé, afin que rien ne reste condensé sur le creuset de l'essai.

Les alliages ferreux peuvent encore contenir, outre le fer et le Tungstène, du soufre et de l'Arsenic : tout le soufre s'en dégage à l'état de sulfide hydrique lors de l'attaque par le chloride hydrique, une partie de l'Arsenic s'en va aussi à l'état d'arséniure trihydrique et le surplus reste dans le résidu avec le Tungstène.

Pour doser ces deux corps, il faut faire passer les gaz dans une solution de sulfate cuivrique ammoniacal, puis recueillir le double précipité de sulfure et d'arséniure cuivriques pour les analyser ensuite.

Observation de Levol par rapport à la manière de se comporter de l'étain en présence de l'Arsenic. Ce chimiste a constaté que, quand on traite de l'étain arsénifère par de l'Acide Azotique bouillant, on obtient, d'une part, une liqueur exempte d'Arsenic, et, d'une autre part, de l'oxyde stannique hydraté, contenant *tout l'Arsenic*, même dans le cas où ce dernier serait le 1/20 du poids de l'étain (c'est pourquoi on peut employer l'étain pour doser l'acide Arsénique .

Cet oxyde stannique Arsénifère présente après sa dessiccation une certaine dûreté, qui le fait ressembler à du verre grossièrement pulvérisé; lorsqu'il est saturé d'Arsenic et qu'on le chauffe au rouge sous un courant d'acide carbonique, il prend une couleur noire aussi longtemps qu'il reste à l'abri des influences réductives. Après cette observation, M. Levol indique un procédé de séparation et de dosage de l'étain et de l'arsenic y contenu, mais il nous paraît trop compliqué et peu exact ; nous préférons le suivant.

Séparation de l'Étain d'avec l'Arsenic. — 1° Le produit blanc, provenant de l'attaque par l'acide Nitrique et l'évaporation à siccité, est introduit dans un tube de verre à une boule et terminé en pointe recourbée qui plonge dans de l'ammoniaque. Ensuite on y fait passer un courant de sulfide hydrique tout en chauffant la boule et continuant jusqu'à ce qu'il ne se produise plus de sulfure d'Arsenic, qui va se condenser dans l'ammoniaque (il ne faut pas en laisser dans le tube), tandis que le sulfure d'étain reste dans la boule. Lorque le dégagement de sulfide hydrique a été suffisant, on le cesse, puis on précipite le sulfure d'Arsenic dissous dans l'ammoniaque en y versant de l'Acide Acétique peu à peu et jusqu'à cessation de précipitation; alors on recueille le précipité et le lave parfaitement ; mais comme on ne connaît pas exactement sa composition, et qu'il renferme du soufre libre, on le transforme d'abord en acide Arsénique et enfin en Arséniate Magnésique, qu'on pèse (voir plus loin les dosages de l'Arsenic).

Quant au sulfure stannique resté dans la boule, il est traité par de l'acide Nitrique fumant, et etc.

2° On peut encore séparer l'étain d'avec l'arsenic en les précipitant par le sulfide hydrique, lavant suffisamment le double précipité, puis le traitant par du carbonate ammonique, qui dissout le sulfure d'Arsenic et pas celui d'étain.

ALLIAGES D'ÉTAIN ET DE CUIVRE, OU BRONZES.

Les principaux alliages d'étain et de cuivre sont le bronze des canons, le bronze monnétaire, le métal des cloches, celui des tam-tam, des timbres d'horlogerie, des cymbales et l'alliage des miroirs thélescopiques.

D'après les dernières expériences, le meilleur bronze des canons est celui qui contient onze parties d'étain pour 100 de cuivre; afin qu'elles y soient réellement après la confection des canons, on en met ordinairement de 13 à 14 p, parce qu'il s'en oxyde plus ou moins dans le cours des opérations.

Dans la confection de tous ces alliages, ont fait entrer, en outre, un peu de zinc et un peu de plomb ; pour en faire l'analyse, il convient de suivre l'un des procédés Flajolot, ou celui de Rivot modifié par Férent ; en effet, la prise d'essai d'abord traitée par de l'acide nitrique à siccité et puis la reprise par de l'eau acidulée, cédera la plus grande partie du cuivre ; quant à celle qui pourrait rester avec l'oxyde stannique, on la dissoudra soit par l'eau ammoniacalisée, soit par l'acide sulfurique étendu et l'ébullition ; il n'y a pas de difficulté à cela. Ensuite, l'hyposulfite sodique, ou l'iode dissous dans de l'acide sulfureux, ou le sulfocyanure ammonique permettront de séparer le cuivre de l'étain et de le doser très-exactement.

Si l'alliage est facile à diviser, on peut le mêler avec sept fois son poids d'un mélange formé de parties égales de carbonate sodique et de soufre, et fondre pendant long-temps dans un creuset de porcelaine, afin de transformer l'étain en sulfosel qu'on séparera des autres par de l'eau. Après cela, on précipitera le sulfure stannique par un acide et on finira par le transformer en oxyde.

On peut encore séparer l'étain du cuivre en les précipitant d'abord sous l'état de sulfures, qu'on fait digérer ensuite dans du sulfure sodique jaune (sulfuré) ; en répétant sept ou huit fois cette digestion, on dissout tout le sulfure stannique et nullement le cuivrique.

Ce procédé peut s'appliquer aussi à la séparation de l'étain d'avec le bismuth, le plomb, le mercure, le cadmium, l'argent, etc. qui, en outre, se dissolvent complétement dans l'acide nitrique ; mais il convient de s'assurer chaque fois si l'oxyde stannique produit par l'acide nitrique n'en contient pas d'autre.

ANALYSE DES SCORIES ET DES ÉMEAUX.

Ces produits étant tout-à-fait réfractaires aux acides, il faut commencer par les réduire en poudre très-fine, puis les fondre avec le mélange de carbonate sodique et de soufre, ou, plus certainement, avec le fluorure sodique et le bi-sulfate potassique, et procéder ensuite aux séparations d'après ce que nous avons indiqué. Il importe d'analyser soigneusement les émeaux communs (pour émailler les marmites de fontes), parce qu'on y introduit souvent, par fraude, du silicate plombique au lieu du stannique.

SEL D'ÉTAIN OU CHLORURE STANNEUX.

On en traite un certain poids par de l'acide nitrique et l'évaporation à siccité ; en reprenant par de l'eau acidulée, tout l'oxyde stannique reste, tandis que la soude et le zinc se dissolvent ; en précipitant celui-ci par du carbonate sodique et dosant l'oxyde zincique, on connaît par différence la quantité de sulfate sodique que le chlorure stanneux contenait. On peut aussi traiter la solution stanneuse par un excès de carbonate ammonique, qui laissera l'oxyde stannique ; en évaporant ensuite la liqueur ammoniacale et calcinant le résidu jusqu'à ce qu'il ne dégage plus d'ammoniaque, on a l'oxyde zincique et le sulfate sodique ; traitant par de l'eau on dissout celui-ci et non l'oxyde zincique, qu'on recueille, lave, dessèche et pèse. Ce qui manque pour constituer le poids de la prise d'essai, représente le sulfate sodique et l'acide sulfurique combiné à l'oxyde zincique ; on peut peser le sulfate sodique calciné.

DOSAGE VOLUMÉTRIQUE DE L'ÉTAIN.

Ce mode de dosage n'est guère satisfaisant : une cause d'inexactitude est l'introduction de l'air pendant l'opération, ainsi que le grand volume d'eau, qui change le degré de combinaison de l'étain.

1° Voici d'abord le *procédé de M. Lensen* : il est assez exact et peu compliqué, mais d'une application restreinte. On dissout l'étain ou le sel stanneux par du chloride hydrique et dans un courant d'acide carbonique ; s'il s'agit de l'étain, on introduit une lame de platine dans le vase, afin de faciliter la dissolution sans employer trop d'acide. Celle-ci achevée, on l'étend d'eau bouillie, puis on y ajoute une solution mixte faite de 1 partie de tartrate sodico-potassique et de 3 p. de carbonate sodique. Dans cette dissolution rendue alcaline et limpide (¹), on met un peu d'empois d'amidon, puis on y verse une solution norma-lisée d'iodure potassique ioduré, jusqu'à ce que la coloration bleue soit persistante : deux atomes d'iode 254 corres-pondent à 1 atome d'étain 118.

Pour normaliser l'iodure potassique ioduré, on dissoudra un poids connu d'étain pur et on mettra sa dissolution dans les conditions qui viennent d'être indiquées.

Ce procédé assez simple, ne peut être suivi lorsque la substance contient d'autres corps capables de réagir sur l'iodure potassique ioduré, soit en formant des précipités, soit en passant à un degré supérieur de chloruration, ce que fait le plus grand nombre des métaux.

2° *Procédé de M. Jean* pour essayer le sel d'étain, la soudure des plombiers et le bronze. Il est fondé sur ce que, en versant goutte à goutte une solution normale de chlo-rure cuivrique dans la dissolution du chlorure stanneux

---

(¹) Car si elle se troublait il faudrait encore y ajouter du tartrate alcalin.

contenant du chloride hydrique libre, le réactif se transforme en chlorure cuivreux, et que la liqueur ne se colore en jaune qu'au moment où tout l'étain est devenu stannique. Une seule goutte de chlorure cuivrique ajoutée en excès suffit à produire la coloration d'une façon très-nette.

Pour opérer, on dissout 0,1 d'étain pur dans 30^{cc} d'acide chorhydrique pur, puis on y verse goutte à goutte une solution de chlorure cuivrique, jusqu'à ce qu'il se produise une légère coloration jaune ; en répétant trois fois cette opération, on connaît le titre du réactif.

La présence du plomb ne gêne pas, parce que son chlorure est complétement dissous par l'acide, et il n'exerce aucune action sur le chlorure cuivrique ; il en est de même pour la petite quantité de fer que peut contenir la soudure des plombiers, puisque le chlorure ferreux n'exerce aucune influence sur l'exactitude du titrage.

Pour faire l'analyse du bronze, on dissout à l'abri de l'air une quantité double de celle indiquée, par du chloride hydrique aidé d'un gros fil de platine, et on obtient ainsi des chlorures stanneux et cuivreux incolores. Alors on partage la dissolution en deux portions égales, dans l'une desquelles on dose l'étain comme il vient d'être indiqué, et dans l'autre on met du chlorate potassique, et on la fait bouillir pour obtenir des bichlorures et chasser l'excès de chlore ; cela fait, on y verse une solution de chlorure stanneux, titrée par rapport au cuivre, jusqu'à ce que la liqueur devienne incolore, de jaune qu'elle était.

DOCIMASIE DE L'ANTIMOINE.

La *stibine*, ou *stilbine*, ou *stilbite*, ou *Grauspiessglanz*, ou sulfide Antimonieux, est la principale espèce minérale exploitée comme minerai d'Antimoine ; elle a généralement pour gangues le Quartz, la Barytine et des Pyrites de fer.

Il est rare qu'elle ne contienne pas un peu d'Arsenic, et parfois un peu de l'or et de l'Argent.

L'Antimoine existe aussi à l'état *natif.*

En outre, on a trouvé dans les filons de stibine un autre minéral formé de $2\,Sb^2\,S^3 + 3\,Fe\,S$, et que l'on a appelé *Haidingérite* ou *Berthiérite*, mais il n'est pas exploité.

L'*Antimoine oxydé*, *sénarmontite* ou *Valentinite*, forme des gîtes assez considérables en Algérie ; on a aussi rencontré une espèce plus oxydée, à laquelle on a donné les noms de *Cervantite* et de *Stiblith*, et que l'on représente par $Sb^2\,O^3$, $Sb^2\,O^5$.

ESSAI PAR LA VOIE SÈCHE.

On ne peut doser qu'approximativement l'Antimoine par la voie sèche, parce qu'il est volatil, ainsi que son sulfure et son oxyde ; qu'en outre, ayant beaucoup d'affinité pour le fer et les métaux alcalins qu'on emploie comme réductifs, il est presque impossible de l'obtenir pur. Le procédé le plus satisfaisant est celui de Levol, qu'on n'exécute que pour obtenir des renseignements sur le traitement métallurgique. Le voici :

On mêle 10 p. de *stibine* avec 20 p. de cyanure ferroso-potassique anhydre, on introduit ce mélange dans un creuset et on le recouvre avec 5 p. de cyanure potassique ; ensuite on ferme le creuset et on le chauffe jusqu'au rouge naissant ou au rouge cerise au plus, afin d'obtenir une masse liquide qu'on laisse refroidir.

Bien que l'on opère à une température peu élevée, l'antimoine obtenu contient toujours un peu de fer, environ 37 %, au dire de l'auteur.

Selon nous, on éviterait l'introduction du fer dans le culot d'Antimoine, ou du moins on la diminuerait, en employant du cyanure potassique et des pointes de Paris ;

mais on n'éviterait pas complétement celle du soufre, de l'Arsenic, ni des autres métaux réductibles.

PRODUITS D'USINES OU COMMERCIAUX DE L'ANTIMOINE.

Ce sont :

1° Le *Régule d'Antimoine*, ou Antimoine métallique brut, qui renferme presque toujours de l'Arsenic, du Plomb et des sulfures de fer et de cuivre.

2° Le *verre d'Antimoine*, ou oxydosulfure d'antimoine fondu.

3° Les *alliages d'Antimoine* et *d'Etain*.

4° Les *Scories* — provenant du traitement des minerais sulfurés.

D'après ce que nous avons fait observer, ces produits ne peuvent être essayés exactement par la voie sèche.

ANALYSE DE L'ANTIMOINE PAR LA VOIE HUMIDE.

Notions préliminaires.

L'Antimoine peut se doser à l'état de sulfure, d'Antimoniate Antimonite et d'Antimoniate sodique.

La *stibine* étant fréquemment accompagnée de gangues pierreuses, ou pyriteuses, inattaquables par le chloride hydrique, il est assez facile de déterminer la quantité d'Antimoine en traitant la prise d'essai par cet acide.

Pour opérer la dissolution, on fait chauffer le minerai avec du chloride hydrique concentré (sans faire bouillir, parce que le chlorure d'antimoine est très-volatil), jusqu'à ce qu'il ne dégage plus de sulfide hydrique. Alors on décante le liquide, on lave le résidu avec du chloride hydrique étendu, mais pas au point de troubler la dissolution (¹), on le dessèche et on le pèse ; ce qui manque pour reproduire le poids de la prise d'essai, indique la quantité de stibine réelle, et, par un calcul, on connaîtra aisément celle de l'antimoine.

Ce procédé est rarement suivi, parce que les divers cas d'analyse sont plus compliqués ; mais voici comment on peut opérer :

1° *A l'état de sulfure.* — La dissolution étant faite par le chloride hydrique, on y ajoute d'abord de l'acide Tartrique (pour éviter qu'elle se trouble par l'eau et pour la rendre acide, ce qui facilite l'action du sulfide hydrique), puis de l'eau bouillante, et on y fait passer un courant de sulfide hydrique jusqu'à ce qu'elle en exhale l'odeur. Alors on abandonne le vase *ouvert* dans un endroit chaud, pendant une demi-heure environ, c'est-à-dire jusqu'à ce que l'odeur du sulfide hydrique ait presque disparu, sans quoi la liqueur retiendrait des traces de sulfure d'Antimoine en dissolution, surtout si elle était antimonique. Arrivé à ce point, on recueille le précipité dans un filtre taré, on le lave sans interruption avec de l'eau pure, on le dessèche à 100° jusqu'à ce qu'il ne diminue plus de poids et on le pèse.

Mais comme il retient encore de l'eau, qu'on ne peut lui enlever qu'à 200°, qu'on ne sait pas au juste à quel état 'Antimoine existait dans la liqueur, et que le précipité est mêlé de soufre, il faut opérer ensuite sur ce sulfure, afin de connaître exactement la quantité d'Antimoine qu'il contient. A cet effet, on l'introduit dans un creuset de porcelaine muni d'un couvercle percé d'un trou par où l'on fait arriver de l'acide carbonique ou de l'air et qu'on chauffe à 230°; au bout de 10 à 12 heures on obtient le sulfide anti-monieux, que l'on pèse.

(¹) Il est préférable d'ajouter l'eau tout d'un coup, parce que alors la liqueur reste limpide.

Comme ce procédé exige beaucoup de temps, il est préférable de transformer le sulfide antimonieux obtenu en Antimoniate Antimonique, ainsi que nous allons l'indiquer.

2° *A l'état d'Antimoniate Antimonique*. — Si l'on a l'Antimoine en dissolution par le chloride hydrique, on l'évapore à siccité dans une capsule de porcelaine avec des additions successives d'acide Nitrique concentré et jusqu'à ce qu'on obtienne une masse d'un blanc jaunâtre ; alors on la chauffe au rouge jusqu'à ce qu'elle ne dégage plus d'oxygène (ce que l'on constate au moyen d'une allumette mal éteinte), et on obient de l'antimoniate Antimonique que l'on pèse, et du poids duquel on calcule celui de l'Antimoine, d'après ceci, que 100 p. en contiennent 79,22 et 20,78 d'oxygène. C'est le dosage le plus exact.

Si l'on a à traiter le sulfure d'antimoine obtenu par précipitation, on le chauffe dans un creuset de porcelaine fermé, avec 8 à 10 fois son poids d'acide Nitrique fumant et jusqu'à expulsion des acides Nitrique et sulfurique, et que deux pesées concordent.

3° *A l'état d'Antimoniate sodique*. — On fond la prise d'essai avec du carbonate sodique, puis on reprend la masse froide par de l'eau froide un peu alcoolisée, qui laisse l'Antimoniate sodique tout-à-fait indissous, et qu'on recueille dans un filtre taré, lave avec de l'eau froide alcoolisée, dessèche et pèse. Mais la composition n'étant pas toujours la même, il y a incertitude dans les résultats.

Le dosage de l'Antimoine à l'état métallique n'est pas exact non plus, parce qu'il s'en dégage à l'état d'Antimoniure hydrique.

ANALYSES SPÉCIALES.

D'après l'exposé que nous avons fait des généralités, nous savons qu'on doit dissoudre les composés d'Antimoine par du chloride hydrique, et que, s'il faut y ajouter un peu d'Acide Nitrique, que ce soit en quantité tellement petite qu'il ne se précipite point d'oxyde antimonique, car si cela arrive, on doit le redissoudre par du chloride hydrique.

a. La dissolution étant donc obtenue bien claire et suffisamment étendue (peut-être additionnée d'acide tartrique), on procède à la séparation des corps y contenus, d'après ce qu'ils sont précipitables ou non par le sulfide hydrique. ce que l'analyse qualitative aura indiqué : tels sont le fer, le manganèse, le cobalt, le Nickel, le zinc et l'uranium. Si la dissolution renferme des oxydes terreux, il faut éviter l'acide tartrique et le remplacer par du chloride hydrique.

b. Si les métaux qui accompagnent l'Antimoine sont aussi précipitables par le sulfide hydrique, on peut les en séparer par le sulfhydrate ammonique de la manière suivante (sans compter que l'acide Nitrique pourra déjà opérer une séparation) :

La dissolution bien claire et contenant Antimoine, cadmium, cuivre, Plomb, Bismuth, Argent et Mercure, est sursaturée par de l'ammoniaque, jusqu'à commencement de précipitation (1); ensuite on y verse du sulfhydrate ammonique jaune, en quantité suffisante pour dissoudre le sulfure d'Antimoine, puis on ferme le vase et le met à digérer à une douce chaleur, jusqu'à ce que le précipité ne diminue plus de volume et qu'il soit noir (à moins qu'il ne contienne du sulfure cadmique). Alors on filtre et on lave le précipité sans interruption avec de l'eau bouillie additionnée de

(1) On doit sursaturer par de l'ammoniaque, parce que la dissolution étant trop acide, le sulfhydrate ammonique ne transformerait pas complétement tous les métaux en sulfures insolubles.

sulfhydrate Ammonique. De la liqueur filtrée on précipite le sulfure d'Antimoine par du chloride hydrique étendu, ou par de l'acide Acétique, que l'on ajoute peu à peu jusqu'à ce que la dissolution devienne légèrement acide. Le sulfure d'Antimoine ainsi obtenu ne peut être dosé ; il faut continuer l'analyse comme il a été indiqué précédemment.

c. Si le sulfure d'étain accompagne le sulfure d'antimoine, il faut les transformer en oxydes par l'acide Nitrique, et puis les reprendre par de l'acide tartrique qui dissoudra l'Antimonique et non le Stannique, ou les transformer en Antimoniate et Stannate sodiques, dont le dernier est soluble dans l'eau.

d. Sulfures d'Antimoine et d'Arsenic : le moyen le plus simple de les séparer est de les traiter par une solution de carbonate ammonique, qui dissout le sulfure d'Arsenic et non celui d'Antimoine ; ou de les dissoudre par de l'eau régale, puis d'ajouter de l'acide Tartrique à la dissolution, ensuite du réactif triple Magnésique, qui précipitera tout l'acide Arsénique et nullement l'antimoine.

PRODUITS D'USINES ET COMMERCIAUX DE L'ANTIMOINE.

Ces produits sont :

1° Le *Régule d'Antimoine* ou Antimoine brut, contenant presque toujours de l'Arsenic, du Plomb et des sulfures de fer et de cuivre.

2° Le *verre d'Antimoine* ou sulfure d'Antimoine fondu et plus ou moins oxydé.

3° Les *alliages d'Antimoine et d'Etain*.

4° Les *scories*.

L'analyse de ces produits ne peut plus nous offrir de difficulté, puisque nous savons qu'on sépare le fer, le cuivre et le Plomb d'avec l'Antimoine par un excès de sulfhydrate Ammonique, qui les précipite et redissout les sulfures d'Arsenic et d'Antimoine. Et encore le Plomb, en additionnant la dissolution au préalable d'acide Tartrique, puis y versant de l'acide sulfurique très-étendu et filtrant, on obtient tout le plomb à l'état de sulfate.

Le sulfide Antimonieux qui est en solution avec le sulfide Arsénieux dans le sulfhydrate ammonique, en est ensuite précipité par du carbonate ammonique.

Nous nous occuperons encore un peu de l'analyse des alliages d'Antimoine et d'Etain.

1° Le *Métal Anglais* est formé de 90 p. d'Etain et de 10 p. d'Antimoine.

2° Le *Britannia Métal* est formé de 86,7 d'Etain, de 10,3 d'Antimoine et de 2,9 de zinc et d'un peu de cuivre.

3° Les *caractères d'imprimerie* sont formés de 27 d'Antimoine, de 73 de Plomb, presque toujours d'étain aussi, et quelquefois d'un peu de fer, pour les rendre plus solides.

4° Nous ajouterons l'*Emétique* comme quatrième sorte de produit commercial, parce que c'est le plus important des sels d'Antimoine.

PROCÉDÉ DE ROSE POUR SÉPARER L'ANTIMOINE D'AVEC L'ÉTAIN.

On attaque l'alliage bien divisé par de l'acide nitrique de 1,4 de densité, on évapore à siccité, puis on chauffe au rouge pendant quelque temps ; ensuite on fond la masse des deux oxydes avec 8 fois son poids de soude caustique dans un creuset d'Argent, et après le refroidissement, on la reprend d'abord par beaucoup d'eau chaude, ensuite par de l'eau additionnée d'un tiers d'alcool, et l'on abandonne le vase au repos jusqu'à ce que tout l'Antimoniate sodique soit déposé ; alors on le filtre, on le lave à l'eau additionnée de son volume d'alcool, et on termine le lavage par de l'alcool additionné d'un tiers d'eau et d'un peu de carbonate sodique. Le lavage est continué jusqu'à ce qu'une portion additionnée d'acide sulfurique ne précipite plus par le sulfide hydrique ; ensuite on redissout cet antimoniate par du chloride hydrique et de l'acide Tartrique, puis on le précipite par un courant de sulfide hydrique, et etc.

Pour doser l'étain, on le précipite de la dissolution privée d'alcool et rendue acide, par le sulfide hydrique également, et l'on transforme ensuite le sulfure stannique en oxyde, etc.

SÉPARATION DE L'ANTIMOINE, DE L'ÉTAIN ET DE L'ARSENIC.

a. L'attaque de la prise d'essai, puis sa transformation en Arséniate, Stannate et Antimoniate sodiques, et la séparation de ce dernier, s'exécutent comme il est indiqué au procédé de Rose. Ensuite la solution d'Arséniate et de stannate sodique (1) est privée d'alcool par l'évaporation à siccité, et le produit solide est chauffé dans un tube de verre à une boule sous un courant de sulfide hydrique : le sulfure d'arsenic se sépare du stannique et va se redissoudre dans de l'ammoniaque, et etc.

b. D'après *Clarke*, on ajoute à leur dissolution 20 fois autant d'acide oxalique qu'elle contient d'étain, puis on la sature de sulfide hydrique, qui précipite l'Antimoine et l'Arsenic et non l'Étain ; après un repos suffisant on filtre, et l'on achève l'analyse, comme il a été indiqué.

ESSAI DE L'ÉMÉTIQUE.

L'Émétique peut contenir un excès d'oxyde d'Antimoine, de la crême de Tartre, du chlorure calcique, du sulfate potassique, des oxydes de fer, de cuivre, d'étain, de l'arsenic etc. En opérant la solution aqueuse d'une prise d'essai et l'abandonnant au repos, l'excès d'oxyde Antimonique se

(1) Selon nous, on doit s'assurer si elle ne contient plus de l'Antimoine, en l'acidulant d'un peu de chloride hydrique, puis y plongeant une lame d'étain : s'il y a encore de l'Antimoine, il se précipitera.

dépose; on le recueille dans un filtre taré, on le lave, le dessèche et le pèse. Pour connaître la quantité de crême de tartre, il faut doser la potasse, et l'oxyde Antimonique, puis déterminer par le calcul les rapports qui doivent exister entre les constituants de l'Émétique; on connaîtra de la sorte la quantité de crême de Tartre existant en trop. Quant aux autres corps, on les séparera respectivement, pour les doser ensuite, au moyen de l'Azotate Argentique, de l'oxalate Ammonique, de l'Azotate ou du chlorure Barytique, de l'Ammoniaque (pour l'oxyde ferrique), de la potasse (pour l'oxyde cuivrique), de l'acide Nitrique (pour l'étain), du sulfhydrate Ammonique, puis du carbonate ammonique pour l'Arsenic. Le fer, le cuivre et l'étain peuvent se trouver dans l'émétique par suite de l'emploi de vases métalliques à sa préparation.

DOSAGE VOLUMÉTRIQUE DE L'ANTIMOINE.

Il n'existe pas encore de procédé volumétrique assez exact pour doser l'antimoine.

On a bien conseillé la sulfhydrométrie, c'est-à-dire la détermination du sulfide hydrique produit par un poids de sulfure d'antimoine traité par du chloride hydrique, mais comme le sulfide antimonieux n'est jamais pur, qu'il contient d'autres sulfures, notamment celui d'arsenic et de l'antimoine oxydé, la quantité de sulfide hydrique qu'il dégage dans ces cas ne permet pas de déduire celle de l'antimoine.

La sulfhydrométrie convient, au contraire, pour doser le soufre et le sulfide hydrique.

DOCIMASIE DE L'OR.

L'or est très-disséminé dans la nature, mais on ne le trouve qu'en petite quantité à la fois, excepté dans les gisements de l'Oural, de la Californie et de l'Australie.

Le 20 janvier 1848, un nommé Marshall découvrit en Californie une pépite d'or pesant une once ; en 1873 on en a trouvé une en Australie, dans la concession de l'Eldorado, qui pesait 17 onces.

L'or ne constitue qu'un petit nombre d'espèces minérales, dont les principales sont :

1° L'*or natif*, qui est pur, ou allié en diverses proportions avec l'argent et le cuivre ; il renferme quelquefois du fer aussi. L'argent lui communique une teinte bleue.

2° L'*or allié au rhodium*, au Palladium, comme au Brésil ; à l'Iridium, comme en Californie.

3° L'*or graphique* ou tellurure argentifère, ou or de Nagyag.

4° Le *tellure feuilleté* ou tellure plombo-argentifère.

5° Le *tellurure sulfo-plombifère* ou Blater-erz, que l'on appelle encore Tellure natif auro-Plombifère.

On peut encore ajouter à ces espèces, certaines Pyrites, Blendes et Stibines, qui sont plus ou moins aurifères.

L'Europe n'a presque pas de mines d'or ; c'est en Hongrie que sont les principales. Au commencement de 1860, on en a trouvé dans les terrains métamorphiques de la nouvelle Écosse, dans le comté d'Halifax ; en 1861, près de la rade de Tanger, on a trouvé des sables très-riches en or et qui contenaient un peu d'argent aussi.

ESSAI PAR LA VOIE SÈCHE.

Sous le rapport de l'essai par la voie sèche, on distingue aussi deux classes de minerais d'or, comme pour l'argent.

La première comprend ceux qui ne peuvent passer immédiatement à la coupellation ;

La seconde comprend les minerais et les alliages qui peuvent y passer directement.

Quant aux alliages d'argent, d'or et de platine, ils ne peuvent être essayés que par la voie humide.

Essai des minerais de la première classe.— On procède absolument de la même manière que pour les essais des substances argentifères analogues, c'est-à-dire, par fusion après grillage ou sans grillage, ou par scorification; mais comme ces matières sont presque toujours extrêmement pauvres, on opère sur 25 grammes au moins. Lorsqu'elles contiennent de l'oxyde plombique, on les fond avec du flux noir; et lorsqu'elles ne contiennent que des substances oxydées et pas d'oxyde plombique, on les fond avec du flux noir et de la litharge; quand elles se composent essentiellement de gangues pierreuses, mêlées de substances oxydables, telles que les pyrites arsénicales, ou les cuivreuses, ce qui est assez fréquent, on les fond avec de la litharge seulement; enfin quand ce sont des substances oxydables presque pures, on les fond avec de la litharge et du nitre, afin de ne pas avoir trop de plomb à coupeller. Le tout doit être en fusion bien liquide, pour qu'il ne reste pas des grenailles métalliques dans les scories, et si la masse à fondre est considérable, on la fond en deux fois dans des creusets remplis aux trois quarts. Si la matière renferme du soufre, il faut l'en expulser complétement par cette fusion, sans quoi il formerait du sulfure alcalin, lequel retiendrait une certaine quantité d'or, qu'on ne pourrait lui enlever totalement par le plomb, ni par aucun autre métal; il est bon de recouvrir de borax le mélange à fondre.

Pyrites aurifères. 1° D'après M. Boussingault, on doit les griller complétement afin de les transformer en oxyde, qui est plus léger que le sulfure, puis soumettre le produit obtenu à un lavage sur l'augette, pour entrainer les parties les plus légères et laisser les paillettes d'or au fond, qu'on recueille ensuite et coupelle pour avoir de l'or pur. Il faut opérer sur 200 gr. au moins de pyrites.

2° D'après M. Schwartz (1876), la pyrite n'est pas attaquée par l'acide sulfurique étendu, mais si on la convertit en monosulfure, par fusion avec du fer, le produit devient facilement attaquable, et les sulfures d'argent, d'or, etc. qui l'accompagnent, restent indissous.

Pour opérer, on fond 100 gr. de pyrite avec 46 gr. de limaille de fer sous une couche de sel marin, puis on concasse le monosulfure de fer formé, et on l'attaque par de l'acide sulfurique étendu dans un appareil à dégagement. La partie insoluble est lavée, desséchée, puis soumise à un grillage complet, et le produit est mêlé avec du borax et 2 gr. environ de grenaille de plomb, ensuite fondu au moufle jusqu'à ce que le plomb soit réuni en un globule unique, nageant dans la scorie ferrugineuse. Après le refroidissement, on le sépare de la scorie et on le soumet à la coupellation. — Ce qui nous y conduit.

Essai des matières de la seconde classe. — Cette classe comprend les minerais analognes à ceux de l'argent, qu'on peut coupeller immédiatement, et les alliages obtenus par les procédés précédents.

La coupellation des alliages d'or et de plomb se fait de la même manière que celle des alliages d'argent et de plomb ; elle présente moins de difficultés, l'or n'étant pas volatil, ayant moins de tendance à entrer dans la coupelle, et étant peu sujet à rocher parce qu'il n'est pas oxydable. S'il contient une notable proportion d'antimoine, l'essai peut manquer parce que l'oxyde antimonique fait ordinairement fendre la coupelle.

Les alliages d'or et de cuivre se coupellent comme ceux d'argent et de cuivre, mais celui-ci ayant une grande affinité pour l'or, il faut une plus forte proportion relative de plomb pour déterminer son oxydation que lorsqu'il est allié avec l'argent. Cette proportion de plomb varie d'après la quantité de cuivre contenue dans l'alliage et la température ; mais on admet que pour le même titre et dans les mêmes circonstances, il faut deux fois autant de plomb pour l'or, que pour l'argent, et dans ce cas la forte quantité d'oxyde plombique qui se forme, liquéfie l'oxyde d'antimoine et le fait passer dans la coupelle, ainsi qu'un peu d'or. Et cependant quelque grande que soit la proportion ajoutée, le bouton de retour retient toujours un peu de cuivre qu'une nouvelle coupellation ne peut lui enlever, et qui occasionne ce qu'on nomme la *surcharge*. Pour l'éviter, on ajoute à l'essai, d'après les données de l'expérience, trois fois plus d'argent qu'il ne contient d'or et l'on fond pour obtenir un alliage triple, ce qui s'appelle faire l'*inquartation* ou la *quartation*, puisque l'or n'y est que pour un quart ; on y ajoute ensuite du plomb et on le coupelle. Dans cette condition, l'or abandonne plus facilement le cuivre et s'allie préférablement avec l'argent ; on obtient donc, après la coupellation, un alliage d'or et d'argent que l'on dissocie par des traitements à l'acide nitrique étendu et répétés jusqu'à dissolution complète de l'argent, tandis que l'or reste enfin purifié ; on le lave, le dessèche et le pèse. Cette séparation de l'or d'avec l'argent est appelée *départ*, du vieux verbe français *départir*, qui signifie séparer.

Le Platine allié avec l'or et le cuivre rend encore la séparation de ce dernier plus difficile par la coupellation, parce qu'il est infusible et inoxydable ; il faut alors, outre le Plomb, y ajouter aussi trois à quatre fois plus d'Argent qu'il n'y a de l'or et du Platine, ensuite coupeller. Après cela, on traite le bouton obtenu par de l'acide Nitrique à plusieurs reprises, et l'or reste seul indissous.

Nous ne décrivons pas en détail ces deux opérations, parce que d'après les expériences faites au Mexique par M. Napier, et celles de M. Domeyko au Chili, il est reconnu que l'or et l'Argent chauffés jusqu'à la fusion en présence du cuivre, acquièrent une volatilité plus considérable que celle qu'ils possèdent à l'état isolé ; c'est pourquoi ils ont aussi conseillé d'abandonner la coupellation. Donc, volatilisation, pénétration dans la coupelle et surcharge, sont autant de causes de non-réussite et d'inexactitude qui commandent d'opérer ces analyses par la voie humide.

PRODUITS D'USINES ET COMMERCIAUX DE L'OR.

Ces produits sont l'or brut, les divers alliages monétaires et ceux qui servent à fabriquer tous les objets d'orfévrerie et de bijouterie ; les cendres d'orfèvres, les résidus des creusets, les déchets des papiers et des bois dorés, enfin les suies provenant des cheminées des essayeurs et les balayures d'ateliers des fabricants d'objets d'or et d'Argent.

L'or du Commerce n'est jamais pur, parce qu'on y allie toujours une certaine quantité de cuivre, afin de le rendre plus dur ; mais les lois de chaque pays déterminent la quantité des métaux qu'on peut y allier pour faire les monnaies surtout, et d'après cela on exprime aussi le titre de ces divers alliages par des fractions décimales comme ceux d'Argent.

Si l'on veut faire l'essai de l'or du commerce, des divers alliages, des monnaies, des médailles et d'autres objets ouvrés, on y procède par la coupellation comme nous l'avons indiqué, en exécutant d'abord la *quartation*, puis la *coupellation* proprement dite et enfin le *départ*.

Essai des cendres. — Celles-ci étant parfaitement divisées et desséchées, on en prend 10 gr. qu'on mêle avec 100 gr. de céruse hollandaise (ne contenant ni Argent, ni Barytine). Si les cendres sont grises ou noires, on n'y ajoute que de la céruse ; mais si elles sont blanches, on y ajoute, en outre, un demi-gramme de colophane, comme réductif, puis on chauffe le mélange au rouge vif dans un creuset de terre. Après le refroidissement, on obtient un culot de plomb et des métaux précieux recouverts d'une scorie ; on le bat sur une enclume, ensuite on le soumet à la coupellation.

Si les cendres sont très-pauvres, on opère sur 20 à 30 gr., sans augmenter la proportion de céruse.

Résidus de dorures, bronzes, bois, papiers dorés, etc. Ces objets sont d'abord incinérés, puis fondus pour obtenir l'or sous la forme d'un culot; ou bien on les plonge dans un acide pour dissoudre les métaux autres que l'or, et puis on traite celui-ci par la coupellation avec du plomb.

Mais nous répétons qu'il est préférable de recourir à la voie humide, surtout pour la détermination des alliages titrés, et voici encore une des raisons pourquoi : On sait, depuis longtemps que les vieilles ornementations d'Argent, les monnaies et les alliages d'or, d'Argent et de cuivre ont une grande tendance à devenir *cristallines et friables*. « J'ai, a dit M. J. B. Gladstone, en 1872 à Londres, une broche antique en argent, contenant une petite quantité de cuivre, et qui vient de l'île de Chypre ; elle est vieille au moins de 1500 ans, et présente presque partout *une cassure semblable à celle du fer fondu, et son poids spécifique a diminué dans le rapport de* 10 *à* 9. Or cette manière de se comporter de certains métaux et de leurs alliages, *de changer d'aspect et de volume*, doit attirer l'attention de ceux qui sont chargés de faire des étalons pour les mesures ou les titres légaux.»

ANALYSE DE L'OR PAR LA VOIE HUMIDE: $Au = 197$

Notions Préliminaires.

L'or se dose habituellement à l'état métallique ; on peut aussi le précipiter à l'état de sulfure.

Il peut être séparé des métaux dont il a été question précédemment, par suite de son insolubilité dans les acides, et encore par précipitation de sa dissolution dans l'eau régale au moyen de certains sels au minimum, notamment le sulfate ferreux, ou certaines substances organiques, telles que l'hydrate de chloral en présence de la potasse, ou l'acide oxalique; par plusieurs métaux, tels que le zinc, le cadmium et le magnésium etc.; on lave ensuite l'or précipité avec du chloride hydrique, puis avec de l'eau, on le dessèche et on le pèse.

1° Lorsque l'or est dissous, on le précipite au moyen du sulfate ferreux, après avoir ajouté du chloride hydrique à la liqueur pour dissoudre tout l'oxyde ferrique qui se forme. Pour que l'or se précipte complétement, la liqueur ne doit point contenir de l'acide Nitrique libre en même temps que du chloride hydrique ou un chlorure, ni des nitrates avec du chloride hydrique; si elle en contenait, il faudrait l'évaporer avec addition de chloride hydrique, pour détruire l'acide Nitrique, puis reprendre par de l'eau pour avoir une solution étendue, à laquelle on ajouterait un excès de sulfate ferreux, et qu'on abandonnerait pendant quelque temps à une douce chaleur pour compléter la réaction. L'or ainsi précipité est ensuite recueilli dans un filtre, lavé, desséché, grillé et pesé.

La réaction du sulfate ferreux est si complète comme réductif, qu'elle est sensible même dans une dissolution qui ne contient que 1/64000 de son poids d'or à l'état de chlorure.

M. Levol a également conseillé le chloride Antimonieux pour réduire le chloride Aurique : 177 de ce réactif précipitent 100 d'or; mais le sulfate ferreux étant plus commun et plus pur, lui est préféré.

2° Pour précipiter l'or par l'acide oxalique, on débarrasse d'abord la dissolution de son acide nitrique, comme nous venons de l'indiquer, ensuite on y verse un excès d'une solution d'acide oxalique, ou d'oxalate ammonique, ou de bioxalate potassique et du chloride hydrique, si elle n'en contient déjà ; cela fait, on couvre le vase pour que le dégagement d'acide carbonique ne produise pas de projections, et on l'abandonne au repos pendant deux jours à une douce chaleur. Au bout de ce temps, tout l'or est précipité sous la forme de paillettes jaunes, qu'on recueille dans un filtre, lave, dessèche et grille. C'est l'acide oxalique qui, en se décomposant par le chloride hydrique, fournit l'oxyde carbonique, le réductif du chloride aurique.

Les oxalates neutres produisent cette réduction au bout de quelques heures et sans qu'il y ait besoin de faire bouillir la dissolution, laquelle doit être très-étendue et la moins acide possible; on fait usage d'acide oxalique quand il y a d'autres métaux que l'or dans la dissolution qui seraient précipités par un oxalate.

3° Pour précipiter l'or par le sulfide hydrique, on dégage celui-ci dans la dissolution froide de chloride aurique très-étendue et privée d'acide nitrique : il se forme du sulfure d'or, qu'on recueille, lave, dessèche et grille, de façon à expulser tout le soufre à l'état d'acide sulfureux et d'obtenir l'or seul, qu'on pèse.

ANALYSES SPÉCIALES.

1° La prise d'essai est ordinairement attaquée par de l'eau régale, qui en dissout tout l'or et laisse les gangues pierreuses indissoutes, ainsi que le chlorure argentique ; ensuite on précipite l'or par l'un ou l'autre des procédés que nous venons de décrire et selon les métaux qui l'accompagnent. Mais l'eau régale ne suffisant pas pour tous les cas, voici comment on peut encore s'y prendre.

2° Pour dissoudre l'or et tous ses composés insolubles dans l'eau, on emploie une solution concentrée de chlore, ou préférablement la teinture aqueuse d'iode ou l'eau bromée, pour de grandes quantités d'or: on obtient de la sorte des dissolutions qui renferment bien moins d'autres oxydes que lorsqu'on emploie le chlore naissant (eau régale).

3° Ou encore : une solution de chlorure sodique, saturée par un courant de chlore, dissout l'argent et l'or qui l'accompagne ; donc, pour extraire ces deux métaux des sulfures naturels, il suffit de griller le minerai, puis de le soumettre à l'action de la solution de chlorure sodique chlorée ; ou mieux de mêler le minerai d'or avec du peroxyde Manganique, d'y ajouter du chloride hydrique et de chauffer modérément. Ce traitement répété donne l'or entièrement dissous ; s'il y a de l'argent en même temps, on mélange la prise d'essai avec deux parties de suroxyde Manganique, 6 de chlorure sodique, et l'on traite par de l'acide sulfurique.

L'excès de chlorure sodique a pour but de maintenir le chlorure argentique en solution, et celle-ci est d'abord traitée par du fer pur, pour en précipiter le cuivre, ensuite par du sulfate ferreux pour en précipiter l'or et y laisser l'argent (Crace Calvert).

Comme un exemple d'analyse compliquée, nous supposerons une dissolution qui contient or, cuivre, uranium, Bismuth, cadmium, Nickel, cobalt, zinc, fer, Manganèse et des oxydes terreux et alcalins ; on en séparera l'or par l'acide oxalique, comme il a été indiqué, et non par un oxalate, qui précipiterait le plus grand nombre des autres métaux.

Nous pouvons passer actuellement à l'analyse des produits d'arts.

PRODUITS D'USINES ET COMMERCIAUX DE L'OR.

Ce sont principalement des alliages d'or et de cuivre, tels que ceux des monnaies et des médailles, puis des alliages d'or, d'Argent et de cuivre pour les bijoux ; ensuite des résidus de creusets ou d'ateliers, et des bois, ou des métaux, ou des papiers dorés, etc. 21

Théoriquement on peut séparer facilement l'or d'avec l'argent, vu son insolubilité dans l'acide Nitrique, mais pour y arriver pratiquement, il ne faut pas oublier quelques particularités de ces alliages; les voici:

1° Lorsqu'on dissout dans l'eau régale un alliage d'or et d'argent, contenant moins de 15°/₀ de ce dernier, tout l'or est dissous et l'Argent précipité à l'état de chlorure;

2° Lorsque l'alliage renferme plus de 15°/₀ d'Argent, le chlorure Argentique formé recouvre le restant de l'alliage, le préserve du contact de l'acide et tout l'or n'est pas dissous;

3° Quand on traite par de l'acide Nitrique un alliage contenant 80°/₀ ou plus d'argent, tout l'or reste indissous, tandis que l'argent se dissout;

4° Quand l'alliage renferme moins de 80 °/₀ d'argent, l'acide Nitrique ne dissout pas tout l'argent.

De ce qui précède, l'analyse par la voie humide doit varier selon la richesse de l'alliage. Si celui-ci contient moins de 15°/₀ d'argent, on le dissoudra dans de l'eau régale; s'il contient plus de 80°/₀ d'Argent, on l'attaquera par de l'acide Nitrique, qui ne dissoudra que ce métal; enfin, s'il contient entre 15 et 80 °/₀ d'Argent, on le fondra dans un creuset de porcelaine avec 3 parties de Plomb, puis on attaquera le nouvel alliage par de l'acide Nitrique, qui laissera l'or intact.

Soit un alliage d'or, d'Argent et de Plomb. — Selon les quantités respectives de ces métaux, on peut en opérer la séparation en traitant la prise d'essai par de l'acide Nitrique étendu, qui laissera l'or indissous; mais d'après ce que nous venons de rappeler, il peut arriver que l'acide Nitrique ne produise pas cette séparation; alors il faut dissoudre l'alliage par de l'eau régale à froid: la plus grande partie de l'argent sera précipitée et du plomb aussi; ensuite on évapore à siccité pour chasser l'acide Nitrique, en y aidant par du chloride hydrique.

La masse étant reprise par une assez grande quantité d'eau, on obtient une dissolution de chlorures aurique et plombique (le restant), qu'on précipite par de l'acide oxalique, etc.

S'il se forme d'abord un précipité blanc, c'est de l'oxalate plombique, qu'on doit séparer immédiatement, puis faire bouillir la liqueur et l'abandonner au repos pendant 40 heures, pour que tout l'or soit réduit et bien rassemblé.

Selon nous, l'emploi de l'acide sulfurique étendu serait plus convenable pour éliminer d'abord le Plomb.

Bois, papiers, métaux dorés, etc. - Pour les matières combustibles, on commence par les incinérer, puis on traite les cendres par de l'eau régale ; pour les métaux dorés, on les plonge dans de l'eau régale faible, de manière à leur enlever tout l'or, que l'on détermine ensuite par le sulfate ferreux, ou par l'acide oxalique.

Pour analyser les bains à dorer qui ont déjà servi, on évapore à siccité une quantité pesée ou mesurée, puis on pèse le résidu, on y ajoute partie égale de chlorure ammonique et on chauffe le mélange dans un creuset de porcelaine jusqu'à expulsion complète de l'ammoniaque ; ensuite on dissout le restant dans de l'eau bouillante additionnée d'un peu de chloride hydrique et l'on filtre pour séparer la partie non dissoute, qui est l'or, sous la forme d'une masse spongieuse, qu'on lave complétement, dessèche et pèse. S'il contient de l'oxyde de fer, provenant du prussiate de potasse, employé à la dorure (dans le bain), on le redissout par de l'eau régale, puis on traite la dissolution par du sulfate ferreux et etc.

Les Bains Photographiques qui contiennent simultanément de l'or et de l'argent, sont également précipités par du sulfate ferreux, et le précipité lavé complétement est ensuite traité à chaud par de l'acide Nitrique ; la dissolution, étendue d'eau, est filtrée, puis additionnée de chloride hydrique, qui précipite tout l'argent à l'état de chlorure ; le résidu indissous par l'acide Nitrique est repris par de l'eau régale et la dissolution en provenant est précipitée par du sulfate ferreux, ou de l'acide oxalique.

DOSAGE DE L'OR PAR LA VOIE VOLUMÉTRIQUE.

1º Suivant Gay-Lussac, on peut faire très-exactement l'essai des alliages d'or, d'argent et de cuivre au moyen d'une solution titrée de chlorure sodique.

Lorsque l'alliage contient au moins 5 à 6 fois plus d'argent et de cuivre que d'or, on en prend un poids renfermant approximativement 1 gr. d'Argent, on l'attaque par dix fois son poids d'acide Nitrique à 32º dans un matras d'une contenance de 200 gr. d'eau et l'on fait bouillir pendant 10 minutes ; ensuite on termine l'essai comme à l'ordinaire, c'est-à-dire avec les liqueurs normale et décime de chlorure sodique. Cela fait, pour séparer l'or resté indissous, d'avec le chlorure argentique, on sature avec de l'ammoniaque, qui dissout le dernier et non l'or ; on lave celui-ci avec de l'eau ammoniacalisée, on le dessèche au rouge et on le pèse. Si l'or était allié à l'argent et au cuivre dans un plus grand rapport que de 1 à 6, on y ajouterait une quantité connue d'Argent, que l'on retrancherait après l'essai. Pour cela, on fond le mélange recouvert de borax et mis dans un cornet de papier, afin que rien du bouton n'adhère au creuset de porcelaine.

2º Le procédé volumétrique le plus simple encore est celui de Hempel, et consiste à réduire le chloride Aurique par une solution normale d'acide oxalique, dont on repêche l'excédant par une solution de *caméléon minéral* normalisée par rapport à ce dernier acide. Un atome de chloride Aurique en décompose trois d'acide oxalique, ou bien 1ᶜᶜ de celui-ci équivaut à 1/3 de millième d'équivalent d'or. Voici comment on opère :

On introduit la dissolution aurique *neutre* dans un flacon
le 300ᶜᶜ et on y ajoute la quantité d'acide oxalique normal
nécessaire, c'est-à-dire 7 à 8ᶜᶜ pour 0,5 gr. d'or. On l'abandonne pendant 24 à 48 heures dans un lieu chaud, jusqu'à
décoloration de la liqueur, et que l'or soit déposé sous
la forme de lamelles ; alors on y ajoute de l'eau jusqu'à la
marque des 300ᶜᶜ, on l'agite et l'on en prend 100ᶜᶜ avec une
pipette, desquels on dose par le *caméléon minéral* l'acide
oxalique ajouté en trop et qu'on retranche du nombre
total des centimètres cubes. L'argent et le cuivre sont sans
influence, mais le mercure doit être volatilisé au préalable
par la chaleur, et le plomb se précipite également par l'acide
oxalique.

M. Mohr, bien que partisan des procédés de dosage volumétriques, dit, dans son ouvrage, que l'or, étant un métal
très-précieux, qu'on peut précipiter si facilement à l'état
métallique, doit plutôt être dosé par la pesée que par des
procédés volumétriques par reste ou par différence.

DOCIMASIE DU PLATINE.

Le Platine se trouve en grains, ou en pépites disséminées dans les terrains de transport anciens qui contiennent
l'or et le diamant ; ses principaux gisements sont dans les
monts Ourals et dans la Colombie, puis viennent ceux de la
Californie, de l'Australie, du Brésil, du Canada, etc.

Le platine ne forme pas de composés naturels avec les
métalloïdes, mais bien avec certains métaux, tels que le
Palladium, l'iridium, le Rhodium, l'osmium et le Ruthénium, que pour cela on a appelés les métaux du platine,
avec lequel ils sont isomorphes.

Les principales variétés sont :

1° *Le platine ferrifère* des monts Ourals, qui, parfois, est
fortement magnétique ;

2° *Le platine polyxène*, qui est un alliage de platine, de Palladium, d'iridium, de rhodium, de ruthénium, d'un peu d'osmium, de fer et de cuivre ; en outre, on trouve des variétés d'osmiure d'iridium, sous la forme de petites tables hexagonales ou de grains arrondis très-durs.

Les minerais de Platine sont séparés des sables et des autres substances pierreuses par des lavages suffisants, qui donnent ainsi des alliages métalliques presque privés de gangue ; il n'y reste ordinairement qu'un peu de quartz, ou de zircon, ou de fer chromé, ou titané.

ESSAIS PAR LA VOIE SÈCHE.

Ces essais ont plutôt pour but de séparer le platine d'avec ses compagnons naturels, afin de l'avoir le plus pur possible, que d'en déterminer le poids jusqu'à la dernière fraction ; ce sont donc des procédés de préparation du platine.

Voici en résumé ce qui en est :

1° D'après MM. Deville et Debray, on fond le minerai, au moyen du gaz d'éclairage, dans un four-creuset en chaux, en ajoutant 2 à 5 % de chaux, qui s'empare de l'oxyde de fer, et l'on coule le platine fondu dans une lingotière en chaux. Pour l'affiner complétement, on le fond à plusieurs reprises dans une atmosphère oxydante, et on obtient un alliage de platine, d'iridium et de rhodium et peut-être d'or aussi.

2° *Procédé par coupellation.* — On sépare d'abord le platine d'avec le fer et le cuivre par la voie sèche, en chauffant le minerai dans un creuset de terre avec des quantités égales de galène et de plomb : le fer et le cuivre se sulfurent et se mélangent avec le sulfure de plomb, tandis que le platine se fond dans le plomb, que l'on coupelle ensuite. Le produit est formé de la litharge, du platine et de l'excès de plomb ; on le chauffe dans le creuset de chaux, comme il vient d'être indiqué, et de façon à volatiliser tout le plomb.

3° *Par la voie mixte.* — On attaque le minerai par de l'eau régale, qui ne dissout pas l'osmiure d'iridium ; on évapore les chlorures dissous, puis on les calcine : les métaux du platine sont réduits, et les métaux oxydables restent à l'état d'oxydes ; on peut les séparer par un simple lavage, qui entraîne les matières terreuses et laisse les métaux denses, que l'on fond dans le fourneau-creuset de chaux.

ANALYSE DU PLATINE PAR LA VOIE HUMIDE : $Pt = 197$.

Notions préliminaires.

Le platine peut se doser à l'état de chlorure platinico-ammonique ou potassique, et à l'état métallique surtout.

Pour le séparer d'avec presque tous les autres métaux, on se base sur son insolubilité dans les acides, sur sa non oxydation par le grillage, sur l'insolubilité de son chlorure double ammonique ou potassique, et sur la réduction à l'état métallique de tous ses composés. Ainsi donc les métaux solubles par les acides seront dissous ; ceux qui y sont insolubles seront d'abord oxydés par le grillage puis dissous, et les autres (platine et or) seront attaqués par l'eau régale ; de cette dissolution on séparera le platine par les procédés suivants :

ANALYSES SPÉCIALES.

Or et Platine. — 1° Pour les séparer, on ajoute de l'alcool à leur dissolution concentrée faite par l'eau régale, et on précipite le platine par une solution également concentrée de chlorure potassique ; lorsque tout le chlorure platinico-potassique est précipité, on le lave avec de l'alcool et un peu d'eau froide, puis avec un mélange d'alcool et d'éther, on le dessèche à 100° et on le pèse. Mais pour plus de certitude, il est préférable de décomposer le chlorure double par la chaleur, de lui enlever le chlorure potassique par de l'eau, de faire rougir le platine restant et de le peser.

On pourrait y arriver directement en précipitant le platine à l'état de chlorure platinico-ammonique, qu'on calcinerait ensuite sous un courant d'hydrogène, afin d'avoir le platine seul, mais on craint qu'il ne retienne du chlorure de platine qui serait entraîné par le chlorure ammonique.

2° En décomposant leur dissolution par une solution *récente* de chlorure ferreux à une très-douce chaleur continuée pendant 12 heures, l'or réduit est alors précipité. Si l'on employait l'acétate ferreux, le platine serait réduit aussi, de même que si l'on employait le sulfate ferreux et un alcali.

3° *Un alliage d'or et de platine* n'est pas attaqué par l'acide nitrique ; mais s'il contient trois fois son poids d'argent, l'acide nitrique dissout entièrement le platine et l'argent tandis que l'or reste intact.

4° *Or, platine et argent.* — On peut en séparer l'Argent en faisant bouillir cet alliage avec de l'acide sulfurique, ou bien encore par fusion avec du bisulfate potassique.

Platine et iridium. — 1° Si ce dernier est en *petite quantité*, on dissout l'alliage par de l'eau régale, on ajoute un grand excès d'acide chlorhydrique à la dissolution, et puis on la précipite par du chlorhydrate ammonique : l'iridium reste dans la dissolution.

2° Selon Berzélius, le chloroplatinate ammonique contenant de l'iridium est chauffé au rouge dans un creuset de platine avec le double de son poids de carbonate sodique : il se forme dans ce cas du chlorure potassique, du platine métallique et de l'oxyde iridique ; on traite la masse fondue par de l'eau, puis par du chloride hydrique, afin d'enlever tout l'alcali, ensuite par de l'eau régale *étendue* pour ne dissoudre que le platine et laisser l'oxyde d'iridium, qui retient toujours un peu de platine.

Platine et palladium. — On fond le minerai avec du bi-sulfate potassique, on reprend la masse par de l'acide sulfurique, puis on la fond de nouveau, afin de transformer le palladium en sulfate soluble, qu'on enlève par de l'eau. Ensuite, pour doser le palladium, on le précipite par de l'iodide hydrique non en excès, ou par du cyanure mercurique en excès ; après plusieurs jours de repos, on filtre, on lave, dessèche et pèse. S'il y a du cuivre, il faut précipiter tout par du sulfide hydrique puis redissoudre par de l'eau régale, et ajouter du chlorure potassique à cette dissolution qu'on évapore à siccité ; reprendre ensuite par de l'alcool, afin de dissoudre les chlorures potassique et cuivrique et laisser celui de palladium indissous, qu'on filtre, lave, dessèche et pèse.

Enfin, d'après Döbereiner, en traitant la dissolution des métaux du platine dans l'eau régale par de l'hydrate calcique ajouté peu à peu jusqu'à réaction alcaline, et *plaçant le vase dans l'obscurité*, le platine seul n'est pas précipité, tandis que les autres le sont à l'état d'oxydes (1). Après la filtration, on précipite le platine par le chlorure potassique ou l'ammonique.

Le sulfide hydrique précipite complétement aussi le platine à l'état de sulfure, lequel est soluble dans le sulfhydrate ammonique.

MOLYBDÈNE ET TUNGSTÈNE.

Ces deux métaux n'ont pas grande importance, surtout pour le métallurgiste, parce que ce ne sont pas des métaux usuels ; on les dose habituellement à l'état d'acides.

(1) Cette singulière propriété a été découverte par John Herschel.

Pour le molybdène, on grille son sulfure naturel, puis on traite le produit grillé, qui est de l'acide molybdique, par de l'ammoniaque; on filtre, et en évaporant à siccité et calcinant à une basse température, on obtient l'acide molybdique.

On peut aussi le précipiter de ses sels alcalins par le chloride hydrique, le filtrer et le dessécher pour le peser ensuite : 100 p. de $MoO^3 = 66{,}67$ de Molybdène et $33{,}33$ d'oxygène.

Le *Tungstène* peut aussi se doser à l'état d'acide tungstique, qu'on obtient anhydre en calcinant modérément le tungstate ammonique; ou bien encore en précipitant à *froid des solutions étendues des tungstates* alcalins par un acide liquide, et calcinant ensuite l'acide tungstique hydraté et parfaitement lavé : 100 p. de $TuO^3 = 79{,}2$ de Tungstène et $20{,}8$ d'oxygène.

CHAPITRE CINQUIÈME.

Séparation et dosage des corps Electro-Négatifs.

DOSAGE DE L'EAU : $H^2O = 18$.

Nous commencerons par nous occuper du dosage de l'eau, celle-ci étant la transition ou le passage des corps électro-positifs aux corps électro-négatifs.

1° La détermination de l'humidité, celle de l'eau hygroscopique naturelle et de l'eau de combinaison, peuvent se faire par la *voie indirecte* ou *par différence*, c'est-à-dire en desséchant la prise d'essai à des températures déterminées, ou en la calcinant même, ou en la plaçant dans le vide, jusqu'à ce qu'elle ne diminue plus de poids. Mais pour en agir ainsi, il faut avoir la certitude, soit par une analyse qualitative préalable, ou par une connaissance exacte de la substance dont il s'agit, ou par des renseignements suffisants, qu'elle n'abandonnera rien d'autre que l'eau qu'elle contient, et non celle qui pourrait se former par le traitement qu'on lui fait éprouver ; qu'elle ne laissera dégager non plus, ni air atmosphérique, ni aucun gaz, ni aucun élément volatilisable ; ni qu'elle s'oxydera par l'oxygène de son eau comme cela arrive aux oxydes en *eux*. Ainsi que nous l'avons déjà fait remarquer dans les généralités sur le dosage des corps, ces cas sont rares et sujets à des inexactitudes ; pour des analyses délicates, il est préférable de faire cette détermination par *la voie directe*.

2° Lorsque la substance ne contient de volatilisable que l'eau, on en introduit un certain poids dans la boule d'un petit tube, auquel on adapte deux petits tubes remplis de chlorure calcique sec et pesés. Si la matière est susceptible de s'oxyder pendant qu'on la chauffera, on la fera traverser (au moyen d'un aspirateur) par un courant d'air parfaitement desséché, qui fera, en outre, l'office de balayeur du tube ; en chauffant modérément jusqu'à ce que le tube contenant la matière soit bien clair, on expulsera toute l'eau, qui viendra se condenser sur le chlorure calcique, qu'on repèsera ensuite.

3° Les substances qui dégagent plus difficilement leur eau peuvent être mélangées avec du carbonate plombique ou avec du carbonate sodique anhydride, comme c'est le cas pour chasser l'eau de l'acide borique, puis chauffées comme la précédente, et l'eau se condensera également sur du chlorure calcique, qu'on repèsera.

4° Pour doser l'eau qui se dégage par la chaleur en même temps que de l'acide carbonique, ou de l'acide sulfurique, ou un autre corps volatil à chaud, on introduit la prise d'essai dans un tube à combustion fermé à un bout ; le quart du côté fermé est rempli de carbonate plombique très-sec, ensuite vient le mélange de la substance et de carbonate plombique, puis du carbonate plombique avec lequel on a rincé le mortier, et à son bout antérieur, on adapte un tube à chlorure calcique bien sec et pesé d'avance. L'appareil étant prêt à fonctionner, on chauffe le tube d'avant en arrière et jusqu'à ce qu'on n'aperçoive plus de vapeur d'eau malgré l'élévation de la température; alors on repèse le tube à chlorure calcique, et son augmentation de poids indique la quantité d'eau de la prise d'essai.

ACIDES.

Premier Groupe.

Il comprend les acides de l'*Antimoine*, du *chrome*, du *Manganèse*, du *Molybdène*, de l'*Etain*, du *Tungstène*, du *Titane* et du *Vanadium*.

Comme ce sont des acides métalliques, et que nous avons indiqué suffisamment les moyens de séparer et de doser leurs radicaux, nous ne nous y arrêterons plus.

Deuxième Groupe.

Il renferme les acides du *soufre*, du *sélénium*, du *Tellure*, du *Phosphore*, de l'*Arsenic*, du *Bore*, du *Fluor*, du *carbone* et du *silicium*.

DOSAGE DU SOUFRE $S = 32$.

Le soufre peut se doser à l'état libre ou de corps simple, à l'état de sulfate, de sulfure et de sulfide hydrique.

1° *A l'état libre*. — C'est l'état sous lequel on dose le soufre le plus rarement, parce que les résultats ne sont pas des plus exacts; en effet : si l'on veut doser le soufre qui s'est précipité des dissolutions, on éprouve beaucoup de peine à le recueillir totalement, parce qu'il passe à travers le filtre et qu'il en reste toujours un peu en dissolution, ou en suspension; en outre, sa dessiccation complète est difficile à effectuer sans qu'il s'en volatilise. On ne peut guère obtenir de résultat satisfaisant que lorsque le soufre existe libre et simplement mélangé à d'autres corps, comme dans la poudre à tirer. Alors, ainsi que nous l'avons indiqué à propos de *la voie mécanique*, on peut suivre le procédé de Link, qui consiste à épuiser un poids connu de poudre desséché, d'abord par de l'eau chaude pour enlever tout le salpêtre, ensuite par du sulfide carbonique pour dissoudre tout le soufre qu'on dose après en avoir volatilisé le dissolvant, et à dessécher enfin le charbon qu'on pèse également.

On peut encore dissoudre le soufre libre par du sulfhydrate ammonique, ou un autre sulfure alcalin, ou une solution légère de potasse ou de soude caustique, que l'on fait agir sur le mélange après les avoir chauffés ; dans ces cas les réactifs ayant contracté des combinaisons avec le soufre, on ne peut plus doser ce dernier que par la diminution de poids de la matière ainsi traitée, ou par l'augmentation de poids du réactif, qu'on aura dû peser d'avance.

2° Mais le plus souvent on dose le soufre en le transformant en acide sulfurique, soit par de l'acide Nitrique, soit par de l'eau régale, soit par de l'acide chlorhydrique et du chlorate potassique, soit par la fusion avec un Azotate et un carbonate alcalins, soit par du Brôme ; on le dose aussi quelquefois à l'état de sulfure ou de sulfide hydrique. Examinons ces divers procédés.

a. Les sulfures métalliques dont on veut doser le soufre à l'état de sulfate, sont placés dans une capsule de porcelaine à bord assez relevé et sur laquelle on renverse un entonnoir, afin d'éviter des pertes par projections. Pour être plus certain d'éviter ces dernières, ou les mitiger tout au moins, on ajoute un peu d'eau à la prise d'essai, et puis de l'acide Nitrique fumant, peu à la fois, selon qu'on s'aperçoit que la réaction est paisible ou trop énergique. Lorsqu'on croit avoir ajouté assez d'acide Nitrique pour une première fois et que la matière est tranquille, on chauffe très-modérément, soit au bain-marie, soit au bain de sable, mais de façon à ne pas rendre l'action tumultueuse, et l'on continue de la sorte, en ajoutant de l'acide Nitrique et chauffant jusqu'à dissolution complète du soufre. Alors on évapore à siccité en ajoutant petit à petit de l'acide chlorhydrique concentré jusqu'à ce qu'il ne se produise plus du tout de vapeurs nitreuses (parce que, sans cela, on obtiendrait de l'azotate Barytique qui se précipiterait en même temps que le sulfate et en augmenterait le poids, d'où erreur). Arrivé à ce point, on reprend la masse par de l'eau chaude, on fait bouillir, on filtre, puis on acidule la liqueur très-étendue de chloride hydrique, si elle ne l'est pas, on y verse du chlorure Barytique jusqu'à ce qu'il ne produise plus de précipité, et on fait bouillir de nouveau pour que le sulfate barytique soit plus cohérent et se rassemble mieux en une seule masse. On laisse éclaircir la liqueur, on la décante dans un filtre, en retenant le plus possible le précipité dans le vase et l'y lavant avec de l'eau chaude acidulée de chloride hydrique, puis le déposant à la fin dans le filtre et achevant le lavage avec de l'eau. Si l'on dépose le sulfate Barytique dans le filtre dès le début de la filtration, il en passe à travers et l'on doit le refiltrer, ce qui donne lieu à des pertes. Lorsque le filtre est bien égoutté, on le dessèche, on le pose dans une capsule de platine en y faisant tomber d'abord le précipité, et on chauffe au rouge jusqu'à ce qu'on obtienne un beau précipité blanc, qu'on pèse ; s'il était grisâtre, il faudrait y ajouter quelques gouttes d'acide Nitrique et le chauffer : 100 p. de sulfate Barytique contiennent 13,72 de soufre.

Bien que l'on prenne les plus grandes précautions pour attaquer la prise d'essai par l'acide Nitrique fumant, ou par l'eau régale, il est presque impossible d'éviter la formation d'acide sulfureux, qui est entraîné par les vapeurs rutilantes. Pour ne pas les perdre, nous conseillons de faire l'attaque dans un ballon pourvu d'un tube recourbé, lequel amène les vapeurs dans une solution de Chlorure Barytique chlorée, qui les retient, et qu'on transforme ensuite par la chaleur en sulfate barytique.

b. Si l'on a fait usage d'eau régale dès le début de l'attaque de la prise d'essai, il faut aussi expulser tout l'acide Nitrique à la fin par de l'acide chlorhydrique concentré et la chaleur.

Comme il peut se produire du sulfide hydrique, il faut aviser à le retenir.

c. Lorsque le sulfure à analyser n'est pas complétement attaquable par les deux moyens que nous venons d'indiquer, on le traite par du chloride hydrique en excès et étendu, auquel on ajoute successivement de petites portions de chlorate potassique, tout en chauffant modérément et jusqu'à ce que la liqueur ait une couleur jaunâtre et une odeur de chlore prononcée. Alors on cesse d'ajouter du chlorate potassique, on fait bouillir pour expulser l'excès de chlore, on filtre et l'on traite la dissolution par le chlorure Barytique, etc.

Il ne doit pas rester un excès de chlorate potassique dans la liqueur, parce qu'il formerait du chlorate barytique.

On peut aussi traiter la matière par de l'acide Nitrique et du chlorate potassique, mais comme la réaction est très-énergique, il faut prendre beaucoup de précautions.

d. Pour les sulfates inattaquables par les acides, on peut les fondre avec de la potasse ou de la soude dans un creuset d'argent ; ou bien, pour les plus réfractaires, les fondre avec 6 parties de carbonate alcalin et un peu d'Azotate sodique, reprendre la masse par de l'eau et filtrer, s'il y a lieu ; évaporer à siccité la liqueur avec de l'acide chlorhydrique pour en séparer la silice ; reprendre la masse par de l'eau chaude légèrement acidulée, qui laissera la silice indissoute ; filtrer, puis précipiter tout l'acide sulfurique par du chlorure Barytique, et etc. Il faut être bien certain que les fondants ne contiennent pas de sulfate.

Quand on a affaire à de la Pyrite, on la fond avec trois parties de carbonate sodique et autant d'Azotate, dans un creuset de fer, puis on continue le procédé comme il vient d'être indiqué.

e. Par le Brôme ; nous avons déjà indiqué le Brôme comme un excellent réactif pour transformer le soufre, le Phosphore et l'Arsenic en leurs acides les plus oxygénés.

Pour le cas des sulfures, on traite la prise d'essai bien divisée par de l'acide chlorhydrique brômé, d'abord à froid, ensuite à chaud, mais de façon à ne pas liquéfier le soufre, parce qu'il s'acidifierait plus difficilement alors. Lorsque tout le soufre est dissous, on évapore lentement à siccité, pour expulser l'excès des réactifs et rendre la silice insoluble ; ensuite on reprend la masse par de l'eau acidulée de chloride hydrique, on filtre et on précipite l'acide sulfurique, qu'on dose comme précédemment.

f. A défaut de brôme, on fait bouillir la prise d'essai dans une solution de potasse caustique, puis on y fait arriver un courant de chlore, tout en continuant de chauffer à 80° et s'arrêtant assez à temps pour qu'il reste un excès de potasse ; au bout d'un quart d'heure, le soufre est transformé en sulfate potassique qu'on filtre, acidule de chloride hydrique et précipite par du chlorure Barytique. Par ce procédé, on parvient à dissoudre le cinabre et à transformer son soufre en sulfate potassique.

3° A l'état de sulfure. — On détermine exactement le soufre à l'état de sulfure, lorsque celui-ci peut se précipiter, se laver, dessécher et peser sans subir la moindre altération, et que sa composition est bien connue. Nous avons examiné ce cas à propos du fer, du Nickel, du Manganèse, du zinc, du cadmium, du cuivre, du Plomb, du Bismuth, du mercure, de l'Étain et de l'Antimoine; on peut également doser l'Arsenic sous cet état.

4° *A l'état de sulfide hydrique.* — On peut faire cette détermination en transformant tout le soufre d'un sulfure métallique en sulfide hydrique, qu'on reçoit dans une liqueur alcaline, ou dans une solution de chlorure ou de sulfate de cuivre ammoniacal pour le doser ensuite. Le sulfure à décomposer doit être attaquable par l'acide chlorhydrique étendu, comme c'est le cas pour la fonte sulfurée; ou bien par le chloride hydrique concentré, ce qui a lieu pour la Stibine. Pour que pas la moindre trace de sulfide hydrique ne reste en solution ou ne se décompose dans l'appareil où il se produit, on y fait arriver continuellement un courant d'acide carbonique qui entraîne tout le sulfide hydrique dans le liquide dissolvant et expulse aussi l'air (les pièces de l'appareil doivent être peu volumineuses).

Lorsque le sulfide hydrique est tout condensé, on peut en doser le soufre, soit en le transformant en acide sulfurique et puis en sulfate Barytique, soit par des procédés volumétriques, ce qui s'appelle alors *la sulfhydométrie.*

D'après le professeur Landolt, on introduit la matière à produire le sulfide hydrique dans un petit ballon avec un peu d'eau, ou sans eau (selon la nécessité); on le bouche au moyen d'un bouchon muni de trois tubes, dont un, celui du milieu, est terminé en entonnoir et les deux autres recourbés; l'un de ces deux derniers, admettons que ce soit celui de gauche, communique avec un appareil à dégager de l'acide carbonique, et celui de droite avec une grande burette munie d'un robinet à sa partie supérieure et d'un autre à sa partie inférieure, laquelle est effilée et

introduite dans le goulot d'un matras *col droit*. Cette burette
est remplie de perles de verre blanc qui reçoivent, dès que
le sulfide hydrique se dégage du ballon du milieu, un peu
de solution de brome dans le chloride hydrique. Le tube
entonnoir du ballon laisse écouler du chloride hydrique
petit à petit, ce qui produit du sulfide hydrique, qui,
en arrivant dans la burette par le bas, rencontre le brome
et se transforme continuellement en acide sulfurique,
lequel tombe dans le *col droit*. Les choses se passent de la
sorte jusqu'à cessation de production de sulfide hydrique,
malgré l'ébullition de la masse contenue dans le ballon du
milieu et le dégagement d'acide carbonique. Comme le
brome doit être en excès par rapport au sulfide hydrique,
la partie supérieure de la burette doit toujours être colorée
en rouge, et son excédant s'échappe par un tube fixé latéra-
lement à la partie supérieure de cette dernière. Le liquide
du *col droit* est alors légèrement chauffé pour le débarrasser de l'excès du chloride hydrique et du brome, ensuite
repris par de l'eau et précipité par du chlorure barytique (1).

Dans les cas où il y a quelque inconvénient à employer
le chlorure barytique (ceux de l'argent et du Plomb), on
fait usage de l'Azotate, mais en étendant les liqueurs et en
ayant le soin de ne pas l'ajouter en excès.

5° *Dosage par la voie volumétrique.*

Le chlorure barytique en solution normalisée par rapport
à un poids d'acide sulfurique pur, peut suffire à doser ce
dernier d'une liqueur étendue et préalablement acidulée, si
rien d'autre que l'acide sulfurique n'agit sur le réactif.

La sulfhydrométrie consiste à déterminer la mesure ou

(1) Voir le traité de M. CLASSEN, traduit par MM. Francken et Lebrun,
page 119.

le volume du sulfide hydrique, ou d'un sulfure alcalin en solution, notamment dans les eaux sulfurées. On peut y arriver soit au moyen de la teinture *d'iodure potassique ioduré*, soit au moyen de la *chlorométrie renversée*.

1° D'après Dupasquier, on dissout 6 gr. 25 d'iodure potassique fondu et 4 gr. 8 d'iode pur et sec (5 grammes, parce qu'il s'en volatilise) dans 250 grammes d'eau distillée bouillie ; chaque demi-centimètre cube de cette teinture renferme exactement 0,01 d'iode et représente 0,001 de soufre. Pour s'en servir, voici comment on procède : on mesure d'abord la solution à analyser, puis on y ajoute un peu d'eau d'amidon, ensuite la teinture d'iodure potassique ioduré, au moyen d'une burette graduée, jusqu'à persistance de la *teinte bleue* ; le nombre de demi-centimètres versés (moins un pour la colation) fera connaître celui des milligrammes de soufre.

La présence de matières organiques ou d'autres, capables de réduire le réactif, peut également produire la teinte bleue en l'absence d'un composé sulfuré ; on doit donc être sûr de la présence de ce dernier et de l'absence des premières. Du reste, le chlorure et l'Acétate cadmiques conviennent mieux dans ce cas.

2° Si l'on veut connaître la quantité de sulfide hydrique qu'un poids déterminé de sulfure ferreux ou de sulfide Antimonieux produira, on traitera la prise d'essai par du chloride hydrique et l'on recevra *tout* le sulfide hydrique dans 1 litre (supposons) d'eau ammoniacalisée ; ensuite on ajoutera à celle-ci un peu d'acide sulfurique, quelques centimètres cubes d'eau récente d'amidon, et puis de la solution normale d'iodure potassique ioduré jusqu'à coloration permanente en bleu de la liqueur. Par contre, on connaîtra aussi le poids du métal qui était combiné au soufre, si l'espèce est bien définie ; ce qui se fait quelquefois pour l'Antimoine :

$$1^\circ\ 2\,Sb^2\,S^5 + 12\,H\,Cl = 2\,Sb^2\,Cl^6 + 6\,H^2\,S\,;$$

2° celui-ci en arrivant dans $+\ 3\,Az^2H^8O = 3\,(Az^2H^8S,\,H^2S) + 3\,H^2O\,;$

$3^\circ\ 3\,(Az^2\,H^8S,\,H^2\,S) + 12\,I = 6\,H\,I + 3\,Az^2\,H^8\,I^2 + 6\,S\,;$

donc 12 d'iode correspondent à 4 d'Antimoine.

3° *Par la chlorométrie renversée.* — Le procédé consiste à faire arriver tout le sulfide hydrique provenant de la matière essayée dans une solution *alcaline* d'un poids connu d'acide Arsénieux, qui, dans ce cas, est partiellement transformé en sulfo-Arsénite potassique *soluble*. On y verse ensuite quelques gouttes de teinture d'indigo, pour colorer la liqueur en bleu ; ensuite d'une solution d'hypochlorite alcalin, normalisée par rapport à un poids connu d'acide Arsénieux mis dans les conditions que nous venons d'indiquer, et lorsque la liqueur est complétement décolorée, on compte combien de divisions ont été employées (à transformer l'acide Arsénieux excédant en acide Arsénique) ; et comme elles font connaître la quantité d'acide Arsénieux non atteinte par le sulfide hydrique, on saura, par une soustraction, celle qui aura été transformée en sulfo-Arsénite potassique, et par contre, la quantité de soufre contenue dans la prise d'essai. Voici les formules explicatives :

$1^\circ\ 2\,As^2\,O^3 + 3\,H^2\,S = As^2\,S^3$, qui reste en solution, $+$ $3\,H^2O + As^2\,O^3$ formant l'excédant, et sur lequel l'hypochlorite va réagir : $2^\circ\ As^2\,O^3 + 2\,Cl^2\,O = As^2\,O5 +$ les 4 de chlore qui réagissent sur l'indigo pour le décolorer.

DOSAGE DU SÉLÉNIUM : Se = 79,5.

Lorsqu'on est dans le cas de devoir doser ce corps si rare, on le transforme en séléniate Barytique, qui est suffisamment insoluble aussi pour obtenir un dosage exact.

On peut séparer l'acide sélénique d'avec le sulfurique, 1° par le sulfide hydrique, qui le précipite complétement, surtout lorsqu'on l'a transformé au préalable en acide sélénieux ; et 2° par le chloride hydrique concentré, qui le décompose également, tandis qu'il ne décompose pas le sulfurique : la dissolution chlorhydrique étant bouillie avec du sulfite sodique,ou de l'acide sulfureux,donne tout le sélénium réduit, qu'on recueille, lave, dessèche et pèse.

DOSAGE DU TELLURE : Te = 129.

Le Tellure se dose le plus exactement à l'état de Tellurite Barytique, qui est son sel le plus insoluble.

On séparera également les tellurates et les Tellurites d'avec les sulfates, par le sulfide hydrique, qui en précipite le tellure à l'état de sulfure.

Nous n'en dirons pas davantage, ces corps se rencontrant trop rarement.

DOSAGE DU PHOSPHORE : P ou Ph = 31.

Le Phosphore se dose toujours à l'état de Phosphate complétement insoluble et indécomposable par la chaleur.

Lorsque la matière à analyser contient l'acide Phosphorique combiné à la potasse, ou à la soude, ou à la chaux, ou à une autre équibase, l'opération n'est ni longue, ni compliquée ; il n'en est pas de même lorsque l'acide Phosphorique est combiné à l'oxyde Aluminique, ou au ferrique, ou lorsque ces deux oxydes existent dans la matière à analyser ; en outre, l'opération devient encore plus compliquée s'il faut attaquer la prise d'essai par la fusion avec des fondants.

Nous examinerons ces divers cas ; mais nous dirons d'abord qu'on peut éliminer complétement l'acide Phosphorique de ses dissolutions au moyen du réactif triple (Magnésico-Ammonique), du Molybdate Nitrico-Ammonique et de

l'Azotate Bismuthique, pour le doser ensuite très-exactement. L'étain et les dissolutions cériques et Uraniques,
surtout l'Acétate d'urane, peuvent servir également, mais
les réactifs que nous citons en premier conviennent mieux
et suffisent pour tous les cas.

*1° Dosage de l'acide phosphorique en présence des bases
alcalines et de la chaux, ou d'autres non précipitables par
l'ammoniaque.*

La prise d'essai peut être entièrement soluble dans l'eau,
si c'est un produit artificiel, mais elle y sera insoluble si
c'est un produit naturel, ce qui arrive le plus souvent.

Alors, on la dissout par de l'acide nitrique, dont on évite
un excès, on sépare l'acide silicique, comme il a été indiqué,
et, après la filtration, on obtient une dissolution qui contient
tout l'acide phosphorique. On l'acidule avec un peu d'acide
acétique, puis on y ajoute de l'oxalate ammonique, de manière
à en précipiter toute la chaux (voir la séparation et le dosage
de celle-ci). Dans la liqueur filtrée et *froide* (¹) on verse du
réactif triple, magnésico-ammonique en quantité suffisante
pour précipiter tout l'acide phosphorique à l'état de phosphate magnésico-ammonique, ce qui veut dire après six
heures au moins de repos : le précipité est blanc, grenu et
plus ou moins cristallin. Mais comme il s'est formé très-
lentement, et qu'il a pu entraîner avec lui de l'oxyde magnésique (surtout s'il a été plus ou moins chauffé pendant le
repos, ou si la dissolution était trop concentrée), il faut
d'abord le laver deux ou trois fois avec de l'eau froide ammoniacalisée, puis le redissoudre par très-peu de chloride
hydrique étendu d'eau chaude, et reprécipiter cette dissolution par de l'ammoniaque ajoutée petit à petit jusqu'à

(¹) Si elle était chaude il se précipiterait des sels magnésiens basiques
en même temps que le phosphate par le refroidissement.

cessation de précipitation. Quand le liquide est bien éclairci, on y ajoute encore un peu d'ammoniaque et on abandonne le vase couvert au repos pendant douze heures ; alors le précipité étant complétement déposé sous la forme de cristaux grenus adhérant au vase, on le filtre, le lave à l'eau froide additionnée de deux fois son volume d'ammoniaque, jusqu'à ce que l'eau de lavage ne présente plus la réaction du chlore, parce que des lavages trop multipliés dissoudraient du phosphate magnésico-ammonique (on essaie encore la liqueur filtrée par de l'ammoniaque et du réactif triple, afin d'être tout-à-fait certain qu'elle ne retient pas d'acide phosphorique). Le lavage étant donc suffisant, on laisse égoutter le précipité dans le filtre, on le dessèche complétement, puis on le grille avec addition de quelques gouttes d'acide nitrique ou de nitrate ammonique, pour obtenir du pyrophosphate magnésique qu'on pèse : 100 p. $= 63,96$ d'acide phosphorique et 36,04 d'oxyde magnésique. Pour détacher les cristaux qui adhèrent au vase, on se sert d'un petit pinceau.

2° Dosage de l'acide phosphorique en présence des oxydes aluminique et ferrique.

a. Par le molybdate nitrico-ammonique.

On dissout la prise d'essai, 3 gr. au moins, par de l'acide nitrique, on en sépare la silice, etc.; on reprend par de l'eau acidulée du même acide et de façon à obtenir une dissolution concentrée, qu'on verse dans une grande quantité de molybdate nitrico-ammonique (80 p. pour 1 de P^2O^5 à peu près), et qu'on y répartit en agitant avec une baguette de verre sans toucher les parois du vase ; ensuite on couvre celui-ci et on l'abandonne au repos jusqu'au lendemain à une température de 50 à 60°. Alors on y verse un peu de molybdate ammonique et on laisse encore reposer quelques heures, à 50°, afin de précipiter certainement tout l'acide phosphorique à l'état de phosphomolybdate ammonique; on le recueille dans un filtre, on le lave avec un mélange fait de 80 parties d'eau froide et de 100 du réactif, puis on le laisse égoutter. Comme on ne peut le doser sous cet état, sa composition n'étant pas *toujours* bien définie, on le redissout en versant dans le filtre un mélange fait de trois parties d'eau bouillante pour une d'ammoniaque, puis on neutralise partiellement celle-ci par du chloride hydrique, mais de façon que la dissolution soit encore alcaline, et on y verse du réactif triple, pour précipiter tout l'acide phosphorique, ainsi qu'au procédé précédent. Comme le précipité peut retenir du molybdate ammonique, il faut le griller plus longtemps et plus fortement pour en expulser les traces d'acide molybdique.

En 1876, M. Boussingault a conseillé, pour aller plus vite, de doser l'acide phosphorique à l'état de phosphomolybdate ammonique jaune, qui contient 3,73 % d'acide phosphorique lorsqu'on a employé 50 parties de réactif et abandonné le vase au repos pendant cinq à six heures à une température de 40°, et qu'on a essayé ensuite si la liqueur ne contenait plus d'acide phosphorique.

Mais d'après MM. Champion et Pellet (1877) le réactif doit être préparé comme il suit : dissoudre 100 gr. d'acide molybdique dans 150^{cc} d'ammoniaque et 80^{cc} d'eau, puis verser cette solution claire, goutte à goutte, et en agitant, dans un mélange de 500^{cc} d'acide nitrique et de 300^{cc} d'eau et l'abandonner au repos, puis décanter à clair, s'il y a un dépôt.

b. Par l'azotate bismuthique, d'après Chancel.

On dissout la prise d'essai par de l'acide nitrique, dont on évite un trop grand excès : la silice, s'il y en a, étant séparée, on fait arriver un courant de sulfide hydrique dans la dissolution, jusqu'à ce qu'elle soit devenue incolore et ferreuse ; alors on remplace le sulfide hydrique par un courant d'acide carbonique pour expulser les dernières traces du premier gaz, et l'on filtre pour séparer le soufre. Cela fait, on verse de l'azotate bismuthique acide dans la dissolution, jusqu'à cessation de précipitation, puis on fait bouillir pour rassembler le précipité, qu'on reçoit ensuite dans un filtre taré, lave trois ou quatre fois à l'eau bouillante, dessèche et pèse.

On ne doit pas griller le précipité parce que du bismuth se volatiliserait. Pour connaître la quantité d'acide phosphorique qu'il contient, il suffit de multiplier le poids obtenu par 0,238.

On peut normaliser l'azotate bismuthique de façon à doser l'acide phosphorique par la voie volumétrique, mais selon nous, les procédés volumétriques sont peu applicables à ce dosage, parce que les phosphates naturels sont ordinairement trop compliqués.

c. Acide phosphorique avec oxydes calcique et ferrique.

La dissolution étant faite on peut 1° l'évaporer à siccité avec addition d'acide sulfurique, qui donnera du sulfate calcique insoluble, qu'on séparera par filtration ; de la liqueur contenant le sulfate ferrique et l'acide phosphorique, on précipitera celui-ci par le molybdate nitrico-ammonique, ou par l'Azotate Bismuthique et etc. ; ou 2° on peut précipiter d'abord le fer par le sulfhydrate ammonique, filtrer, expulser ou détruire l'excédant de sulfide hydrique, puis précipiter la chaux par l'oxalate ammonique, après addition d'acide acétique, ensuite l'acide phosphorique par le réactif triple.

Lorsque l'acide phosphorique est en dissolution avec des métaux précipitables par le sulfide hydrique, on commence par les éliminer au moyen de ce réactif et l'on filtre.

3° *Dosage de l'acide phosphorique dans les phosphates insolubles par les acides.*

a. On peut fondre la prise d'essai avec du bisulfate sodique, qui transforme tout l'acide phosphorique en phosphate sodique soluble, qu'on sépare du restant par de l'eau, et qu'on traite comme il a été indiqué.

b. En présence de l'alumine, il faut recourir au procédé de Berzélius, qui est encore le meilleur :

Deux grammes, au moins, du minerai très-finement pulvérisé, sont mêlés avec 1,5 de silice et 6 gr. de carbonate sodique bien sec ; le mélange, introduit dans un creuset de platine, est porté progressivement au rouge pendant une demi-heure (si même il n'est qu'agrégé cela suffit), après quoi on le laisse refroidir. Alors on met digérer la masse dans de l'eau additionnée de chlorure ammonique pour en précipiter l'acide silicique, qui, sans cela resterait dissous à l'état de silicate potassique, tandis qu'ainsi il est complétement précipité à l'état de silicate aluminico-potassique, qu'on filtre et lave suffisamment. La solution contenant le phosphate alcalin, l'excès de carbonate sodique et de chlorure ammonique, est additionnée d'acide chlorhydrique, puis chauffée pour en expulser l'acide carboniqne (et selon nous évaporée à siccité pour rendre insoluble l'acide silicique qu'elle pourrait encore contenir, puis la masse reprise par de l'eau acidulée et la liqueur filtrée pour en séparer la silice) ; ensuite on y verse de la solution triple, et on achève le dosage comme il a été indiqué.

D'après les procédés que nous venons de décrire, on comprendra qu'il est facile de séparer l'acide phosphorique d'avec le sulfurique et le silicique ; le sulfate barytique est insoluble dans les acides, tandis que le phosphate barytique y est soluble ; l'acide silicique étant rendu insoluble par sa déshydratation se sépare tout naturellement d'avec le phosphorique, ainsi qu'il vient d'être rapporté.

DOSAGE DU PHOSPHATE SOLUBLE ET DU PHOSPHATE INSOLUBLE CONTENUS DANS LA MÊME SUBSTANCE.

Ce cas se présente fréquemment pour les engrais : Il y en a qui contiennent du phosphate acide, soluble dans l'eau ou superphosphate, du phosphate soluble dans le citrate ammonique ou phosphate bibasique ou rétrogradé, et du phosphate tribasique ou insoluble ; il importe donc de pouvoir déterminer les proportions de ces divers phosphates ; nous en dirons quelques mots :

a. Dosage du Phosphate soluble. — On épuise une forte prise d'essai par de l'eau, on filtre et l'on précipite l'acide phosphorique y contenu par le réactif triple, ainsi qu'il a été indiqué.

b. Dosage du Phosphate soluble dans le citrate Ammonique. D'après Frésénius, Neubauer et Lücke. — Le Phosphate bicalcique peut se dissoudre et se séparer d'avec le Phosphate tricalcique, par une digestion dans de l'acétate ammonique, ou mieux dans du citrate ammonique légèrement ammoniacal : il suffit d'une digestion de 20 à 25 minutes, à une température de 30 à 40° et répétée trois fois, pour effectuer complétement cette séparation et pouvoir obtenir les quantités respectives des trois phosphates contenus dans une substance donnée (consulter les ouvrages de chimie agricole pour les détails).

DOSAGE DU PHOSPHORE DANS LA FONTE.

Le procédé le plus simple consiste à dissoudre un poids de fonte dans de l'acide Nitrique, d'évaporer à siccité, de reprendre la masse par de l'eau acidulée du même acide et de filtrer. La dissolution contenant tout le Phosphore à l'état de phosphate ferrique est ensuite traitée par du molybdate Nitrico-ammonique et enfin par du réactif triple, et etc.

Mais comme ce moyen d'attaque ne nous paraît pas suffisant, voici celui que nous avons recommandé : trois grammes de fonte sont attaqués par de l'acide Nitrique concentré, d'abord à froid, ensuite à chaud ; la dissolution est décantée dans une capsule de porcelaine et le résidu est de nouveau traité par de l'acide Nitrique et un peu de chloride hydrique, afin de dissoudre le fer et le phosphore à l'état de phosphate ferrique, et de laisser le soufre, le carbone et l'acide silicique indissous, et qu'on filtre. Les deux dissolutions sont réunies et évaporées à siccité, tant pour expulser l'excès d'acide que pour rendre les dernières traces d'acide silicique insolubles. Arrivé à ce point, on reprend la masse par de l'eau très-peu acidulée et on filtre : la dissolution contenant du nitrate, du phosphate et du sulfate ferriques (provenant du soufre de la fonte), est précipitée par un excès d'ammoniaque et abandonnée au repos jusqu'au lendemain. Alors on filtre et on lave complétement le précipité qui n'est plus formé que d'oxyde ferrique et d'acide Phosphorique, et qu'on dessèche à une température suffisante pour brûler le filtre ; on mêle tout ce qui est insoluble avec 4 fois son poids de carbonate sodo-potassique et quelques petits morceaux de potasse ou de soude, et on chauffe dans un creuset de platine pendant trois quarts d'heure au plus. Après le refroidissement, on épuise la masse par de l'eau chaude, à l'abri de l'air, et l'on filtre la solution ; celle-ci étant incolore (1), on l'acidule d'acide Nitrique pour expulser tout l'acide carbonique, puis on y verse de l'Azotate Bismuthique acide et on la fait bouillir pour compléter la précipitation, et etc. : 100 p. de ce phosphate contiennent 10,17 de Phosphore.

(1) Si l'on opère au contact de l'air et surtout si l'on écrase les grumaux au moyen de l'agitateur, la liqueur qui filtre passe colorée en rose et contient du ferrite alcalin, ce qui est fautif.

DOSAGE DE L'ARSENIC : As = 75.

L'Arsenic peut se doser à l'état d'Arséniate, de sulfure et d'Arsénio-Molybdate.

Sa séparation d'avec les autres corps est basée, 1° sur ce qu'il est précipitable par le sulfide hydrique, ce qui permet de le séparer d'avec les non-précipitables ; 2° sur ce que son sulfure est soluble dans un excès de sulfhydrate ammonique et séparé d'avec ceux qui y sont insolubles ; et 3° sur ce que les sulfures d'Arsenic se dissolvent dans le sesqui-carbonate ammonique, tandis que les autres sulfures et le soufre ne s'y dissolvent pas.

Les matières qui contiennent de l'arsenic peuvent également être attaquées par les acides ou par les fondants ; les réactifs à employer pour l'obtenir sous un état insoluble et de composition bien définie, sont le réactif triple, le sulfide hydrique et le Molybdate nitrico-ammonique.

1° Lorsque la substance dont on veut doser l'arsenic est soluble par l'acide Nitrique, et ne contient rien de précipitable que l'acide Arsénique par le réactif triple, on la dissout au moyen de cet acide, ou du chloride hydrique et du chlorate potassique ; on sépare la silice, s'il y en a, on filtre et on apprête la dissolution, comme s'il s'agissait de l'acide Phosphorique, puis on y verse du réactif triple ; le restant de l'opération s'exécute comme celle de la précipitation, de l'acide phosphorique, excepté la dessiccation complète. On ne peut calciner au rouge l'Arséniate Magnésico-ammonique, parce qu'on en volatiliserait de l'Arsenic, et c'est pourquoi il faut procéder de la manière suivante : le filtre étant desséché, on en sépare le précipité, puis on l'humecte d'acide Nitrique ou d'une solution d'azotate ammonique et on le brûle avec précaution dans un creuset de porcelaine, où l'on met aussi le précipité après le refroidissement ; ensuite on chauffe au bain d'air à 130° pendant deux heures, puis plus fortement pendant deux autres heures, et enfin on calcine presqu'au rouge pendant longtemps au-dessus d'une lampe. Ainsi chauffé en présence de l'air, l'acide Arsénique n'est nullement réduit, et l'on obtient de l'Arséniate-Magnésique, qu'on pèse : 100 p. contiennent 48,39 d'arsenic réduit.

Le réactif triple permet de séparer l'Arsenic d'avec l'Alumine, le cuivre et l'Antimoine, si l'on y ajoute au préalable assez bien d'acide Tartrique, mais les autres procédés sont plus certains.

2° Quand la substance à analyser contient simultanément de l'Arsenic et du Phosphore, comme dans la fonte, il faut les séparer par le sulfide hydrique ou par le sulfhydrate ammonique. Voici comment on doit procéder : la fonte finement divisée, est mêlée avec le triple de son poids de carbonate sodique, autant d'Azotate potassique et le mélange fondu dans un creuset de porcelaine. Après le refroidissement, la masse est reprise par de l'eau bouillante, qui dissout l'Arséniate et le phosphate alcalins et non l'oxyde ferrique ; on filtre, puis on traite la double solution alcaline à l'abri de l'air par un courant de sulfide hydrique, jusqu'à production de sulfo-Arséniate potassique *soluble*. Lors donc que la liqueur exhale fortement l'odeur de sulfide hydrique, on cesse le dégagement, et on précipite le sulfure d'Arsenic en versant petit à petit de l'acide Acétique. Quand le précipité est bien déposé, on le reçoit dans un filtre taré, on le lave, on le dessèche à 100° et on le pèse ; mais comme le sulfide Arsénique n'est pas aussi insoluble que le sulfide Arsénieux et qu'il contient du soufre du réactif, il vaut mieux traiter d'abord l'Arséniate par un courant d'acide sulfureux, ou par le sulfite sodique à l'ébullition, afin de le transformer en Arsénite, qui est complétement précipitable, ensuite par le sulfide hydrique. Bien qu'on ait suivi ce dernier mode de faire, le sulfide Arsénieux renferme encore du soufre ; pour l'en débarrasser, on peut le faire digérer dans du sulfide carbonique, qui dissoudra le soufre, ou mieux dans du sesquicarbonate ammonique, afin de dissoudre le sulfure d'Arsenic seulement, qu'on reprécipitera après filtration en versant peu à peu dans la solution de l'acide Acétique, ou chlorhydrique étendu ; en le recevant dans un filtre taré, le lavant suffisamment, le desséchant à 100° jusqu'à ce qu'il ne diminue plus de poids et le repesant, on obtient un dosage exact de l'Arsenic : 100 parties contiennent presque 60 d'Arsenic et 40 de soufre. Si l'on veut ensuite doser l'acide Phosphorique contenu dans la liqueur, on fait bouillir celle-ci pour la priver du sulfide hydrique, on la filtre, afin d'en séparer le soufre, et puis on procède au dosage de l'acide Phosphorique ainsi qu'il a été indiqué.

3° Si le minerai contient des oxydes ferrique, aluminique et de l'arsenic, on le dissout par de l'acide nitrique ou de l'eau régale, ou bien on l'attaque par du carbonate et de l'azotate sodiques et un peu d'acide silicique ; après en avoir séparé les deux oxydes et l'acide silicique, on acidule l'arséniate alcalin par de l'acide nitrique, puis on le verse dans un excès de Molybdate nitrico-ammonique et on l'abandonne au repos jusqu'au lendemain. Alors on essaie si tout l'acide Arsénique est précipité à l'état de Molybdate Nitrico-Ammonique, on le recueille dans un filtre taré, on le lave convenablement (voyez l'acide Phosphorique), on le dessèche et on le pèse à cet état de composition : 100 p. contiennent 5,1 d'acide Arsénique ou 3,3 d'Arsenic.

Il est bien entendu qu'on aurait pu séparer l'Arsenic d'avec le fer et l'Alumine par le sulfide hydrique aussi.

Séparer l'Arsenic d'avec l'Antimoine et l'étain.

1° Leur dissolution étant traitée par un courant d'acide sulfureux, puis par du sulfide hydrique, donne un triple précipité de sulfures d'Arsenic, d'Antimoine et d'étain, dont on peut séparer l'Arsenic soit par une digestion dans le sesquicarbonate ammonique, soit par un courant de sulfide hydrique : le sesquicarbonate ammonique dissout le sulfide Arsénieux et non les deux autres, ainsi que nous l'avons déjà dit ; le sulfide hydrique dégagé à chaud sur le triple précipité, entraîne le sulfide Arsénieux qui vient se dissoudre dans de l'ammoniaque ou de la potasse, et qu'on précipite ensuite (voir à l'étain).

2° Les trois sulfures sont d'abord traités par de l'acide Nitrique fumant, afin de les transformer en leurs acides respectifs, puis ceux-ci fondus avec huit fois le poids (de leur masse) de soude dans un creuset d'argent. Après le refroidissement, on reprend la masse par de l'eau chaude, on laisse refroidir, ensuite on y ajoute le 1/3 d'alcool en volume : tout l'antimoniate sodique reste indissous, tandis que l'Arséniate et le stannate sont dissous ; on filtre, on lave le précipité avec partie égale d'eau et d'alcool froids, et enfin avec un mélange de 3 vol. d'alcool pour 1 d'eau. Les eaux de lavage étant privées de l'alcool par une légère ébullition, puis réunies à la solution, on précipite celle-ci, acidulée de chloride hydrique, par du sulfide hydrique et on l'abandonne au repos. Le double précipité de sulfures d'Arsenic et d'étain étant bien lavé et desséché, est introduit dans la boule d'un tube long et terminé en pointe recourbée qui plonge dans de l'ammoniaque ; on y fait passer un courant de sulfide hydrique et on chauffe afin d'amener tout le sulfure d'Arsenic dans l'alcali, d'où on le reprécipite, ainsi qu'il a été indiqué plusieurs fois.

Ce moyen permet de séparer l'Arsenic d'avec les autres corps fixes.

On peut encore doser l'Acide Arsénieux par la voie volumétrique au moyen de la teinture normale d'iode, qui le transforme en acide Arsénique et colore immédiatement après l'eau d'amidon en bleu.

Lorsqu'on veut rechercher et doser l'Arsenic des eaux de sources, il faut recueillir une assez forte quantité du dépôt que l'on trouve au fond ou sur les bords des bassins, parce qu'il s'y dépose ordinairement à l'état d'Arséniate insoluble, ainsi que l'acide Phosphorique.

DOSAGE DU BORE : $Bo = 11$.

Le Bore se dose à l'état d'acide Borique, ou de Fluoborure potassique.

Pour le doser sous le premier état, on n'obtient des résultats précis qu'en déterminant indirectement le poids de l'acide Borique, c'est-à-dire par différence ou par le calcul, parce que cet acide et les borates ne sont pas assez insolubles pour qu'on puisse les précipiter et les laver complétement sans perte. Cependant pour que le dosage indirect donne des résultats admissibles, il faut qu'on sache approximativement, au préalable, quelle est la quantité d'acide Borique contenue dans la prise d'essai. Voici donc comment on doit procéder.

1° *A l'état d'acide Borique.* — Selon nous, il faut d'abord se procurer la prise d'essai à un état de composition tel qu'elle ne contienne de soluble dans l'alcool que l'acide Borique; ensuite la dissoudre dans de l'eau chaude, ou dans de l'eau acidulée d'acide chlorhydrique et filtrer, s'il est nécessaire. Ayant, de la sorte, tout l'acide Borique en solution, on chauffe celle-ci, puis on y verse un léger excès d'acide chlorhydrique et l'on abandonne le vase à une très-douce chaleur, afin de faire déposer tout l'acide Borique. Celui-ci étant séparé de la liqueur, on ajoute encore un peu de chloride hydrique à cette dernière et on la concentre de nouveau pour lui faire déposer les dernières traces d'acide Borique, que l'on réunit à la première portion.

Tout l'acide Borique obtenu est ensuite redissous dans de l'alcool et abandoné à la cristallisation ; celle-ci étant répétée plusieurs fois finit par donner de l'acide Borique pur, qu'on dessèche et pèse. Mais, ainsi que nous l'avons dit plus haut, ou l'on aura laissé de l'acide Borique dans la dissolution ou dans les eaux mères, ou bien on aura plus ou moins du chlorure métallique dans l'acide Borique, ou bien enfin, les vapeurs d'eau ou d'alcool en auront entraîné ; quant à cette dernière crainte, elle ne nous paraît pas fondée, car on peut abandonner la solution alcoolique à l'évaporation spontanée, et dans ce cas, l'acide Borique n'est pas entraîné. Bref donc, voici un premier dosage approximatif effectué ; on procède ensuite au dosage indirect, comme il suit : On prend une égale quantité de la même matière, on la dissout comme précédemment, on y ajoute le double de carbonate sodique *fondu* de la quantité trouvée d'acide borique, on évapore à siccité, on chauffe jusqu'à fusion, puis on pèse la masse obtenue. Cela fait, on la décompose par un acide de manière à en expulser tout l'acide carbonique que l'on dose, et comme on connaît la quantité de soude que la masse fondue contenait, on l'ajoute à la quantité trouvée d'acide carbonique, et la différence de poids indique exactement la quantité d'acide borique (Rose et Schaffgotsch). Ce procédé double donne assez de certitude, parce que les deux déterminations se contrôlent.

$$100 \text{ p. de } B^2O^3 = 31,43 \text{ de Bore.}$$

2° *A l'état de Fluoborure potassique*. — La dissolution de la prise d'essai ne doit renfermer que des alcalis, et la potasse préférablement; or donc, s'il s'agit de la *Boronatrocal-*

cite, on neutralise d'abord la dissolution par de l'ammoniaque, puis on en précipite la chaux à une douce chaleur par du carbonate ammonique. Après la filtration, on ajoute à la liqueur de la potasse caustique une fois et demie le poids du borate et un *excès* de fluoride hydrique pur, puis on l'évapore à siccité au bain-marie dans une capsule de platine. Le résidu consiste en fluoborure potassique et en fluorhydrate ; on l'épuise à la température ordinaire par une solution d'acétate potassique qui en contient 20 % et qui dissout tout le fluorhydrate potassique ; on filtre au bout de quelques heures dans un filtre taré, on lave le précipité avec de la solution d'Acétate potassique, tant que le liquide qui passe précipite par le chlorure calcique, ensuite avec de l'alcool à 84°, enfin on le dessèche à 100° et on le pèse (Stromeyer) : 100 p. de fluoborure potassique = 8,723 de Bore.

3° *En volatilisant le Bore à l'état de fluoride Borique.*—La matière finement divisée et complétement desséchée, est attaquée par du fluoride hydrique à une chaleur modérée jusqu'à siccité, puis arrosée d'acide sulfurique concentré et chauffée jusqu'à expulsion complète de fluoride Borique ; alors on la saupoudre d'un peu de carbonate ammonique et on la rechauffe pour enlever l'excès d'acide sulfurique, afin d'obtenir des sulfates neutres, dont on dose les bases. La somme de leurs poids représente celui de la prise d'essai, sauf le poids de l'acide Borique, que l'on connaît par déduction. Au lieu de fluoride hydrique on peut employer le fluorhydrate ammonique et puis l'acide sulfurique concentré.

En résumé, pour séparer l'acide Borique d'avec les bases et les autres acides, on fera usage du sulfide hydrique, du sulfhydrate et du carbonate ammoniques, des acides oxalique, sulfurique, de l'alcool, etc., les cas de dosage de l'acide Borique sont rares, et en y réfléchissant avant de les entreprendre, on pourra facilement les résoudre.

DOSAGE DU FLUOR : $Fl = 19$.

Le Fluor peut se doser à l'état d'acide Fluorhydrique, ou de Fluorure calcique, ou de Fluoride silicique, ou par différence.

1° *A l'état de fluoride hydrique.* — C'est par la méthode alcalimétrique au moyen d'une solution de soude normale.

2° *A l'état de fluorure calcique.* — En versant un excès suffisant de solution de carbonate sodique dans la liqueur contenant le fluoride hydrique et la faisant bouillir, puis y ajoutant du chlorure calcique, jusqu'à ce qu'il ne s'y forme plus de précipité, qu'on laisse déposer, lave d'abord par décantations successives et puis dans le filtre. Ce précipité, formé de fluorure et de carbonate calciques, est desséché, ensuite chauffé au rouge dans une capsule de platine ; après cela, on y ajoute de l'eau et un léger excès d'acide Acétique, puis on le chauffe à siccité au bain-marie, en continuant jusqu'à disparition complète d'odeur d'acide Acétique. On reprend le produit par de l'eau, on chauffe de nouveau, on filtre pour séparer l'Acétate calcique soluble et conserver le fluorure dans le filtre, on le lave, le dessèche, le calcine et le pèse. Il faut d'abord chauffer le double précipité au rouge avant de le traiter par l'acide Acétique, sans cela le lavage de fluorure calcique non calciné serait trop difficile et sa séparation incomplète. La présence de l'acide chlorhydrique ou du Nitrique dans la dissolution de l'acide fluorhydrique ne nuit aucunement (Rose) : 100 p. de fluorure calcique $= 48,71$ de fluor.

2° *bis.* Lorsqu'on doit doser le fluor dans une substance insoluble dans les acides, comme un mélange de Barytine et de fluorine, Rose a conseillé de la fondre avec 6 fois son poids du mélange de carbonate sodo-potassique et 2 parties d'acide silicique ; d'épuiser ensuite la masse refroidie par de l'eau, puis de précipiter la silice de cette solution par le carbonate ammonique, de laver le précipité avec une solution étendue du réactif, de sursaturer la liqueur filtrée par de l'acide Nitrique et de la précipiter par une solution *très-étendue* d'Azotate Barytique, qui ne précipite que le sulfate Barytique. Celui-ci étant filtré, on sursature la liqueur claire avec du carbonate sodique, et puis on en précipite le fluorure Barytique par de l'alcool ; le précipité est recueilli dans un filtre, lavé d'abord avec un mélange à parties égales d'alcool et d'eau, et avec de l'alcool fort à la fin, puis desséché, chauffé au rouge et pesé.

3° *A l'état de fluoride silicique.* — D'après Frésénius, c'est en traitant la matière dont il s'agit, réduite en poudre très-fine et additionnée de quartz pur et très-fin aussi, par de l'acide sulfurique concentré et exempt de composés nitreux et sulfureux; elle ne doit pas contenir de carbonate, ni d'autre composé volatil et absorbable en même temps que le fluoride hydrique. Ce procédé exige un appareil très-compliqué et des soins très-minutieux ; nous renvoyons à l'ouvrage de l'auteur pour en prendre une connaissance exacte.

4° *Par différence.* — Il existe plusieurs procédés pour déterminer le poids du fluor par différence, selon que la substance est attaquable par l'acide sulfurique ou par les fondants :

a. Ainsi pour les substances qui se trouvent dans le premier cas, on les pèse bien desséchées, et on les traite dans un creuset de platine par de l'acide sulfurique concentré et la chaleur, en ajoutant à la fin du carbonate ammonique (s'il y a des alcalis) pour enlever l'excès d'acide sulfurique. Après cessation de dégagement de vapeurs, on reprend la masse sèche qui contient des sulfates, on les dissout, et, en déterminant le poids des métaux et en faisant la somme, on a, par différence, le poids du fluor.

b. Pour les substances inattaquables par l'acide sulfurique, on les fond avec du bisulfate potassique; tel est le cas de la Topaze : le fluoride silicique se dégage, et le fluor est, de la sorte, dosé par différence.

Enfin, le fluor se rencontrant quelquefois en même temps que l'acide phosphorique, on doit d'abord enlever celui-ci de la dissolution par l'Azotate Argentique ou un autre réactif, ou bien volatiliser le fluor en premier sous l'état de fluoride hydrique.

DOSAGE DU CARBONE : $C = 12$.

Le carbone peut se doser à l'état de corps simple lorsqu'il existe libre dans un mélange, et que l'on peut l'en séparer complétement, comme c'est le cas pour la poudre à tirer (voyez ce qui a été indiqué à ce sujet). Mais lorsqu'on ne peut le séparer totalement par des moyens mécaniques, il faut le transformer en acide carbonique, ainsi que nous l'avons indiqué à propos du dosage du carbone contenu dans la fonte et dans d'autres métaux; c'est aussi sous cet état qu'on le dose dans les matières organiques. Par conséquent, nous allons nous occuper des dosages de l'acide carbonique.

L'acide carbonique peut se doser : 1° directement à l'état libre, en le recueillant bien sec, le mesurant et déterminant son poids après les corrections relatives à la température, à la pression et à l'humidité; 2° en le condensant complétement dans une solution alcaline pesée d'avance, et dont l'augmentation de poids après l'opération fait connaître celui de l'acide carbonique; 3° par différence, c'est-à-dire en expulsant l'acide carbonique par un acide, ou en calcinant les carbonates qui peuvent abandonner complétement leur acide carbonique et déduisant le poids de ce dernier par la diminution de celui de la prise d'essai; 4° par des liqueurs titrées.

1° *A l'état gazeux*. — Lorsque l'acide carbonique se dégage de la prise d'essai en même temps qu'un autre gaz insoluble dans l'eau, mais inabsorbable par la potasse, comme l'Azote, on les dessèche complétement, on les reçoit dans des éprouvettes graduées, remplies de mercure et placées dans un lieu frais; après quelque temps de repos, on équilibre les niveaux intérieur et extérieur, on note soigneusement le volume du mélange gazeux, puis on y introduit une balle de potasse caustique fixée à l'extrémité d'un fil de platine, afin d'absorber tout l'acide carbonique. Lorsqu'on ne constate plus de diminution de volume, on retire la première balle de potasse caustique, on la remplace par une seconde, qu'on laisse agir aussi jusqu'à ce que le volume gazeux ne diminue plus ; si celui-ci n'a pas sensiblement diminué après l'introduction de la seconde balle de potasse, c'est que tout l'acide carbonique est absorbé ; si l'inverse à lieu, il faut encore introduire une troisième balle, et enfin lorsque le volume reste stable, on note sa quantité, et la diminution représente, après avoir effectué les corrections indiquées, l'acide carbonique qui existait dans le mélange.

D'autres procédés peuvent être suivis également pour doser l'acide carbonique à l'état gazeux, selon le ou les gaz qui l'accompagnent : l'acide sulfureux sera retenu par de l'eau etc. Cependant nous ferons observer, avec Frésénius, que ce mode de dosage ne donne pas les résultats les plus précis, parce que l'acide carbonique ne suit pas exactement la loi de Mariotte.

2° *A l'état de carbonate*. — Nous distinguerons deux cas : celui de l'acide carbonique en dissolution dans une eau, et celui d'un carbonate insoluble.

a. Supposant le cas d'une eau minérale, voici comment on opère, selon nous : arrivé à la source, on introduit délicatement trois prises d'eau, de 200^{cc} chacune, dans trois ballons de 275^{cc} au moins de capacité, que l'on remplit immédiatement avec de la solution de chlorure Barytique ammoniacale et bouche parfaitement aussitôt (1). Pour opérer le mélange des deux liquides, on renverse doucement les ballons sens dessus dessous et on les abandonne au repos deux à trois jours pendant lesquels on les renverse encore plusieurs fois (2). Au bout de ce temps, et l'appareil de dosage étant prêt à fonctionner (dans un laboratoire), on filtre rapidement, à l'abri de l'air, le liquide éclairci d'un des ballons, on lave le précipité de carbonate barytique avec de l'eau bouillie encore tiède, de manière à lui enlever toute odeur ammoniacale, puis on le réintroduit avec le filtre égoutté dans le même ballon, au col duquel on fixe un tube-entonnoir à robinet et quatre condenseurs remplis de matières absorbantes, savoir : les deux premiers sont des éprouvettes à pied, de Dumas, qui contiennent respectivement du chlorure calcique sec et du sulfate cuivrique calciné ; le troisième est un tube à cinq boules, ou à une seule sous forme d'ampoule et contient une solution concentrée de potasse caustique ; le quatrième est un tube en U, dont la première branche est remplie d'hydrate potassique solide et la seconde de chlorure calcique sec ; ces deux tubes doivent être pesés soigneusement avant et après l'opération ; enfin, on termine l'appareil par un aspirateur rempli d'eau et tenu assez éloigné du dernier condenseur par un long tube de caoutchouc, afin d'éviter toute humidité.

(1) La solution de chlorure Barytique ammoniacale se sépare quelques jours avant de l'employer, en dissolvant 55 gr. de chlorure Barytique dans un litre d'eau bouillie et y ajoutant ensuite 66^{cc} d'ammoniaque parfaitement caustique et de 0,92 ; afin de l'avoir bien limpide, on ne la filtre qu'au moment de s'en servir, parce qu'elle se trouble très-rapidement au contact de l'air ; c'est le réactif le plus convenable pour fixer l'acide carbonique.

(2) Le mélange du réactif et de l'eau minérale doit se faire le plus délicatement possible, afin de ne pas en chasser du gaz, et prolonger le contact plusieurs jours pour être certain que tout l'acide carbonique est transformé en carbonate barytique insoluble.

Pour opérer, on verse du chloride hydrique étendu du double de son volume d'eau dans le tube entonnoir, et on le fait couler dans le ballon, de manière qu'il en tombe une goutte toutes les deux secondes à peu près, en continuant ainsi jusqu'à cessation d'effervescence et dissolution complète du carbonate barytique (1). Arrivé à ce point, on retire du tube entonnoir le chloride hydrique en excès au moyen d'un siphon, et on le remplace par de l'eau chaude, de façon à en remplir les trois quarts du ballon ; alors, fermant le robinet, on chauffe jusqu'à l'ébullition du liquide, puis, cessant de chauffer, on adapte un large tube à potasse caustique solide, ou une éprouvette à pied, à l'entonnoir à robinet, on ouvre tout l'appareil, y compris l'aspirateur et on y fait passer de l'air très-lentement pendant une demi-heure à trois quarts d'heure, afin de condenser les dernières traces d'acide carbonique dans la potasse caustique. Après cela, on détache les deux derniers tubes condenseurs, on les essuie parfaitement, on les bouche et on les repèse pour en connaître l'augmentation de poids, ou la quantité d'acide carbonique. Cette opération pouvant être exécutée en cinq quarts d'heure, permet d'opérer encore sur les produits des deux autres ballons dans la même journée, afin de se placer dans des conditions identiques, et d'obtenir des résultats concordants. Ou bien, si le précipité du troisième ballon est lavé suffisamment, desséché et calciné séparé du filtre, puis pesé, il fournira un poids de carbonate barytique neutre, duquel on déduira celui de l'acide carbonique ; on aura, de la sorte, un triple contrôle.

b. S'il s'agit de doser l'acide carbonique d'un carbonate insoluble, on le réduira d'abord en poudre fine, on le desséchera complétement, puis on l'introduira dans le ballon

---

(1) S'il reste quelque chose d'indissous, c'est du sulfate barytique ou de l'acide silicique.

de l'appareil dont il vient d'être question, et on le traitera ainsi qu'il a été indiqué.

c. Si le carbonate contient, en outre, un fluorure, ou un chlorure, il ne faut pas employer un acide fort pour en expulser l'acide carbonique, parce qu'il se dégagera de l'hydracide en même temps, d'où erreur. Il faut donc réduire la prise d'essai en poudre très-fine, la délayer dans un peu d'eau, et puis la décomposer par de l'acide Acétique qui ne chassera que l'acide carbonique ; d'autre part, on dosera respectivement le fluor et le chlore pour constater si la quantité d'acide carbonique est exacte.

3° *Par différence.* — Le dosage de l'acide carbonique *par différence* peut s'exécuter par la voie humide et par la voie sèche : *a.* Le procédé par la voie humide consiste à introduire la prise d'essai et l'acide décomposant dans un petit appareil capable d'être posé sur le plateau de la balance sans la surcharger, puis à faire arriver petit à petit l'acide sur le carbonate, jusqu'à ce qu'il n'y ait plus d'effervescence, et de repeser alors l'appareil, dont la diminution de poids indiquera la quantité d'acide carbonique de la prise d'essai. On a conseillé les acides chlorhydrique, Nitrique et sulfurique, et divers petits appareils pour arriver aux meilleurs résultats ; le procédé le plus convenable de cette catégorie est celui de Frésénius, qui consiste à délayer ou dissoudre le carbonate dans de l'eau distillée contenue dans un petit matras, et à y faire arriver peu à peu de l'acide sulfurique concentré, contenu dans un second matras relié au premier par un tube doublement recourbé à angle droit et fonctionnant comme un siphon, par aspiration : l'acide carbonique, en passant dans le sulfurique avant de sortir définitivement de l'appareil, s'y dessèche, et, de la sorte, la diminution de poids ne porte que sur le gaz sec.

Nous n'entrons pas dans des détails sur l'exécution de ces procédés, parce qu'ils sont tous susceptibles d'inexactitude : si ce n'est pas de l'eau qui s'échappe en même temps que l'acide carbonique, ça peut être de l'oxyde carbonique (cas des oxalates), des acides sulfureux, chlorhydrique, sulfhydrique, etc.; il est donc préférable d'employer les procédés directs.

b. Le procédé par la voie sèche varie aussi, selon les cas : le plus simple est celui d'un carbonate anhydre, cédant tout son acide carbonique par la calcination, et sans que sa base éprouve la moindre modification : tels sont le *Calcaire*, la *Giobertite*, la *Dolomie*, la *Smithsonite*, etc.; pour en doser exactement l'acide carbonique, on réduit la prise d'essai en poudre, on la dessèche au bain-marie jusqu'à ce qu'elle ne diminue plus de poids, on la pèse, ensuite on la calcine jusqu'à ce que son poids ne varie plus ; alors on la laisse refroidir à l'abri de l'air, on la repèse, et la perte qu'elle a éprouvée représente la quantité d'acide carbonique qu'elle contenait.

Pour les carbonates anhydres, qui ne cèdent pas leur acide carbonique par la chaleur seule, on les mélange d'abord avec un poids connu d'acide silicique ou avec quatre fois leur poids de borax fondu, et on les chauffe au rouge dans un creuset de platine, jusqu'à ce qu'on ne constate plus de perte (Reich).

DOSAGE DE L'ACIDE CARBONIQUE, DE L'EAU, DU SULFIDE HYDRIQUE ET DU CHLORIDE HYDRIQUE.

1° Dans la plupart des cas, de l'eau se dégage en même temps que l'acide carbonique, et il faut les séparer complétement pour les doser à part, ce qui se fait sans grande difficulté : ainsi dans les analyses des substances organiques, on place à la partie antérieure du tube à combustion, un tube à chlorure calcique sec et puis le tube à solution de potasse, mais pesés tous les deux ; il s'en suit que le premier retient toute l'eau et le second l'acide carbonique, et qu'en les repesant ensuite ils font connaître respectivement les quantités de ces deux corps.

2º D'après Scheurer-Kestner, pour séparer l'acide carbonique d'avec le sulfide hydrique et le chloride hydrique qui se dégagent en même temps de la soude brute traitée par un acide, on fait arriver les gaz dans de l'ammoniaque, puis on agite celle-ci avec de l'oxyde cuivrique calciné : tout le soufre est précipité à l'état de sulfure cuivrique, qu'on recueille et dose ; ensuite on fait bouillir la liqueur claire avec du chlorure calcique pour en précipiter l'acide carbonique à l'état de carbonate calcique, qu'on recueille aussi et qu'on dose par l'un ou l'autre des procédés indiqués : la simple calcination indiquée plus haut suffira ; enfin, pour doser le chloride hydrique, on opérera sur une autre prise d'essai.

3º Frésénius a indiqué le procédé suivant (dans son traité d'*Analyse quantitative*, 3ᵉ édition, page 732) pour séparer le sulfide hydrique d'avec l'acide carbonique (qui se dégagent des soudes brutes traitées par les acides) et les doser : de retenir le sulfide hydrique dans une solution d'acétate cuivrique neutre, pure et pesée, et l'acide carbonique (qui passe outre) dans une solution de potasse caustique également pesée.

Plus récemment, il a modifié ce procédé comme il suit : On décompose un poids connu de la soude brute dans un ballon par du chloride hydrique, et l'on fait passer les gaz sur du chlorure calcique, puis sur de la pierre ponce imprégnée d'une solution concentrée de sulfate cuivrique et desséchée à 160º au plus (ce qui fait qu'elle retient encore de l'eau) ; la seconde branche de ce tube en U contient à sa partie supérieure un peu de chlorure calcique, afin de retenir la dernière trace d'eau ; de là les gaz traversent un deuxième tube en U contenant de la ponce au sulfate cuivrique, un peu de peroxyde plombique au-dessus (pour absorber l'acide sulfureux) et une petite colonne de chlorure calcique à la partie supérieure ; enfin, un troisième tube contenant de la chaux sodée, ou de la potasse caustique. Ces trois tubes ont été pesés au préalable.

Lorsque le dégagement ne se produit plus à froid, on fait bouillir le liquide du ballon, et après tout dégagement on balaie l'appareil au moyen d'un courant d'air sec ; cela fait, on repèse les trois derniers tubes, et leur augmentation de poids fait connaitre les quantités respectives de sulfide hydrique et d'acide carbonique. Cependant nous émettons un doute, celui de savoir comment on défalquera le poids de l'acide sulfureux condensé sur l'oxyde de Plomb ? Cela pourrait se faire si ce dernier était contenu dans un tube à part.

On n'a du reste qu'à consulter l'analyse de l'air pour savoir quels sont les agents à employer pour retenir les divers gaz qui se dégagent simultanément.

DOSAGE DE L'ACIDE CARBONIQUE PAR DES LIQUEURS TITRÉES.

Pour doser l'acide carbonique contenu dans les eaux, on a conseillé de faire usage d'eau de chaux, ou de Baryte, ou d'une solution de chlorure Barytique ammoniacale, ou de chlorure calcique ammoniacale, toutes titrées au préalable, comme on le pense bien ; mais pour cela, il faut qu'il n'y ait que l'acide carbonique qui agisse sur le réactif employé, cas extrêmement rare et délicat ; d'autre part, les solutions des chlorures Barytique et calcique ammoniacales se troublent pendant le temps qu'elles restent exposées à l'air pour effectuer les opérations.

ANALYSE DU CALCAIRE.

Le calcaire servant de fondant aux chimistes et aux métallurgistes, d'amendement aux agriculteurs, d'agent chimique aux verriers et aux fabricants de soude, de matière première aux chaufourniers et aux constructeurs, il importe, pour la plupart des usages auxquels on le destine, qu'on en détermine exactement la composition, qui est souvent très-compliquée : ainsi, on y rencontre le quartz ou l'Argile, l'acide Phosphorique, la magnésie, le fer carbonaté et sulfuré, le manganèse, l'eau, des matières organiques, etc.

Comme c'est la silice ou l'Argile qui l'accompagne le plus souvent, nous renvoyons cette analyse à la suite de celle des silicates.

DOSAGE DU SILICIUM : $Si = 28$.

Le silicium se dose presque toujours à l'état d'acide silicique, que l'on pèse directement, et très-rarement à l'état de gaz fluoride silicique, que l'on mesure ou bien qu'on volatilise complétement pour en déduire le silicium par différence.

Nous avons déjà indiqué plusieurs fois comment il faut s'y prendre pour séparer complétement l'acide silicique dans les silicates attaquables par les acides et dans ceux qui, ne l'étant pas, doivent être préalablement disgrégés par des fondants ; nous ne le répéterons plus ici, seulement nous dirons comment on les attaque par d'autres fondants que le carbonate sodo-potassique et les bisulfates alcalins, ce qui doit se faire toutes les fois que le silicate contient un alcali à doser : tels sont les feldspaths, les porphyres, les granits, etc.

Dans notre *Traité d'analyse qualitative*, nous avons dit que l'on désagrège ces silicates réfractaires en les chauffant avec de l'hydrate Barytique, ou de l'Azotate ou du carbonate ; quant à ce dernier, il faut employer une température suffisamment élevée pour le fondre (que l'on ne peut pas toujours produire), car ce n'est qu'alors qu'il désagrège les silicates. L'Azotate Barytique déflagre trop, mais l'hydrate convient très-bien dans la plupart des cas ; si l'on veut renforcer son action, on ajoute par-dessus le mélange, introduit dans le creuset, une légère couche de carbonate Barytique ; de même que pour diminuer la propriété réfractaire de celui-ci, Smith a conseillé d'y ajouter la moitié de son poids de chlorure Barytique, et d'employer 6 parties de ce mélange pour une du silicate à disgréger.

La chaux et son carbonate, additionnés d'une égale quantité de chlorure sodique fondu, peuvent également servir à désagréger les silicates réfractaires et sans crainte pour le creuset de platine ; mais lorsqu'on doit rechercher et doser la soude, c'est du chlorure ammonique qu'on ajoute.

Désagrégation par le carbonate et le chlorure Barytiques.

Puisque le carbonate Barytique est le disgrégeant le plus puissant, par suite de la haute température qu'il exige pour se fondre, mais qu'on ne peut pas toujours produire, nous décrirons le procédé qui consiste à traiter le silicate par le mélange de carbonate et de chlorure barytiques. La prise d'essai finement pulvérisée, ayant été desséchée progressivement jusqu'au rouge, est mêlée avec 6 fois son poids de carbonate chlorure barytique et le mélange chauffé lentement dans un creuset de platine jusqu'à fusion ou forte agglomération. Après le refroidissement on nettoie parfaitement le creuset extérieurement, on le place horizontalement et découvert dans une capsule de porcelaine, puis on continue l'opération comme il a été indiqué à l'essai des minerais de fer, c'est-à-dire qu'on sépare d'abord la silice, puis les bases pour les doser respectivement. D'après M. Deville, plus on met de carbonate Barytique plus on volatilise de l'alcali.

Selon M. Terreil, la prise d'essai porphyrisée est mêlée avec 7 à 8 fois son poids d'hydrate barytique fondu et chauffée progressivement dans un creuset d'argent jusqu'à 350°, qui suffisent à fondre le mélange ; après quelque temps celui-ci s'épaissit, et lorsqu'il paraît entièrement solidifié, on élève la température pendant quelques minutes, mais sans atteindre le rouge sombre. Après le refroidissement, la masse est épuisée par de l'eau à l'ébullition, le liquide est filtré, puis soumis à un courant d'acide carbonique pur, ensuite à l'ébullition pour détruire les bicarbonates Barytique et calcique et les rendre insolubles ; après les avoir filtrés et lavés, on sature la liqueur par du chloride hydrique, on l'évapore à siccité pour rendre la silice insoluble, on reprend par de l'eau acidulée, on filtre et on obtient les alcalis en dissolution, etc.

Procédé de L. Smith pour désagréger les silicates qui contiennent des alcalis.

On prend un gramme du silicate, un gramme de chlorure Ammonique et quatre grammes de carbonate calcique artificiel ; on les mêle parfaitement, puis on introduit le mélange dans un creuset de platine qu'on pose sur une lampe de Bunsen, ou d'émailleur, en l'inclinant légèrement. Cela fait, on le chauffe par la partie supérieure d'abord pendant 6 à 7 minutes, puis on élève la température en ayant le soin de ne pas dépasser le rouge vif, et de la continuer une heure au plus ; alors on laisse refroidir le creuset, on épuise la masse par de l'eau froide, et on abandonne le restant insoluble à une digestion dans de l'eau pendant huit heures. Au bout de ce temps, on filtre pour obtenir tous les chlorures qu'on réunit, et qu'on traite ensuite de manière à en séparer exactement l'alcali qu'il s'agit de doser.

DOSAGE PAR DIFFÉRENCE.

a. Désagrégation par l'acide fluorhydrique. — D'après Berzélius, le silicate divisé et desséché le plus possible, est
traité dans une capsule de platine par du fluoride hydrique
au bain-marie ; au bout d'un certain temps, on y ajoute
peu à peu de l'acide sulfurique en quantité suffisante pour
transformer toutes les bases en sulfates, et l'on continue de
chauffer jusqu'à siccité et de façon à expulser tout le fluoride silicique, le fluoride hydrique et l'excès d'acide sulfurique. Alors on laisse refroidir, on humecte fortement la
masse avec du chloride hydrique concentré, on l'abandonne
au repos pendant une heure, puis on l'épuise par de l'eau à
une douce chaleur; après filtration du liquide, on reprend
le résidu, s'il y en a un, par du fluoride hydrique, de l'acide
sulfurique et du chloride hydrique, et etc. De la sorte, on
parvient à dissoudre tout, s'il n'y a ni Baryte, ni strontiane,
ni plomb (auquel cas on les reprend par de l'acide Nitrique).
Dans les dissolutions réunies on dose les bases, et leur
somme représente la prise d'essai, moins le poids de la
silice, que l'on connaît ainsi. S'il y a présence d'oxydes
aluminique et ferrique, la température ne doit pas être trop
élevée, parce que l'acide sulfurique ne pourrait plus les
dissoudre complétement.

b. Désagrégation par le fluorhydrique gazeux. — *Analyse
du verre.*

Pour être plus certain de réussir, par suite de ce que le
fluorhydrique agira à l'état de vapeur et sera tout-à-fait pur
(ce que n'est pas toujours celui qui est préparé d'avance),
on place le silicate bien divisé (soit du verre) et humecté
d'acide sulfurique étendu dans une capsule de platine, et
celle-ci dans le récipient de l'appareil en plomb pour préparer le fluoride hydrique : en chauffant très-modérément
et abandonnant l'appareil pendant 6 à 8 jours dans un endroit

chaud, on obtient dans la capsule un mélange de fluosiliciures et de sulfates. Alors on pose cette capsule dans une plus grande, également en platine, on y ajoute goutte à goutte de l'acide sulfurique jusqu'à ce qu'il y en ait un excès, on évapore à une basse température, puis plus fortement pour expulser l'excès d'acide sulfurique, et on retraite la masse par de l'acide chlorhydrique et de l'eau, comme au procédé précédent. On peut aussi placer la capsule de platine, contenant le silicate, dans une boîte en plomb où l'on a mis le fluorure et l'acide sulfurique étendu qui doivent produire le fluoride hydrique.

c. Désagrégation par le fluorhydrate Ammonique. D'après Rose, on traite dans un creuset de platine le silicate, calciné au préalable, par 6 à 8 parties de fluorhydrate Ammonique et un peu d'eau pour former une bouillie, qu'on chauffe d'abord modérément, puis peu à peu au rouge et jusqu'à ce qu'il ne se dégage plus du fluoride silicique. Ensuite on traite la masse par de l'acide sulfurique concentré et la chaleur jusqu'à siccité, et enfin par de l'acide chlorhydrique, comme au procédé de Berzélius; c'est-à-dire que si les sulfates ne se dissolvent pas dans le chloride hydrique et l'eau (à moins que ceux de plomb, de Baryte et de strontiane), on reprendra la partie insoluble par du fluorhydrate ammonique, et etc.

ANALYSE DES ARGILES.

Les argiles sont des silicates d'alumine qui contiennent toujours d'autres corps, tels que l'eau, l'acide silicique hydraté, le quartz, les carbonates calcique, Magnésique et ferreux, la pyrite, la potasse ou la soude, les acides Phosphorique et sulfurique à l'état de sels de chaux, et des matières organiques ; par suite de cela, leur analyse est des plus compliquées, et n'est entreprise qu'après une analyse qualitative complète, et même après des essais concernant les usages auxquels on les destine.

Voici comment on peut y procéder :

On commence par former un échantillon qui représente le plus exactement possible la moyenne de l'argile dont il s'agit et duquel on prélèvera les prises d'essais ; il est de la plus grande importance d'agir de la sorte, parce que la composition des argiles varie sensiblement, et surtout celle des terres arables.

L'Eau. — On prend 10 ou 15 ou 20 gr. d'argile desséchée à l'air et finement divisée, on les chauffe dans une étuve ou sur un bain de sable à 140° ou à 150° jusqu'à cessation de diminution de poids, laquelle fait connaître la quantité d'eau, mais pas la totalité, qu'on ne peut expulser qu'à une plus haute température, en chassant aussi de l'acide carbonique et des produits organiques. En l'absence certaine de ces derniers, on calcine ensuite la prise d'essai (desséchée à 150°), et on obtient par la repesée la totalité de l'eau et de l'acide carbonique ; si l'on dose ensuite celui-ci (d'une autre prise d'essai) par un procédé direct, et qu'on retranche son poids de celui de la diminution totale, on aura pour reste le poids de l'eau. Mais c'est bien rarement que l'on pourra procéder de la sorte, parce que les argiles contiennent non-seulement des matières organiques, mais encore de la pyrite, qui laisse dégager du soufre. Cependant, comme on dosera aussi ce corps ultérieurement, et qu'on soustraira son poids de celui de tous les corps volatilisés , voici comment on peut procéder à un dosage plus approximatif de l'eau et des matières organiques : la prise d'essai, desséchée préalablement à 150°, est ensuite chauffée fortement au rouge dans une capsule et humectée avec une solution de carbonate ammonique, afin de maintenir intacts les carbonates y contenus ; en la repesant, on constatera une nouvelle diminution de poids, qu'on attribuera aux substances organiques. Ces déterminations seront rectifiées par les dosages spéciaux de l'acide carbonique et du soufre, qu'il sera nécessaire d'exécuter, parce que l'humectation par le sesquicarbonate ammonique n'empêche pas la décomposition de la sidérose ni sa transformation en oxyde ferrique. On peut remplacer le carbonate ammonique par de l'acide oxalique, qu'on ajoute à la substance en même temps qu'une petite quantité d'eau.

Les matières organiques peuvent être dosées par différence, comme nous venons de l'indiquer, mais plus exactement par un traitement à l'alcool, ou à l'éther, ou au Naphte, ou à la potasse caustique, selon la nature chimique de ces produits organiques, et que des essais préliminaires auront fourni des indications.

L'acide silicique hydraté ou libre est enlevé à l'argile au moyen d'une solution chaude de carbonate sodique, qui ne dissoudra ni le quartz, ni le silicate aluminique ; le silicate sodique ainsi formé est ensuite décomposé par le chloride hydrique et l'évaporation à siccité, afin de rendre l'acide silicique insoluble et qu'on dose comme toujours.

Le Quartz et l'Argile. — Le Quartz est séparé de l'Argile après avoir délayé celle-ci dans de l'eau sans l'avoir pulvérisée (pour ne pas briser les grains de quartz), au moyen d'un filet d'eau continu qui n'entraîne que l'argile, le calcaire et les autres substances aussi légères qu'elle à peu près ; mais en les recevant dans de l'eau chaude acidulée de chloride hydrique, l'argile reste seule indissoute, et on la reçoit dans un filtre, la dessèche, grille et pèse; de la Pyrite pourrait l'accompagner, mais l'analyse qualitative ayant donné toute certitude à cet égard, on agira en conséquence pour les séparer. Le quartz étant donc recueilli dans un filtre, est desséché, grillé et pesé (s'assurer s'il ne contient pas des grains de Pyrite).

Cette séparation mécanique de l'argile se fait très-bien au moyen de l'éprouvette de Schulze.

L'acide carbonique sera dosé directement, c'est-à-dire expulsé par de l'acide chlorhydrique ou Nitrique et condensé dans une solution de potasse, puis pesé. (Voir les procédés indiqués pour ce dosage.)

Les autres corps seront également dosés directement, soit en attaquant l'argile par de l'eau régale et la chaleur, soit par des disgrégeants, soit par du fluoride hydrique ou du fluorhydrate ammonique avec le concours des acides sulfurique et chlorhydrique, afin d'arriver à dissoudre tous les constituants de l'argile, qu'on séparera ensuite et dosera par les procédés que nous avons décrits (1). Pour doser l'acide Phosphorique, le fluor, le titane et les alcalis, il faut opérer sur des prises d'essais spéciales, vu la faible quantité de ces corps.

Les calcaires présentant à peu près la même composition que les argiles, seront analysés de la même façon.

Troisième Groupe.

Il comprend le Chlore, le Brome, l'Iode et le Cyanogène.

DOSAGE DU CHLORE : $Cl = 35,5$.

Le chlore et l'acide chlorhydrique se dosent par la pesée et par les liqueurs titrées.

Pour doser exactement ces corps, on les précipite d'abord sous l'état de chlorure argentique, qu'on pèse après l'avoir bien lavé et desséché.

1° Mais lorsque le chlore existe à l'état de corps simple dans un liquide, on ne peut l'en précipiter complétement

(1) Voir l'analyse des minerais de fer.

en y versant immédiatement de l'Azotate argentique, parce qu'une partie reste en solution à l'état d'hypochlorite ou de chlorite Argentique ou autrement; en outre, s'il y a présence de matière organique, la précipitation ne sera pas complète non plus. Dans ces cas, et pour être certain de ne pas volatiliser du chlore, ni de l'acide chlorhydrique libres, on les sature et les fixe par un excès d'ammoniaque ou de carbonate sodique, puis on y verse de l'acide Nitrique et d'une solution acide d'Azotate argentique; on obtient, de la sorte, tout le chlore qui existait dans le liquide. Voici la manière d'exécuter la précipitation et le dosage.

Si la substance dont il s'agit est solide, on la dissout dans de l'eau, et si elle est liquide, elle doit être parfaitement limpide. On l'introduit dans un flacon bouché à l'émeri, puis on y verse peu à peu et en agitant vivement d'une solution concentrée et acide d'Azotate Argentique jusqu'à ce qu'il y en ait un léger excès; on bouche le vase, ou l'abandonne à une température de 60°, à l'abri de la lumière, jusqu'à ce que tout le chlorure argentique soit bien déposé et la liqueur parfaitement éclaircie; alors on y verse encore un peu d'Azotate argentique afin d'être sûr que tout le chlore est précipité.

Les plus prudents recommandent de ne pas chauffer ni aciduler au préalable la liqueur contenant du chlore ou du chloride hydrique, parce qu'il pourrait se dégager immédiatement du chloride hydrique, mais d'employer, comme nous l'indiquons, *une solution acide et en excès* d'Azotate argentique; de la sorte, pas la moindre trace de chlore ne peut s'échapper sous quelque état que ce soit, ni manquer de se précipiter, puisque le réactif est ajouté en excès, et s'il se formait un autre sel d'argent, il serait maintenu en dissolution par l'acide Nitrique libre du réactif; d'autre part, l'excès d'Azotate argentique facilite la formation et le dépôt du chlorure. Arrivé à ce point, on décante délicatement tout le liquide éclairci (non dans un filtre), on le remplace par de l'eau chaude acidulée d'acide Nitrique, on agite vivement et on laisse éclaircir, puis on décante de nouveau, et ainsi de suite, en finissant le lavage avec de l'eau distillée et amenant tout le précipité dans une petite capsule de porcelaine, qu'on chauffe progressivement à l'abri de la lumière, et jusqu'à ce qu'elle ne diminue plus de poids ; en la repesant après en avoir enlevé le chlorure argentique, on connaît le poids de ce dernier. En procédant ainsi, on obtient le chlorure argentique normal, non réduit par la lumière, ni par le filtre.

Si on le reçoit dans un filtre taré et qu'on ait filtré la première liqueur éclaircie, il y aura de l'argent réduit qui imprégnera le papier, et alors on obtiendra un poids trop fort ; il faut donc commencer par décanter comme nous l'avons dit, et mettre le chlorure Argentique dans le filtre à la fin, puis le dessécher à une température de 120° et le repeser : le filtre ayant été lavé et desséché au préalable à la même température, fera connaître, par son augmentation de poids, la quantité de chlorure Argentique. Mais de celui-ci aura encore pu être réduit, et pour plus de certitude, on recommande de le chauffer jusqu'à fusion, de griller le filtre, de traiter ses cendres par un peu d'acide Nitrique, de réunir les deux produits et de les chauffer avec quelques gouttes d'acide chlorhydrique ; de la sorte, on obtient un chlorure argentique bien blanc et anhydre, que l'on pèse. Il doit se dissoudre complétement par l'ammoniaque : 100 p. de chlorure Argentique contiennent 24,739 de chlore, qui correspondent à 25,447 de chloride hydrique.

2° On peut encore doser le chlore libre en ajoutant à la liqueur, exempte d'acide sulfurique, la 60me partie de son poids d'hyposulfite sodique et la chauffant quelques instants en vase bouché à l'éméri. Lorsque l'odeur du chlore a disparu, on fait bouillir avec un léger excès de chloride hydrique (pour décomposer l'hyposulfite sodique), on filtre et l'on verse du chlorure barytique dans la liqueur pour en précipiter tout l'acide sulfurique qu'on dose : un atome de ce dernier correspond à deux de chlore (Wicke).

Ebelmen avait conseillé de mélanger le liquide chloré avec un excès d'acide sulfureux, qui devient acide sulfurique.

PASSONS AUX CAS PARTICULIERS.

Pour doser le chlore dans les chlorures d'étain, d'Antimoine, de mercuricum, de platine et de chrôme, on ne peut y arriver en versant la dissolution d'Azotate Argentique acidulée, parce qu'il se précipiterait en même temps que le chlorure Argentique du stannate Argentique, ou un sel basique d'Antimoine, ou un mélange de chlorures d'argent et de mercure, ou de chlorures d'Argent et de Platine, ou seulement les deux tiers du chlore du chlorure chromique. On doit donc commencer par éliminer ces métaux soit par le sulfide hydrique, qui précipite les quatre premiers, soit par de l'ammoniaque, qui précipite complétement les deux premiers et le cinquième ; filtrer ensuite et produire le chlorure Argentique comme nous allons l'indiquer : il faut d'abord enlever jusqu'aux dernières traces de sulfide hydrique, au moyen d'une solution de sulfate ferrique qui, ramenée à l'état ferreux, précipite tout le soufre du sulfide hydrique ; filtrer et puis employer l'Azotate Argentique acide comme précédemment.

Mais pour ne pas préparer exprès du sulfide hydrique et être plus certain de fixer le chlore de ces chlorures, on y verse un excès d'ammoniaque (excepté pour les chlorures Mercurique et Platinique), on filtre et l'on continue le procédé comme plus haut.

Pour doser le chlore dans le chlorure Platinique, il faut évaporer la solution avec un excès de carbonate sodique, fondre le résidu dans un creuset de platine, et doser le chlore dans la solution aqueuse de la masse au moyen de l'Azotate Argentique acide.

DOSAGE DU CHLORE DES CHLORURES INSOLUBLES.

Les chlorures insolubles sont : le Thallique, le Cuivreux, le Plombique, l'Argentique et le Mercureux.

Pour doser le chlore des deux premiers, on commence par les dissoudre au moyen de l'acide Nitrique, on étend leur dissolution de beaucoup d'eau chaude, puis on les précipite par de l'Azotate Argentique, et etc.

Ou bien encore, pour le thallium, commencer par dissoudre le chlorure dans de l'eau chaude, et le précipiter immédiatement par du sulfide hydrique ou du sulfhydrate ammonique ; filtrer le sulfure thallique, puis détruire l'excédant de sulfide hydrique par du sulfate ferrique, comme plus haut, et précipiter la liqueur restante par l'Azotate Argentique.

Pour doser le chlore des chlorures cuivreux, plombique et Argentique, le mieux est de les fondre avec du carbonate sodique, qui leur enlève tout le chlore, de dissoudre la masse saline dans de l'eau, d'aciduler d'acide Nitrique, puis d'y verser de l'Azotate Argentique, etc.

Quant au chlorure mercureux, on le divise parfaitement, puis on le met à digérer dans une solution de potasse ou de soude caustique, qu'on agite fréquemment afin d'obtenir une solution de chlorure alcalin, qu'on filtre, acidule et précipite comme les précédentes.

DOSAGE DU CHLORE PAR LES LIQUEURS TITRÉES.

1° Au moyen d'une solution titrée d'Azotate Argentique, versée dans un chlorure ou le chloride hydrique, on 'dose aussi exactement le chlore qu'on peut doser l'argent avec une solution normale de chlorure sodique.

La liqueur titrée dont on fait usage contient, par centimètre cube, 305 milligrammes d'argent,qui représentent 10 milligrammes de chlore. Voici la manière d'opérer de *Levol* :

On dissout 1 gramme de la substance à analyser dans 50^{cc} d'eau distillée, on y ajoute 5^{cc} d'une solution de Phosphate sodique saturée à froid, et, si la liqueur est acide, on la sature par du carbonate sodique. On y verse ensuite, au moyen d'une burette graduée en dixièmes de centimètre cube, la solution normale de Nitrate argentique, jusqu'à ce que le précipité se maintienne légèrement jaune par l'agitation (c'est le phosphate argentique, qui se forme après le chlorure et indique le point d'arrêt) ; le volume employé (moins une division) de liqueur d'argent, fait connaître la proportion centésimale de chlore.

M. F. Mohr a conseillé de remplacer le phosphate sodique par le chromate potassique neutre, qui, dans le cas présent, donne un précipité rouge très-foncé, de chromate argentique, dont la couleur est plus facile à saisir.

La dissolution normale d'argent se prépare avec une quantité d'argent pur, telle que étendue d'eau, elle en contienne 305 milligrammes par centimètre cube ; ensuite on la titre au moyen d'une solution de chlorure sodique (pur et anhydre sans avoir été fondu) diluée aussi jusqu'à ce que chaque centimètre représente 10 milligrammes de chlore ; on fera donc plusieurs essais préalables pour en fixer le titre.

Ce mode de dosage ne peut être appliqué directement aux substances qui renferment des matières organiques, telles que l'urine et le sang, ni au salpêtre, dont la forte proportion d'azotate alcalin dissoudrait du chlorure Argentique; on doit d'abord les détruire, et puis faire usage du procédé de Mohr.

D'après Schlœsing, il faut traiter le salpêtre par de l'acide Nitrique à la distillation, recevoir les vapeurs régaliennes dans de l'eau fortement refroidie, puis traiter celle-ci par de l'Azotate argentique et l'évaporation à siccité.

Ou bien, selon *Reich*, calciner le salpêtre (préalablement desséché jusqu'à commencement de fusion), avec 4 à 6 fois son poids de quartz très-fin, en ne dépassant pas la température du rouge sombre, afin de ne pas volatiliser du chlorure sodique : l'Acide Nitrique étant expulsé, la masse est reprise par de l'eau, la solution est filtrée, puis traitée comme il a été indiqué. Il ne faut pas qu'il y ait du chlorure ammonique, car le dosage du chlore serait trop faible.

2° Procédé de Bunsen avec de l'iodure potassique. On introduit le chlore gazeux, ou en solution aqueuse, dans un excès d'une dissolution d'iodure potassique : chaque équivalent de chlore met un équivalent d'iode en liberté, lequel reste dissous dans l'excès d'iodure potassique en le colorant en brun; on détermine ensuite cette quantité d'iode, au moyen de l'hyposulfite sodique normalisé, qu'on verse jusqu'à décoloration de la liqueur (voir plus loin à l'Iode).

DOSAGE DU CHLORE LIBRE ET DU CHLORE COMBINÉ.

D'une portion pesée du liquide on détermine d'abord le chlore libre; ensuite d'une seconde de même volume, on détermine le chlore total d'après les procédés indiqués et basés sur ce que le chlore libre seulement, agit sur l'iodure potassique, sur l'hyposulfite sodique et sur l'acide sulfureux.

Les chlorates étant souvent accompagnés de chlorures peuvent en être séparés par l'Azotate Argentique, qui ne précipite que ces derniers; ensuite en calcinant les chlorates ont les transforme en chlorures que l'on traite par le même réactif.

Les chlorates, les chlorites et les hypochlorites étant traités par du chloride hydrique à la distillation, dégagent tout leur chlore à l'état de corps simple, qu'on recueille dans de l'eau et dose ensuite comme plus haut.

CHLOROMÉTRIE.

La chlorométrie est la méthode d'analyse volumétrique qui a pour but d'indiquer au commerce la teneur en chlore actif des chlorures décolorants, c'est-à-dire combien 1000 grammes de ces composés peuvent donner de litres de chlore gazeux à 0° et à la pression de 760^{mm}. Beaucoup de procédés ont été indiqués pour faire cette détermination, mais, comme toujours, plusieurs laissent à désirer, et d'autres ne sont pas à la portée des commerçants; voici celui de Penot, que l'on recommande comme étant le meilleur; il est basé sur la transformation de l'acide Arsénieux en acide Arsénique au sein d'une liqueur alcaline par un hypochlorite, et l'on reconnaît le terme de l'opération au moyen du papier d'iodure potassique amidonné. Nous allons en faire l'application au chlorure de chaux, qu'on emploie le plus communément.

a Préparation du papier.— D'après Frésénius, on délaie 3 grammes de fécule de pomme de terre pure dans 250^{cc} d'eau froide, on fait bouillir en remuant, puis on y ajoute 1 gramme d'iodure potassique et autant de carbonate sodique cristallisé; ensuite on étend d'eau pour faire 500^{cc} de liquide, dans lequel on trempe des bandes de papier fin et blanc, qu'on fait sécher et qu'on conserve dans un flacon bien bouché.

b Solution d'acide Arsénieux.—On dissout 4 grammes, 44 d'acide Arsénieux (le poids atomique étant 198) et 13 grammes de carbonate sodique cristallisé dans 6 à 700^{cc} d'eau à une douce chaleur, puis on y ajoute de l'eau froide pour produire un litre : chaque centimètre cube contient 0 gr.,00444 d'acide Arsénieux et correspond à 1^{cc} de chlore gazeux à 0° et à la pression de 760^{mm}, le litre de chlore pesant 3 grammes, 17.

c Manière d'opérer. — On délaie 10 gr. de chlorure solide dans un mortier de porcelaine avec de petites portions d'eau distillée, qu'on ajoute peu à peu de manière à former une bouillie, qu'on verse trouble dans le flacon d'un litre ; on reverse de la nouvelle eau dans le mortier et l'on continue ainsi jusqu'à ce que tous les 10 gr. soient dans le flacon, puis on rince le mortier avec de l'eau pour produire un litre. Cela fait, on agite fortement la liqueur afin que rien de solide ne reste déposé au fond, on en prélève aussitôt 50^{cc}, qu'on verse dans un vase cylindrique, et, au moyen de la burette, on y fait couler goutte à goutte de la solution normale d'acide Arsénieux, tout en agitant, jusqu'à ce qu'une seule goutte de la solution du chlorure soumis à l'essai, posée sur le papier d'iodure amidonné ne le colore plus en bleu ; comme la coloration primitive en bleu va en diminuant, on est averti de la fin prochaine de l'opération et de ralentir l'addition de la solution arsénicale.

Le nombre des centimètres cubes employés fait connaître le degré chlorométrique ; ainsi, supposons qu'on en ait employé 40 : eh bien, les 50^{cc} de solution de chlorure de chaux dont il s'agit, renferment 40^{cc} de chlore gazeux et correspondent à 0,5 de chlorure solide ; donc 1000 gr. fourniraient 80 litres de chlore. Il est bien entendu qu'on répète la même opération plusieurs fois séance tenante ; voici la formule qui représente la réaction :

$$\overset{198}{As^2O^3} + 2H^2O + \overset{71}{2Cl} = As^2O^5 + 2Cl\,H.$$

DOSAGE DU BROME : $Br = 80$.

Le Brôme et l'acide Bromhydrique se dosent à l'état de Bromure argentique, en procédant comme pour le chlore et le chloride hydrique, et au moyen de liqueurs titrées aussi : 100 parties de Bromure argentique $= 42,553$ de Brome, qui correspondent à : 43,085 d'acide Bromhydrique.

Brome libre. Lorsqu'il est en solution aqueuse, ou qu'il se dégage en vapeurs, on le fait arriver dans une solution normale d'iodure potassique en excès : Chaque équivalent de Brôme met en liberté un équivalent d'iode, qu'on dose au moyen de l'hyposulfite sodique, comme on dose le chlore et l'iode.

Dans les cas que nous venons de citer, il ne faut pas qu'il y ait du chlore ni de l'iode ; s'il y en a, il faut déplacer le Brôme et le rendre libre au moyen du chlore.

Voici comment on peut procéder :

1° *Dosage direct du Brôme*. On met la solution, contenant aussi du chlorure, dans une éprouvette très-allongée, munie d'un robinet inférieur, on y verse de l'éther, puis l'on fait arriver un courant de chlore au fond de l'éprouvette jusqu'à ce que la couleur rouge n'augmente plus (ne pas continuer le chlore qui donnerait du chloride Bromique presque incolore), et on agite vivement. Ensuite on laisse écouler le liquide incolore et dense, et on lave l'autre à plusieurs reprises avec de l'eau distillée pour lui enlever tout ce qui n'est pas brôme ; après cela on l'agite avec une lessive de potasse, pour fixer ce dernier, on l'évapore à siccité, on calcine, on reprend la masse par de l'eau, et on précipite le Brôme par de l'Azotate Argentique, etc.

2° Suivant *Reimann*, c'est avec une solution de chlore de force connue :

On introduit la liqueur neutre, contenant le brôme à l'état de Bromure alcalin, dans un flacon bouché à l'émeri et posé sur une feuille de papier blanc, ou sur une plaque de porcelaine; on y ajoute peu à peu du chloroforme jusqu'à ce qu'il en reste indissous, une goutte de la grosseur d'une noisette, puis on y verse goutte à goutte, au moyen d'une burette graduée, de l'eau de chlore (préparée le jour même, et normalisée avec l'hyposulfite sodique) tout en agitant vivement : la liqueur devient jaune, puis plus foncée et enfin d'un blanc-jaunâtre; elle renferme alors du chloride Bromique et du chlorure potassique; deux équivalents de chlore ont été employés à déplacer le Brôme et à le transformer en chloride, comme l'indique l'équation suivante :

$$K\,Br + 2\,Cl = K\,Cl + Br\,Cl.$$

Pour être certain de bien saisir le terme de l'opération, l'auteur recommande de placer à côté du vase, un autre contenant une solution très-étendue de chrômate potassique neutre; en répétant plusieurs fois l'essai, on peut parvenir à de bons résultats.

D'après *Figuier*, on traite la solution du bromure, ou les eaux mères bromurées, par une solution de chlore étendue et titrée par rapport à un poids de bromure en solution acidulée par du chloride hydrique (ou avec l'iodure potassique et l'hyposulfite sodique), jusqu'à coloration en jaune : alors on fait bouillir pour expulser le brôme et la liqueur redevient incolore; on y ajoute encore un peu d'eau de chlore et on fait encore bouillir pour décolorer, en continuant de la sorte jusqu'à ce que la dernière portion de chlore ne colore plus, parce que la liqueur ne contient plus de brôme : dans ce procédé un équivalent de chlore équivaut à un équivalent de brôme, tandis que dans le précédent il faut un équivalent de chlore pour déplacer le brôme et un second pour le décolorer en formant du chloride bromique.

Frésénius, qui approuve ce procédé, recommande de l'exécuter dans un ballon fermé par un bouchon percé de

trois trous : par l'un d'eux on fait arriver un courant d'acide
carbonique jusqu'au fond du ballon, par le deuxième on
fait passer la pointe effilée de la burette qui contient l'eau
de chlore (un robinet se trouve à sa partie supérieure), et
par le troisième sort le courant d'acide carbonique entraînant le brôme sous l'influence d'une légère ébullition.

Selon nous, les eaux mères contenant du Bromure
magnésique, et peut-être des composés de fer et de Manganèse, on fera bien de les additionner de carbonate sodique, de filtrer le précipité, d'évaporer le liquide à siccité,
de le calciner même pour lui enlever toute son eau, puis
de mêler le résidu avec du peroxyde manganique bien sec
et de traiter ce mélange par de l'acide sulfurique concentré
dans un petit appareil distillatoire, afin de condenser tout
le brôme, qu'on pèsera.On le débarrassera du chlore par le
chloroforme, ou le sulfide carbonique.

BROMURES INSOLUBLES.

Les bromures insolubles seront attaqués par de l'acide
sulfurique et la chaleur dans un creuset de porcelaine, et
le brôme calculé indirectement d'après le poids du sulfate
formé.

Les bromures de mercure seront mis à digérer dans une
solution de potasse ou de soude caustique pour obtenir un
bromure alcalin, qu'on acidulera et précipitera par l'Azotate Argentique, etc.

DOSAGE DE L'IODE : $I = 127$.

L'Iode et l'Iodide hydrique se précipitent et se dosent également à l'état d'iodure Argentique en l'absence du chlore
et du brôme, et en opérant comme pour ceux-ci : 100 parties d'iodure argentique = 54,042 (un peu plus) d'iode; on

peut les doser aussi sous l'état d'iodure Palladeux en les précipitant au moyen de l'Azotate ou du chlorure Palladeux ; l'emploi de ce dernier réactif permet de séparer directement l'iode d'avec le chlore et le Brome : 100 parties d'iodure Palladeux desséché à 80° (I^2Pd) $=$ 70,439 d'iode. On parvient également à de bons résultats par les liqueurs titrées.

DOSAGE DE L'IODE LIBRE.

Le dosage de l'iode libre se rattache à une méthode générale pour la détermination du chlore, du brôme des hypochlorites, chlorates, chromates, l'hydrogène sulfuré, les acides Sulfureux, Arsénieux, etc. ; on l'exécute rapidement au moyen de liqueurs titrées.

Pour cela, on peut faire usage d'une solution normale d'acide sulfureux, qui devient acide sulfurique, ou d'hyposulfite sodique, qui produit de l'acide tétrathionique, ou d'Arsénite sodique, qui se transforme en Arséniate ; dans chacun de ces cas l'iode devient iodide hydrique. Nous indiquerons le procédé de Mohr, au moyen de l'Arsénite sodique, comme étant le plus simple.

Pour préparer la solution normale de ce réactif, on prend 1 gr. 949 d'acide Arsénieux en poudre, 4 à 5 gr. de bicarbonate sodique et une quantité suffisante d'eau, on les chauffe dans un ballon jusqu'à ce qu'il ne se produise plus d'effervescence et que le liquide soit parfaitement limpide. Alors on l'étend d'eau pour avoir un litre, dont chaque centimètre cube contient la quantité d'acide Arsénieux susceptible d'être transformée en acide Arsénique par 0 gr. 005 d'iode, et qui correspond à la solution normale formée de 5 gr. d'iode dans une solution concentrée d'iodure potassique mesurant un litre (chaque centimètre cube contient 5 millig. d'iode) : 254 p. d'iode, ou 2 équivalents, transforment 198 p. d'acide Arsénieux ou un équivalent, en acide Arsénique.

Pour doser l'iode libre en dissolution, on ajoute à celle-ci, au moyen de la burette, de la solution normale d'acide Arsénieux jusqu'à décoloration, et on note le nombre des centimètres employés ; ensuite on y verse un peu d'empois d'amidon, puis de la solution normale d'iodure potassique ioduré, jusqu'à coloration bleue persistante : en retranchant ces centimètres cubes (employés à transformer l'excès d'acide Arsénieux en acide Arsénique) du nombre de ceux de la solution normale d'acide Arsénieux, le restant de ceux-ci fait connaître la quantité d'iode de l'essai, puisque chaque centimètre cube accuse 5 millig. d'iode.

DOSAGE DE L'IODE LIBRE ET DE L'IODE COMBINÉ.

Il faut prendre deux prises d'essais égales, et doser l'iode libre dans l'une par les solutions normales d'Arsénite sodique et d'iodure potassique ioduré ; dans l'autre doser l'iode total, par l'Azotate argentique, après l'avoir transformé en iodure alcalin. Voir les procédés précédents.

DOSAGE DE L'IODE DES IODURES INSOLUBLES.

Les iodures insolubles sont, le cuivreux, le plombique, le Thallique, l'Argentique, le Palladeux et ceux du Mercure.

On ne peut les attaquer par de l'acide Nitrique à chaud, parce que de l'iode serait mis en liberté ; on doit les traiter à l'ébullition par de la potasse ou de la soude caustique, ou les fondre avec du carbonate sodique sec, reprendre la masse par de l'eau et filtrer ; ajouter de l'acide Nitrique à la dissolution pour en saturer *à peu près* l'alcali, puis y verser un excès d'Azotate argentique, et ensuite encore de l'acide Nitrique jusqu'à réaction franchement acide. L'iodure argentique est pesé après lavage et dessiccation.

D'après *Meusel*, on fait chauffer modérément ces iodures

dans une solution concentrée d'hyposulfite sodique, non en excès, qui les dissout ; de cette dissolution on précipite les métaux par le sulfhydrate ammonique, on filtre, on évapore le liquide à siccité avec une lessive de soude caustique, et l'on chauffe le résidu au rouge naissant dans une capsule de platine, pour décomposer l'hyposulfite et le tétrathionate sodiques ; la masse redissoute dans l'eau est ensuite précipitée par l'Azotate argentique.

Quant à l'iodure platinique, il est mis en dissolution dans une grande quantité d'eau chaude, puis traité à l'ébullition par de l'acide sulfureux ou du bisulfite sodique, qui le transforme en sulfite platinique et en iodure sodique, tous deux incolores ; alors on verse de l'Azotate argentique dans la liqueur, puis de l'acide Nitrique, et on chauffe jusqu'à ce qu'on ait dissout le sulfite argentique d'abord précipité ; ensuite on sépare l'iodure argentique par la filtration, etc.

CHLORE, BROME ET IODE RÉUNIS.

Ce cas est celui des eaux-mères des salins, ou, plus rarement, des eaux minérales. La première chose à faire est d'évaporer le liquide jusqu'à siccité en y ajoutant du carbonate sodique de temps en temps, afin d'empêcher la volatilisation des acides Bromhydrique et Iodide hydrique, s'il devient acide (par suite de la présence de la magnésie), et de précipiter les bases et les autres corps insolubles. La masse solide est épuisée par de l'eau distillée, et la solution renfermant tout le chlore, le brôme et l'iode à l'état de sels alcalins, est partagée en quatre portions de même poids pour servir aux opérations suivantes :

1° Dans l'une on précipite d'abord l'Iode par un faible excès d'Azotate Palladeux, et après 48 heures de repos on recueille l'iodure Palladeux dans un filtre qui a été purifié, desséché à 80° et puis taré. Le précipité d'iodure palladeux

ayant été lavé suffisamment avec de l'eau, l'est ensuit
avec de l'alcool, enfin avec de l'éther et desséché à 80°. S
on le desséchait à une température plus élevée, on en vola
tiliserait de l'iode et le résultat serait inexact ; c'est pou
quoi on achève le lavage avec de l'alcool et de l'éther qu
entraînent tout-à-fait l'eau à une température inférieure
100°. On connait le poids de l'iode après cette premièr
opération.

Le liquide privé d'iode, contient le chlore et le Brôme
on le traite par le sulfide hydrique pour lui enlever tout l
Palladium, qu'on filtre à l'état de sulfure. Ensuite on dé
truit l'excès de sulfide hydrique par une solution de sulfat
ferrique et l'on filtre, puis on ajoute à la liqueur de l'Azotat
Argentique en quantité suffisante pour précipiter tout l
brôme et non le chlore ; après quelque temps de repos, l
bromure Argentique est recueilli dans un filtre taré, lavé
desséché et pesé, comme il a été indiqué ; par le calcul o
détermine le poids du brôme.

2° Dans une deuxième portion du liquide, on verse u
excès d'Azotate Argentique et de l'acide nitrique jusqu'
réaction acide, et l'on précipite ainsi les trois corps à l'éta
de sels halogènes Argentiques. Après avoir bien lavé, des
séché et pesé le triple sel argentique, on en déduit le
quantités respectives d'iodure et de Bromure Argentique
(obtenues par les deux opérations précédentes), et le restan
est le chlorure Argentique, duquel on détermine la quantit
de chlore y contenue.

3° Comme contrôle, on traite comme il suit la troisièm
portion : on y fait arriver du gaz acide hyponitrique, exemp
d'acide Nitrique, et on laisse réagir : l'iode seul est mis e
liberté, et on l'enlève par l'agitation avec un peu de chlo
roforme. On peut le doser ensuite par les liqueurs titrées
ou le transformer d'abord en Iodure alcalin et le précipite
par de l'Azotate Argentique.

Pour séparer le Brôme du chlore, on traite le liquide (privé d'iode et de chloroforme) par un léger excès d'acides ulfurique et Nitrique, puis on l'agite de nouveau avec du chloroforme et l'on sépare la solution du brôme pour doser celui-ci ; enfin on précipite le chlore par l'Azotate argentique et on le dose.

4° La quatrième portion du premier liquide sera réservée pour remédier aux accidents, ou aux inexactitudes, ou pour contrôler, par les liqueurs titrées, le dosage total de ces trois corps, ou de l'un d'eux, suivant qu'on aura du doute sur une ou l'autre des déterminations.

DOSAGE DU CYANOGÈNE : $Cy = 26$.

1° Le Cyanogène peut être dosé directement, en le recevant sous le mercure dans une éprouvette graduée, puis calculant son poids d'après ce qu'un litre pèse à $0° = 2,330$, et faisant ensuite les corrections nécessaires. Il est rare qu'on puisse agir de la sorte, parce que la chaleur nécessaire pour volatiliser tout le Cyanogène de ses combinaisons en décompose plus ou moins, surtout en présence des autres corps qui l'accompagnent.

Le Cyanogène et l'acide cyanhydrique se dosent le plus souvent à l'état de cyanure argentique, dont 100 pr. correspondent à 19,403 de cyanogène ; on peut aussi employer des liqueurs titrées, ou les procédés d'analyse des substances organiques, c'est-à-dire par la combustion avec l'oxyde cuivrique, afin de doser le carbone à l'état d'acide carbonique et l'Azote à l'état de gaz.

2° *A l'état de Cyanure Argentique.* — S'il s'agit de l'acide cyanhydrique, ou d'un liquide qui en contienne, on le verse dans un excès d'Azotate Argentique, on y ajoute de l'acide Nitrique et on abandonne au repos à la température ordinaire, jusqu'à ce que tout le Cyanure Argentique soit bien rassemblé; alors on le reçoit dans un filtre taré, on le lave, le dessèche à 100° et le pèse. Comme contrôle, on le calcine ensuite dans un creuset de porcelaine jusqu'à ce qu'il n'y ait plus de diminution de poids, et l'argent réduit fait connaître la quantité de cyanogène : 108 d'Argent pour 26 de cyanogène et 27 d'acide cyanhydrique.

3° Si c'est dans de l'eau de Laurier cerise, ou d'Amandes amères que l'on veut d'oser l'acide cyanhydrique, on en prend 20 grammes, on y verse d'abord une solution contenant 0,6 décigrammes d'Azotate Argentique, puis 1 centimètre et 1/2 d'ammoniaque de 0,96, jusqu'à réaction alcaline, mais pas pour compléter la précipitation. Après que le cyanure Argentique s'est bien rassemblé, on le reçoit dans un filtre taré, on le lave, le dessèche et le pèse. Il faut s'assurer qu'il y a un excès d'Azotate argentique en filtrant une portion de la liqueur, puis y versant de l'ammoniaque jusqu'à forte alcalinité, ensuite de l'Acide Nitrique pour la rendre acide : S'il se forme un trouble ou un précipité, c'est qu'on n'avait pas versé assez d'Azotate Argentique ; il faut recommencer l'opération à nouveau et employer plus de ce réactif.

Lorsqu'il s'agit d'empoisonnement, Dragendorff recommande de distiller une certaine quantité de la matière suspecte à une température nécessaire pour volatiliser l'acide cyanhydrique et non les autres, puis de rectifier le liquide obtenu sur du borax, pour éloigner toute trace de chloride hydrique, et de précipiter le liquide rectifié par de l'Azotate Argentique, etc.

4° *Par les liqueurs titrées.* — Ce procédé, dû à Liebig, peut être appliqué aux cas précédents : il est fondé sur la solubilité du cyanure double d'argent et de potassium dans les liqueurs alcalines ; d'où il résulte, qu'une solution normale d'Azotate Argentique étant versée dans la solution d'un cyanure alcalin, n'y produira un précipité permanent que lorsque ce cyanure sera converti en cyanure double ; ce qui veut dire que chaque atome d'Argent 108 qui entre en dissolution, correspond à 54 parties ou 2 atomes d'acide cyanhydrique (parce qu'il s'est formé un cyanure double). La liqueur normale contenant 4 grammes d'Argent par litre, chaque centimètre cube équivaudra à 0 gramme, 002 d'acide cyanhydrique.

Pour opérer, on ajoute de la solution de potasse caustique à la liqueur cyanhydrique de façon à la rendre alcaline, puis, au moyen de la burette, on y fait couler de la solution normale d'Azotate Argentique, jusqu'à ce que le trouble soit persistant. (Les acides formique et chlorhydrique ne gênent pas.) Le nombre de centimètres cubes employés fait connaître la quantité d'acide cyanhydrique.

L'eau d'amandes amères étant ordinairement troublée par des gouttelettes d'huile, il faut l'étendre au préalable de 3 à 4 fois son volume d'eau, afin de la rendre claire.

DOSAGE DU CYANOGÈNE DANS LES CYANURES SOLUBLES.

La prise d'essai desséchée convenablement (à l'abri de l'air et à une température insuffisante pour en altérer la composition), est mise, sans la dissoudre, dans un excès d'Azotate Argentique, puis additionnée d'eau et d'un léger excès d'acide Nitrique ; après agitation et un repos suffisant à froid, on recueille le cyanure Argentique et on achève son dosage, comme on sait.

Quant au cyanure mercurique, bien que soluble dans l'eau, il n'est pas précipité par l'Azotate Argentique. Pour y doser le cyanogène, on commence par en précipiter le mercure au moyen du sulfide hydrique (la dissolution ayant été acidulée par du chloride hydrique, ou additionnée d'un peu d'ammoniaque), et puis on calcule le poids du cyanogène d'après celui du sulfure de mercure obtenu. Comme contrôle, on prend une seconde prise d'essai solide et on la brûle avec de l'oxyde cuivrique dans un appereil à analyse organique, pour doser le carbone et l'Azote.

D'après *Rose* et *Finkener*, le procédé suivant est plus exact : à la solution de cyanure mercurique on ajoute de l'Azotate Zincique dissous dans de l'ammoniaque, en quantité telle que le sel zincique soit le double du cyanure mercurique et que la solution soit bien limpide ; ensuite on y verse peu à peu d'une solution de sulfide hydrique, jusqu'à ce que le précipité blanc de sulfure zincique apparaisse ; au bout d'un quart d'heure de repos, on filtre et on lave le double précipité avec de l'ammoniaque. Le liquide filtré, renfermant tout le cyanogène à l'état de cyanure zincico-ammonique, est additionné d'Azotate Argentique, puis d'acide sulfurique étendu, versé peu à peu, et jusqu'à ce qu'il y en ait un excès. Alors le cyanure Argentique se précipite complétement, et lorsqu'il est bien déposé on le lave par décantation, puis on le chauffe dans une solution d'Azotate Argentique, afin de le débarrasser des traces de cyanure zincique qui pourraient l'accompagner, après cela, on le filtre, le lave, et etc.

DOSAGE DU CYANOGÈNE DES CYANURES INSOLUBLES.

On peut dissoudre le cyanure dont il s'agit par de l'acide Nitrique étendu, et puis précipiter la dissolution par de l'Azotate Argentique, et etc.

Ou bien le faire digérer dans une solution étendue d'Azotate Argentique jusqu'à complète décomposition, y ajouter ensuite un léger excès d'acide Nitrique et chauffer modérément jusqu'à ce que le cyanure métallique, autre que l'Argent, soit dissous ; recueillir alors le précipité bien blanc, et achever comme toujours. Pour contrôler, on calcinera le précipité afin de s'assurer s'il ne contient pas d'autre métal que l'Argent.

Le cyanogène des cyanures doubles ou multiples et insolubles, peut être dosé en décomposant ces sels au moyen de l'oxyde cuivrique et de la chaleur dans un tube à combustion ; ou bien encore en les réduisant et dosant le métal, ou en précipitant celui-ci à l'état de sulfure qu'on pèse, et duquel on calcul le métal pour en déduire le poids du cyanogène.

CHLORE, BRÔME, IODE ET CYANOGÈNE.

Lorsqu'on a affaire à une substance qui contient ces quatre corps, on la dissout et l'on verse dans la solution un excès d'azotate argentique, afin d'être sûr qu'ils seront complétement précipités. Le quadruple précipité est recueilli dans un filtre taré, lavé et desséché jusqu'à ce qu'il ne diminue plus de poids ; alors on en prend une portion pour doser le cyanogène par le procédé d'analyse des substances organiques, et le restant est employé au dosage respectif des trois autres corps au moyen des procédés que nous avons décrits.

Quatrième Groupe.

Il comprend l'azote et ses acides, lesquels ne sont précipités par aucun réactif.

DOSAGE DE L'AZOTE : $Az = 14$.

L'azote peut se doser à l'état de corps simple, ou d'ammoniaque, par les procédés d'analyse élémentaire des substances organiques ; c'est-à-dire qu'on chauffe la substance mêlée avec de l'oxyde cuivrique dans un tube à combustion, et qu'on dose ensuite l'azote d'après le nombre de centimètres cubes obtenu ; ou bien on chauffe la substance mêlée avec de la chaux sodée (exempte de composé azoté) également dans un tube à combustion, et on reçoit l'ammoniaque dans de l'acide hydrochlorique étendu d'eau, ou dans une solution de chloride platinique acide, ou dans de l'acide sulfurique, ou de l'oxalique normalisés, dont l'excédant est ensuite déterminé à l'aide d'une lessive de soude titrée par rapport à l'un ou à l'autre de ces deux acides (voir pour les détails l'analyse élémentaire des substances organiques).

Grandeau recommande de procéder comme il suit, quand il s'agit de matières organiques végétales ou animales : la première chose à faire c'est de les rendre homogènes. A cet effet, on traite 50 à 100 gr. de la substance à analyser par une quantité d'acide sulfurique concentré, suffisante pour produire une bouillie claire, ce qu'on obtient au bout de quelques heures à froid ; si la désagrégation n'est pas complète au bout de ce temps, on chauffe au bain de sable en agitant constamment. Ensuite, on ajoute peu à peu à ce produit du carbonate calcique (exempt d'azote) finement pulvérisé, et on le triture dans un mortier de porcelaine, jusqu'à ce que la masse soit réduite en poudre très-fine et sèche. Après l'avoir pesée pour connaître la totalité de la matière organique, on en prend deux grammes et on les traite par de la chaux sodée dans un tube à combustion, etc.

DOSAGE DE L'AZOTE CONTENU DANS LA FONTE.

Lorsqu'on traite la fonte par du chlorure cuivrique, ou par une solution mixte de sulfate cuivrique et de chlorure sodique dans le but de doser le carbone total, tout l'azote reste dans la dissolution et dans le résidu, d'où on le volatilise par une distillation ultérieure avec de la soude caustique, ou de l'hydrate calcique, pour le doser à l'état d'ammoniaque, ou de chlorure platinico-ammonique.

Le meilleur procédé consiste à brûler la fonte très-divisée avec de l'oxyde cuivrique, comme pour le dosage de l'azote des matières organiques, c'est-à-dire, d'après le volume obtenu (Frémy).

Boussingault chauffe la fonte avec du cinabre et recueille l'azote volatilisé, ou bien il fait passer de la vapeur d'eau sur le fer chauffé au rouge, et tout l'azote se dégage à l'état d'ammoniaque, qui est ensuite dosée par une liqueur titrée.

DOSAGE DE L'ACIDE NITRIQUE LIBRE.

1° Dans une liqueur qui ne renferme pas d'autre acide, on le dose en prenant sa densité avec le pèse-acide; ou bien par une liqueur titrée de potasse ou de soude, d'après *l'acidimétrie*.

2° Ou bien encore, en y versant peu à peu de l'eau de Baryte jusqu'à réaction légèrement alcaline, puis y faisant arriver un courant d'acide carbonique, ou l'exposant à l'air, afin d'en précipiter l'excès de baryte sous l'état de carbonate; filtrant alors et décomposant tout l'azotate barytique, par une solution *neutre* de sulfate alcalin, on obtient du sulfate barytique, qu'on dose: or comme chaque équivalent de ce dernier (233) correspond à un équivalent d'acide nitrique (108), 100 p. équivalent à 46,35 d'acide.

3° D'après *Schaffgotsch* : en saturant le liquide avec de l'ammoniaque, évaporant à siccité dans une capsule de platine, puis prenant le poids du résidu desséché entre 110° et 120°, on en déduit la quantité d'acide nitrique par le calcul.

DOSAGE DE L'ACIDE NITRIQUE COMBINÉ.

1° Les azotates anhydres des métaux denses ou des terres, étant calcinés au rouge, laissent l'oxyde, qui, pesé, fait connaître la quantité d'acide nitrique par la diminution de poids, pourvu que la base ne retienne pas d'oxygène provenant de l'acide nitrique.

2° Les azotates alcalins et les alcalino-terreux sont d'abord desséchés complétement, puis mêlés avec six fois leur poids de quartz en poudre et fondus jusqu'à cessation de dégagement de gaz : la diminution du poids du mélange indique la quantité d'acide nitrique.

3° Tous les azotates chauffés avec de l'acide sulfurique de concentration moyenne, donnent la totalité de l'acide azotique qu'on reçoit dans un récipient contenant de l'eau de baryte et qu'on dose après en avoir séparé le sulfate barytique.

4° Les azotates métalliques peuvent d'abord être précipités par le sulfide hydrique, non ajouté en excès, et puis l'acide nitrique dosé après la filtration, comme il est indiqué plus haut.

5° *Schlœsing* a imaginé le procédé suivant pour doser l'Acide Azotique dans les tabacs, ainsi que dans d'autres substances organiques : On attaque d'abord 200 grammes de petits clous, bien brillants, par de l'acide chlorhydrique, à une température modérée et jusqu'à dissolution complète du fer; alors on filtre la dissolution pour en séparer le carbone et l'acide silicique, et on l'étend avec les eaux de lavage pour en faire un litre.

Si dans ce chlorure ferreux, additionné d'un excès de chloride hydrique et soumis à l'ébullition, on introduit un nitrate, tout l'acide Nitrique est décomposé exactement en un équivalent d'oxyde Azotique, que l'ébullition entraîne complétement, et en trois équivalents d'oxygène qui transforment le chlorure ferreux en ferrique, comme l'indique cette équation.

$$Az^2 O^5 + 6\,H\,Cl + 6\,Fe\,Cl^2 = Az^2 O^2 + 3\,H^2 O + 3\,Fe^2 Cl^6.$$

En recueillant donc l'oxyde Azotique bien desséché et le mesurant, on peut en connaître la quantité ; ou bien, en le recevant dans de l'oxygène pour le transformer en acide Nitrique qu'on dose ensuite. Manière d'opérer :

On prend une petite cornue tubulée, et au moyen d'un entonnoir effilé on y introduit successivement la dissolution du Nitrate, du chlorure de fer concentré, de l'acide chlorhydrique et quelques gouttes d'eau. Le chlorure de fer et l'acide chlorhydrique sont d'abord versés dans le vase qui contenait le nitrate, afin de le rincer et de ne rien perdre, puis introduits dans la cornue. L'intérieur de l'entonnoir est graissé légèrement pour éviter que les liquides introduits ne se répandent dans l'intervalle, et au col de la cornue on adapte le tube à dégagement qui doit conduire les gaz dans une petite cloche terminée en pointe, remplie de mercure et d'un peu de lait de chaux pour absorber l'acide chlorhydrique. Après l'introduction des trois liquides dans la cornue, on y fait passer un courant d'acide carbonique sec, afin d'en expulser complétement l'air, puis on la chauffe pour produire l'oxyde Azotique. Pendant la réaction on fait arriver à deux ou trois reprises, de l'acide carbonique dans la cornue pour être certain d'entraîner complétement l'oxyde Azotique dans la cloche ; lorsque tout le gaz y est condensé, on le transvase dans une autre (au moyen d'un tube de caoutchouc posé sur la pointe de la cloche que l'on fait communiquer avec la seconde ; on brise la pointe de la première et l'on en fait sortir l'oxyde Azotique), où l'on fait arriver de l'oxygène pour le transformer en Acide Azotique, qu'on fait absorber après un quart d'heure ou vingt minutes par une liqueur titrée de chaux. Celle-ci ayant été titrée avec de l'acide sulfurique, on multiplie le nombre trouvé par $\dfrac{54}{40}$

rapport des équivalents des acides Azotique et sulfurique, pour transformer le titre (obtenu par rapport à l'acide sulfurique) en sa valeur correspondante en acide Azotique. (Voir pour l'appareil, le Traité d'Analyse des matières Agricoles, par Grandeau, 1877, p. 34). Comme contrôle, on peut déterminer, au moyen de chlorure stanneux normalisé, la quantité de chlorure ferrique qui s'est produite.

DOSAGE DE L'ACIDE NITREUX.

Le réactif le plus sensible est celui de *Trommsdorf*. Voici comment on le prépare et l'emploie : On fait bouillir cinq grammes de fécule avec vingt de chlorure zincique et 100^{cc} d'eau distillée, jusqu'à dissolution presque complète de l'enveloppe de la fécule, en ayant le soin de réajouter de l'eau à mesure qu'elle se vaporise ; alors on ajoute 2 grammes d'iodure de zinc, on étend à un litre et on filtre. Pour titrer ce réactif, on dissout 2 gr., 3 de Nitrite potassique dans un litre d'eau bouillie, et dans 5^{cc} de cette solution, on détermine, au moyen du caméléon minéral normal, la quantité réelle d'acide Nitreux, contenu dans le litre de solution ; ensuite on l'étend d'une quantité suffisante d'eau bouillie de façon qu'il y ait 0 gramme 001 d'acide Nitreux par centimètre cube. On ne doit préparer ce réactif qu'au moment du besoin.

Pour doser ensuite l'acide Nitreux contenu dans une eau, on en prend 20 ou 25^{cc}, selon qu'on l'y a constaté plus ou moins facilement, on les met dans un tube étroit, et on y ajoute de l'eau distillée pour faire 50^{cc}, puis on y verse 1^{cc} du réactif de Trommsdorf. Après deux minutes, au plus tôt, la coloration bleue doit apparaître, car plus tôt elle serait trop foncée en couleur pour pouvoir l'apprécier, et il faudrait recommencer sur un moindre volume d'eau, qu'on étendrait encore à 50^{cc}. Pour juger de la q antité d'acide Nitreux, il faut faire l'essai comparatif avec 1 centimètre de la solution normale de Nitrite potassique étendue à 50ᶜᶜ, et un centimètre cube aussi du réactif de Trommsdorf (Grandeau, page 209).

CHAPITRE SIXIÈME.

Le chapitre sixième comprend l'Analyse des eaux, des combustibles et des gaz.

ANALYSE QUANTITATIVE DES EAUX.

L'analyse quantitative des eaux minérales ne se pratique, non plus, qu'après avoir fait l'examen de leurs propriétés et l'analyse qualitative complète plusieurs fois l'année (aux quatre saisons), afin d'en connaître les variations : c'est ainsi que certaines eaux minérales ne contiennent du sulfide hydrique que vers la fin de la saison chaude, lorsque les matières organiques ont réduit des sulfates en sulfures, et alors elles exhalent l'odeur d'œufs pourris.

Les gaz qu'on y rencontre ordinairement sont l'air atmosphérique (oxygène et Azote), l'acide carbonique et le sulfide hydrique, du moins à certaines époques ; ces deux derniers gaz étant incompatibles, la quantité de l'un diminue quand celle de l'autre augmente ; on y constate parfois aussi la présence de carbures hydriques.

L'analyse complète comprend donc le dosage des gaz, celui des corps solides dissous et de ceux qui forment les dépôts. Si l'on ne doit la faire qu'une seule fois, que ce soit pendant la saison sèche des mois de Juin, Juillet, Août et Septembre, et qu'on puise l'eau soi-même le matin d'une journée claire, avant que le soleil en ait fait dégager les gaz et augmenté la température.

Pour l'embouteiller, on fait usage de bouteilles en verre noir, très-propres, rincées avec de l'eau de la source, et on les bouche au moyen de bouchons de liége neufs, trempés dans de la même eau, puis on les cachète avec de la cire, ou mieux on les capsule. On ne doit plonger ni les bouteilles, ni les ballons jusqu'au fond du réservoir de la source, parce qu'on agiterait le limon et puiserait de l'eau trouble.

DOSAGE DES GAZ.

Les portions d'eau devant servir à déterminer l'acide carbonique et le sulfide hydrique seront introduites dans de petits ballons, où l'on versera respectivement et immédiatement de la solution ammoniacale de chlorure Barytique (pour Co^2), d'Azotate argentique ammoniacal, ou de chlorure cuivreux, ou du cadmique dissous dans de l'ammoniaque (pour H^2S), afin de fixer ces gaz et de les doser ultérieurement au laboratoire. Cependant, le mieux est de doser le sulfide hydrique séance tenante au moyen de l'iodure potassique ioduré et de l'empois d'amidon ; on ne lui donne ni le temps ni l'occasion de s'altérer (voir pages 338, 359, 363). Il est préférable de doser aussi dans la même séance l'air contenu dans l'eau, afin qu'il ne change pas de composition par l'agitation occasionnée par le transport, les changements de pression et de température : pour cela, on remplit complétement un grand ballon de 6 à 10 litres de l'eau dont il s'agit, on y adapte solidement un tube de dégagement également rempli d'eau et qui vient communiquer avec des éprouvettes graduées, remplies de mercure, lorsqu'on peut achever le mesurage à la source, sinon avec des tubes étranglés, qu'on ferme hermétiquement lorsqu'ils sont remplis de gaz et qu'on transporte. Après l'ébullition complète de l'eau, on cesse, on laisse condenser le gaz dans les éprouvettes, où l'on introduit de la potasse caustique pour absorber les acides, dont on note le volume; ensuite du pyrogallate ammonique pour déterminer le volume de l'oxygène, et il reste enfin l'Azote qu'on mesure également.

Comme on a plusieurs ballons, dans lesquels on a fixé respectivement l'acide carbonique et le sulfide hydrique, on peut doser de nouveau ces gaz au laboratoire avec tous les soins possibles et comparer les résultats, afin de savoir ceux que l'on adoptera (voir les différents procédés que nous avons décrits).

DOSAGE DE L'ACIDE CARBONIQUE QUI EXISTE LIBRE EN MÊME TEMPS QUE DES BICARBONATES DISSOUS.

On introduit dans un flacon ordinaire un volume déterminé de l'eau dont il s'agit, on adapte à son col un tube à boules de Liébig contenant du chlorure Barytique ammoniacal, et on termine l'appareil par une pompe de Gay-Lussac, à l'aide de laquelle on fait le vide au-dessus de l'eau : ici l'acide carbonique libre seul se dégage parce que les bicarbonates alcalins ou terreux sont indécomposables par l'action du vide. On recueille le carbonate Barytique formé dans un filtre taré, on le lave, on le dessèche, on le pèse, et de son poids on déduit celui de l'acide carbonique qui existait libre dans l'eau.

DOSAGE DES PRINCIPES CONSTITUANTS DE L'EAU.

L'eau à ce destinée doit être limpide, ou filtrée au préalable, si elle tient quelque chose en suspension ou en dépôt, ensuite mesurée et non pesée : pour cela, on se sert d'éprouvettes, ou de verres gradués, d'une capacité qui varie depuis 125^{cc} jusqu'à 500 et même 1000^{cc}, posés sur une surface bien plane, et on ramène la température de l'eau à celle de 15 à 16° (du laboratoire). 26

Pour ne rien négliger, le filtre qui a servi à clarifier l'eau aura été préalablement lavé et taré, puis repesé avec le dépôt desséché, afin d'en connaître le poids.

L'eau impide est évaporée dans une capsule de platine chauffée au bain-marie, et si celle-ci ne peut la contenir toute, on l'y ajoute à plusieurs reprises, et on la met à l'abri des poussières et des émanations des corps étrangers. Dans certains cas, pour le dosage du chlore, de l'acide sulfurique, et des alcalis, on n'évapore pas jusqu'à siccité (de peur d'en perdre par entraînement), tandis que dans d'autres, comme pour le dosage de la silice, des oxydes de fer, de calcium et de magnésium, ainsi que pour connaître le poids total des corps dissous, on évapore à siccité et on pèse.

Mais ce mode de faire ne donne qu'un résultat approximatif, parce que les bicarbonates se décomposent, le sulfate calcique retient de son eau, le carbonate Magnésique devient basique, celui de fer devient hydrate ferrique, et le chlorure Magnésique dégage de l'acide chlorhydrique et laisse de la Magnésie.

D'après M. Lefort, on prend plusieurs capsules de verre, desséchées et pesées exactement, dans lesquelles on met 50 à 60^{cc} de l'eau à analyser, et on les place sous des cloches, au-dessus ou à côté d'un vase contenant de l'acide sulfurique concentré et quelques morceaux de chaux vive. Ces appareils sont ensuite abandonnés dans une pièce sèche, chauffée modérément (espèce de séchoir ventilé), pendant une ou deux semaines, en renouvelant les matières absorbantes, et jusqu'à ce qu'il ne reste qu'un résidu solide qu'on pèse, en ayant le soin d'indiquer la température à laquelle on a opéré. De la sorte, il n'y a guère que les bicarbonates de chaux et de fer qui s'altèrent, les autres restent intacts, à moins qu'il n'y ait eu intervention de matières organiques.

Mais ce mode d'évaporer étant très-lent, on peut ne l'appliquer qu'aux portions d'eau qui serviront au dosage des corps capables de s'altérer par la première manière de faire, et procéder par celle-ci pour la plus grande partie de l'eau, dont le nombre de litres à évaporer dépend des recherches et des opérations que l'on veut exécuter sur les résidus.

Ceux-ci peuvent contenir les corps suivants, cités d'après l'ordre de leur plus grande communauté : Chaux, Magnésie, oxydes Ferrique, Aluminique, Manganique, Sodique, Potassique, Lithique, et plus rarement Cæsique, Rubidique et Strontique ; comme corps électro-négatifs, on y rencontre les acides Carbonique, Sulfurique, le Chlore, la Silice, les acides Phosphorique, Arsénique et Azotique (le sulfide hydrique a été volatilisé ou transformé par l'évaporation). Le cuivre, le plomb et les autres métaux ne s'y trouvent, que lorsque les eaux traversent leurs gites. En outre, on constate parfois la présence des acides *Crénique* et *Apocrénique* dans les sédiments, où ils sont combinés avec l'oxyde ferrique et sous la forme de flocons bruns.

Pour exécuter l'analyse quantitative, on partage d'abord la masse saline (bien homogénisée par un mélange soigné des divers résidus) en deux grandes portions qui serviront à doser respectivement les corps électro-positifs et les électro-négatifs ; ensuite chacune d'elle sera subdivisée en plusieurs portions plus ou moins fortes, mais toujours pesées pour y doser les corps qui réclament des prises d'essais spéciales et d'après les indications fournies par l'analyse qualitative. On commencera donc par le dosage des bases, en traitant une portion de la matière par de l'acide Nitrique étendu, et en procédant comme nous l'avons indiqué plusieurs fois pour en séparer la silice d'abord, et les bases ensuite ; nous ne répéterons plus ce qui a rapport à ces séparations et à ces dosages ; nous dirons seulement que pour faire exactement l'analyse quantitative des eaux minérales, il faut connaître son métier, parce que ce sont des travaux compliqués et très-délicats.

Quant à la lithine, à la cæsine et à la rubidine, il est rare qu'on les dose, attendu qu'elles n'existent qu'en très-minime quantité dans les eaux, et que pour y parvenir il faut évaporer des tonnes d'eau ; on se contente de les y constater par le moyen du spectroscope.

ANALYSE DES SÉDIMENTS.

Les sédiments sont des limons terreux, qui contiennent de l'Argile, ou d'autres silicates, des carbonates alcalino-terreux, des oxydes et parfois des phosphates, des Arséniates, du fluorure calcique, du Strontium, et d'autres principes qui n'existent plus dans les eaux (Crénates et Apocrénates), ou qui n'y existent qu'en très-faible quantité, parce qu'en arrivant au jour, elles se modifient sensiblement, par suite des différences de température, de pression et de l'action de l'oxygène de l'air, qui en changent les conditions normales ; il en résulte que l'analyse quantitative des sédiments doit compléter *nécessairement* celle de l'eau.

A cet effet, on en recueillera dans les divers endroits de la source où on en remarquera, et on fera l'analyse séparément de ceux qui offriront quelque dissemblance ; c'est le bon moyen d'être renseigné sur les allures de la source, la manière dont elle se comporte dans les diverses circonstances où elle se trouve naturellement ou artificiellement, c'est-à-dire lorsqu'on y a fait des travaux d'art, établi des réservoirs ou des bassins. A la suite de ces analyses, on pourra peut-être utiliser ces sédiments à la préparation de substances médicamenteuses.

DOSAGE DES ACIDES APOCRÉNIQUE ET CRÉNIQUE.

Voici le procédé indiqué d'abord par Berzélius et modifié ensuite par Mulder :

1° On fait bouillir pendant une heure avec de la lessive de potasse, une grande partie (pesée du précipité qui s'est formé pendant l'évaporation de l'eau, on filtre, on acidule le liquide filtré avec de l'acide acétique, on ajoute de l'ammoniaque et on filtre le précipité de silice et d'alumine après 12 heures de repos ; alors on ajoute de nouveau de l'acide Acétique jusqu'à réaction acide au liquide filtré, puis de l'Acétate cuivrique neutre, et on l'abandonne au repos jusqu'à ce que le précipité brun soit bien déposé : c'est de l'Apocrénate de cuivre, qui retient des proportions variables d'ammoniaque et qui contient, après dessiccation à 140°, 42,8 pour 100 d'oxyde de cuivre, suivant Mulder. Ensuite on additionne de carbonate ammonique le liquide séparé par filtration, jusqu'à ce que la couleur verte soit devenue bleue et on chauffe : le précipité vert qui se forme est le crénate de cuivre qui, lavé, desséché à 140° aussi, renferme 74,12 p. °/₀ d'oxyde de cuivre. Les deux sels de cuivre peuvent ensuite être suspendus dans de l'eau et décomposés par le sulfide hydrique, qui précipite tout le cuivre à l'état de sulfure : celui-ci étant filtré, on évapore dans le vide les liquides qui contiennent les deux acides, qu'on pèse.

2° On procédera de la même manière pour doser ces deux acides dans les sédiments.

DOSAGE DES MATIÉRES ORGANIQUES INDIFFÉRENTES.

Il est très-difficile d'arriver à doser exactement ces matières par la voie directe, parce qu'elles s'altèrent trop aisément pendant les opérations ; on tâche d'approcher le plus possible de l'exactitude en faisant usage des moyens suivants : d'abord on reçoit dans un filtre purifié et taré, les substances organiques qui sont en suspension dans l'eau ou déposées au fond, et on les pèse après dessiccation ; ou bien, pour celles qui sont en solution, on en détermine la quantité au moyen d'une dissolution titrée de chloride aurique, si l'on est certain qu'aucun autre corps réductif n'existe pas dans l'eau dont il s'agit ; ou bien encore, on traite successivement le résidu salin obtenu par l'évaporation de l'eau dans un séchoir, par de l'éther, de l'alcool, ou d'autres dissolvants mécaniques des substances organiques, ce que l'analyse qualitative et des essais antérieurs auront indiqué ; ou bien enfin, le résidu ou le dépôt solide peut être mêlé avec de l'oxyde cuivrique et chauffé dans un tube à combustion, comme pour l'analyse organique.

DOSAGE DES MATIÈRES INCRUSTANTES.

Un point très-important à connaître, pour tous ceux qui emploient des chaudières, est celui de la quantité des matières incrustantes que contiennent les eaux. Il ne suffit pas pour l'apprécier d'analyser l'eau claire, ni le dépôt salin qu'elle laisse après son évaporation, parce que ces conditions ne sont pas les mêmes que celles de l'eau soumise à l'ébullition dans une chaudière, car on sait que, dans ce dernier cas, les relations de stabilité étant changées, les produits qui se forment changent aussi : ainsi le sulfate calcique étant moins soluble à l'ébullition qu'à la température ordinaire, il se déposera plus tôt alors ; il en est de même pour les doubles décompositions qui s'opèrent sous l'influence de diverses températures, ainsi que les réductions partielles qui se produisent en présence de matières organiques etc. Avant de rechercher la nature de ces causes et d'y remédier, il faut l'apprécier par la quantité du dépôt

qui se forme pendant l'ébullition de l'eau : à cet effet, on en
fait bouillir un ou plusieurs litres dans un vase de fonte ou
de tôle couvert, pendant une heure ou une et demie au
plus, et puis on laisse refroidir ; ensuite on reçoit le dépôt
dans un filtre taré, on le dessèche à 110° ou 120° jusqu'à ce
qu'il ne diminue plus de poids, et on connaît ainsi la quantité de la matière incrustante de l'eau.

Avant d'abandonner ce qui a rapport à l'analyse quantitative de l'eau, nous dirons que, pour interpréter la nature
des composés que formaient les différents corps trouvés et
dosés par l'analyse, il faut combiner entre eux les corps les
plus énergiques des deux séries, en prenant cependant en
considération non-seulement les proportions relatives, mais
encore les quantités plus ou moins fortes des corps saturant l'eau, et faisant intervenir l'action de l'acide carbonique libre qui maintient en dissolution de la silice, des
phosphates, des Arséniates et d'autres. A l'article *Analyse
Directe* de notre traité d'*Analyse qualitative*, nous avons
traité ce point en détail et conseillé d'employer d'abord les
dissolvants mécaniques, afin de séparer *le plus possible* les
composés en nature. Malgré tous ces détails, nous ajoutons que, pour arriver à quelque chose d'acceptable, il faut
consulter les ouvrages spéciaux, qui traitent un très-grand
nombre de cas et présentent des exemples très-variés ; nous
recommandons tout particulièrement le *Traité de chimie
Hydrologique*, de M. Jules Lefort.

ANALYSE DES COMBUSTIBLES.

Le combustible étant appelé, avec raison, le pain de
l'industrie, l'industriel ne peut l'employer sans en connaître
la composition, dont dépendent les effets ; or, les combustibles variant considérablement dans leur composition,
leurs effets varient conséquemment aussi, et à tel point

que plusieurs sont plutôt nuisibles qu'utiles. La valeur industrielle des combustibles dépend de leur *puissance calorifique pratique*, laquelle se détermine par l'effet utile produit dans un appareil de chauffage spécial (ceci n'est point du ressort de la chimie analytique). Occupons-nous de ce qu'ils contiennent.

Tous les éléments qui peuvent faire partie de la composition d'un combustible sont partagés en éléments *comburables* et en éléments non *comburables* : les éléments comburables principaux sont le carbone et l'hydrogène ; quant au soufre, qu'on rencontre dans le charbon de terre, sa proportion n'est pas assez considérable pour que sa chaleur de combustion puisse avoir une grande influence comme *puissance calorifique*, mais il est un élément nuisible pour les chaudières et les grilles des foyers, pour la fabrication de la fonte, qu'il rend sulfureuse et de mauvaise qualité, et par les vapeurs d'acide sulfureux qu'il lance dans l'atmosphère ; sous ces rapports nous en dirons autant de la présence du phosphore et de l'arsenic. Les éléments non comburables sont l'oxygène, l'azote, l'humidité et les substances minérales ; voici comment il faut procéder à l'analyse chimique industrielle des combustibles : Il faut l'entreprendre le plus tôt possible après leur arrivée, parce qu'ils se modifient sensiblement à l'air, surtout humide : ainsi les houilles s'altèrent d'autant plus rapidement qu'elles sont en tas considérables et que la température est plus élevée ; il s'y forme du sulfate de fer et il s'en dégage des composés de carbone et d'oxygène ; on sait que ces réactions sont parfois tellement énergiques, qu'elles produisent l'inflammation de la houille.

On doit choisir l'échantillon, duquel on prélèvera les prises d'essais, avec le plus grand soin sous le rapport de toutes les propriétés extérieures, parce que des houilles de même provenance varient considérablement et jusque dans des fragments d'un même bloc : le carbone peut y varier de 2 à 5 et jusqu'à 15 °/₀ ; le soufre, s'y trouver pour une quantité supérieure à celle qui existe dans la pyrite, et de même pour l'eau et les autres corps. Ensuite tout l'échantillon bien homogénisé par le mélange, sera concassé en grains fins et enfermé aussitôt dans un bocal bouché à l'émeri.

Si l'on veut faire l'analyse élémentaire quantitative, on en prendra des prises d'essais que l'on réduira en poudre très-fine, qu'on desséchera complétement comme il est indiqué ci-après, et qu'on traitera respectivement par de l'oxyde cuivrique, de la chaux sodée ou de la tournure de cuivre, du chromate potassique et plombique, dans le but d'en doser le carbone, l'oxygène et l'hydrogène, l'azote et le soufre, en chauffant dans des tubes à combustion comme pour l'analyse des substances organiques ; mais il est très-rare qu'on aille jusqu'à faire l'analyse élémentaire quantitative des combustibles, parce qu'elle n'apprend rien de bien utile à l'industriel. Voici les déterminations que l'on exécute le plus ordinairement :

1° *Détermination de l'eau.* — Cette détermination est très-importante, parce que l'eau, dont la quantité peut aller jusqu'à 18 °/₀ immédiatement après l'extraction de la houille, exerce une grande influence sur l'effet calorifique vu qu'elle n'est pas combustible, mais, qu'au contraire, elle exige pour passer à l'état de vapeur une certaine quantité de chaleur qui devient latente.

Pour la doser, on met 10 gr. de houille en poudre très-fine dans une petite capsule de porcelaine ou de platine bien mince et préalablement desséchée, qu'on introduit dans une petite étuve à l'huile ou à l'air et qu'on chauffe à 120° jusqu'à ce qu'on ne constate plus de diminution de poids ; alors on repèse en vase couvert, et on note le poids de l'eau volatilisée ; mais comme cette température est insuffisante pour enlever toute l'eau à la houille, il faut avoir le soin d'indiquer dans le procès-verbal de l'analyse à quelle température on a opéré, pour que l'on sache à quoi s'en tenir.

S'il s'agit d'analyser un bois on le râpe ; si c'est une tourbe, on la découpe ou on la hâche le plus finement possible.

DOSAGE DES PRODUITS BITUMINEUX.

Ce dosage s'exécute sur les houilles grasses : A cet effet, la prise d'essai qui a été desséchée à 120° peut très-bien servir, et on l'épuise par l'alcool ou l'éther, ou le sulfide carbonique, ou surtout par le chloroforme, dont l'action dissolvante sur les bitumes est la plus nette ; il enlève aux houilles des produits huileux, dont l'odeur rappelle l'esprit de bois, et qui n'existent qu'en petite quantité (Marsilly et Delesse) ; le sulfide carbonique dissoudra le soufre libre, s'il y en a. En soumettant ensuite la solution à l'évaporation spontanée ou dans le vide, on obtiendra pour résidu les matières bitumineuses, ou le soufre, qu'on pèsera, et en repèsant le restant du combustible on aura un contrôle.

DOSAGE DES PRODUITS VOLATILISABLES PAR LA CHALEUR ET DU COKE.

Ces déterminations se font en chauffant 10 ou 20 gr. de houille en grains dans un creuset de platine : celui-ci bien propre, et desséché à chaud avec son couvercle, est taré, puis on y pèse la houille, on remet son couvercle, on l'introduit dans un second creuset de terre réfractaire, qu'on ferme également et qu'on chauffe très-rapidement au rouge, afin que les premiers carbures hydriques n'y restent pas assez de temps pour se décomposer et y déposer leur carbone, d'où erreur ; c'est pour empêcher que les vapeurs n'entraînent de la poudre du combustible qu'on emploie celui-ci en grains.

Quand il ne se dégage plus rien, on laisse refroidir les creusets sans les découvrir, et lorsqu'on peut les prendre avec la main, on en sépare celui de platine, que l'on essuie bien avec du papier à filtre et on le reporte sur la balance : la diminution de poids indique la quantité des produits volatilisables et le restant représente le poids du coke.

DOSAGE DES CENDRES.

Le coke étant réduit en poudre très-fine, puis repesé (pour connaître la quantité sur laquelle on opère), est mis dans une capsule de platine ou de porcelaine très-mince et chauffé dans un moufle jusqu'à ce qu'il ne se brûle plus rien, malgré l'agitation et l'élévation de la température. Alors on retire la capsule, on la couvre aussitôt, et on la pèse lorsqu'on peut la prendre en main ; si la capsule a été tarée, on connaît directement le poids des cendres.

DÉTERMINATION DES GAZ, DES LIQUIDES, DU COKE ET DES CENDRES.

Si l'on veut employer la houille à la fabrication du gaz d'éclairage et du coke, on en chauffe une assez forte quantité en grains dans une cornue de grès fin, ou mieux de porcelaine, à laquelle on adapte un récipient, et à celui-ci un tube de dégagement qui débouche sous une grande éprouvette graduée remplie de mercure : en chauffant rapidement et jusqu'à cessation de toute distillation, il ne reste que le coke dans la cornue.

Après le refroidissement de celle-ci, on la brise, on en enlève complétement le coke, même celui qui y adhère, et on le pèse ; on pèse de même le récipient et son contenu, puis on le vide, et en le repesant propre et desséché, on connaît le poids des liquides distillés ; enfin les gaz étant mesurés, puis ramenés à la température et à la pression ordinaires sont notés, ou déduits par différence.

Pour connaître le poids des cendres, on chauffera une certaine quantité du coke pulvérisé dans un moufle, et en procédant comme il vient d'être indiqué ; ensuite on comparera les rendements de coke et de cendres obtenus dans ces deux opérations différentes, et l'on constatera, bien probablement, que le rendement en coke sera supérieur dans la seconde, parce qu'on n'aura pu chauffer la cornue aussi fortement qu'on avait chauffé le creuset dans la première. On indiquera dans le procès-verbal si le coke est fritté, boursouflé, ou mamelonné, et si les cendres sont blanchâtres ou rougeâtres, parce que plus leur couleur est claire, plus le combustible contient du calcaire ou des matières de nature terreuse, plus elle est rouge, plus il contient de la pyrite, ce qui est important à connaître. On fait aussi quelque fois l'analyse des cendres, afin de savoir comment se comporte le combustible pendant la combustion, ainsi que la nature et la quantité du résidu qu'il laisse ; ce qui permettra de remédier à sa combustion si elle est incomplète.

Dosage du soufre. — On peut le doser exactement en traitant la prise d'essai par la voie sèche ou par la voie humide.

Par la voie sèche : 1° en ajoutant la prise d'essai bien divisée à un mélange préalablement fondu et refroidi, de potasse caustique et de la huitième partie de son poids d'azotate potassique, et fondant dans une capsule d'argent jusqu'à ce que la masse soit tout-à-fait blanche. Alors on laisse refroidir, on dissout la masse dans de l'eau, on acidule par du chloride hydrique, puis on précipite par du chlorure barytique, et on achève comme on sait.

2° En chauffant le combustible avec un mélange de carbonate sodique et de chlorate potassique anhydres dans un tube à combustion de 45 centimètres de longueur, puis reprenant la masse fondue par de l'eau, et etc. (*Kolbe.*)

3° Ou encore en chauffant la prise d'essai dans un tube à combustion avec un mélange de chrômate potassique neutre et de carbonate sodique anhydres, puis traitant la masse fondue et dissoute dans de l'eau par un excès de chloride hydrique, de l'alcool et la chaleur, afin de ramener l'acide chrômique à l'état d'oxyde, qui se précipite et qu'on filtre; après cela, on précipite l'acide sulfurique comme plus haut (*Debus*). Les procédés suivants de la voie humide sont plus simples :

1° On peut délayer le combustible dans une solution de potasse et y faire arriver un courant de chlore, qui donnera lieu à du sulfate potassique, dont on dosera ensuite l'acide sulfurique.

2° D'après *Carius*, on chauffe la prise d'essai avec un excès d'acide nitrique (jusqu'à 60 parties) dans un tube de verre fort et scellé : tout le soufre se transforme en acide sulfurique, qu'on dose ensuite.

3° Enfin, on peut encore doser le soufre par les procédés que nous avons décrits page 336, et surtout en traitant la matière par de l'acide chlorhydrique saturé de brôme, et etc.

Dosage du phosphore et de l'arsenic. — Nous renvoyons également aux procédés qui concernent ces corps.

DÉTERMINATION CHIMIQUE DU POUVOIR CALORIFIQUE DES COMBUSTIBLES, D'APRÈS LA MÉTHODE DE BERTHIER.

Un gramme du combustible desséché et finement pulvérisé est mélangé avec 40 à 50 gr. de litharge très-fine, et le mélange introduit dans un creuset de grès; on met encore par-dessus de 20 à 25 de litharge, on ferme le creuset et on le place dans un moufle chauffé au rouge :

tout le carbone du combustible brûle aux dépens de l'oxygène de l'oxyde plombique, et réduit par conséquent une quantité correspondante de plomb. Après trois quarts d'heure de chauffe à une heure au plus, lorsque la litharge est bien liquéfiée, on retire le creuset, on le laisse refroidir, puis on le fend longitudinalement pour en enlever tout le plomb, qu'on débarrasse de la litharge et qu'on pèse; comme une partie de carbone pur réduit, en moyenne, 34 parties de plomb, le charbon ordinaire cru 28 et le coke 23, il en résulte qu'une partie de plomb correspond pour le carbone à $\dfrac{7800}{34}$ (calories), c'est-à-dire à 230 calories.

La détermination chimique du pouvoir calorifique des combustibles n'est qu'approximative, et par conséquent à exécuter seulement pour des expériences comparatives.

ANALYSE DES GAZ.

Ayant exposé, dans le *Traité d'analyse qualitative*, la méthode générale d'analyse pneumatique, c'est-à-dire les diverses manières de recueillir les gaz et les différents réactifs à employer pour les séparer et les caractériser, nous pourrions nous contenter de renvoyer à l'ouvrage spécial de *Bunsen*, intitulé *Méthodes Gazométriques*, pour ce qui concerne leur analyse quantitative.

Mais depuis que ce livre a été publié, l'analyse pneumatique aussi a fait des progrès, et on a reconnu qu'un mélange de carbures hydriques dont la nature est inconnue, ou le nombre supérieur à trois, met en défaut les méthodes eudiométriques ordinaires: les résultats obtenus dans ce cas ne fournissent que des indications imparfaites, parce que les suppositions admises par rapport à la nature des divers carbures ne sont pas conformes à la réalité ; le problème est indéterminé. «Bien plus, dit *Berthelot* (1), il

---

(1) *Annales de Chimie et de Physique*, 3me série, tome 51, page 60.

existe tel mélange de deux gaz qui peut fournir exactement les mêmes résultats eudiométriques qu'un mélange de deux autres gaz ou même qu'un gaz unique : le *propylène* analysé par combustion fournit les mêmes résultats qu'un mélange à volumes égaux de gaz *oléfiant* et de *butylène*, car ils renferment les mêmes éléments dans les mêmes proportions et sous le même volume. »

D'après cela, on doit recourir à des procédés spéciaux pour l'analyse des gaz carbonés, notamment pour celui de l'éclairage, qui est le plus compliqué et le plus important.

Ceux que M. *Berthelot* propose, ont pour objet non seulement d'absorber un ou plusieurs des gaz contenus dans un mélange, mais encore de constater la composition précise des gaz absorbés. Les dissolvants à employer ne doivent céder au mélange qu'on analyse aucun nouveau gaz qu'on ne pourrait en séparer par des dissolvants ultérieurs (ce que fait l'acide sulfurique fumant, qui cède de l'acide sulfureux) ; autant que possible, qu'ils n'agissent que sur un gaz à la fois, pour former avec lui un composé bien défini : ainsi le Brome agit sur le gaz oléfiant pour former la liqueur des hollandais bromée ; que ceux qui ne forment pas de composé défini, dissolvent au moins un gaz et qu'ils le laissent dégager ensuite par l'ébullition, afin d'en permettre l'analyse directe. Cela étant admis, voici, en résumé, la manière de procéder de M. *Berthelot* à l'analyse du gaz de l'éclairage (1) ; elle repose sur l'emploi du Brome, de l'acide sulfurique bouilli (c'est-à-dire l'acide sulfurique ordinaire, concentré au maximum par l'ébullition) et de l'acide nitrique fumant : Il distingue d'abord les divers gaz qui peuvent se rencontrer dans le cas présent en *Accessoires* et *Hydrocarbonés*.

(1) Exposée dans le Bulletin de la Société chimique de Paris, tome 27, page 155, de 1877.

I. — COMPOSÉS ACCESSOIRES.

Vapeur d'eau, Ammoniaque, sulfide hydrique, acide carbonique, oxygène, sulfide carbonique et Azote.

La *vapeur d'eau* est séparée et déterminée au moyen du chlorure calcique sec.

L'*Ammoniaque*, qui ne peut y exister qu'en petite quantité, vu que le gaz d'éclairage passe d'abord dans de l'eau, est dosée en faisant passer un certain volume du gaz à travers de l'acide sulfurique étendu et titré, ainsi que nous l'avons indiqué au procédé Peligot.

Le sulfide hydrique et *l'acide carbonique* peuvent être absorbés simultanément par la potasse ou successivement par le sulfide cuivrique et par la potasse; suivant ce que nous savons déjà, on mesure le gaz avant et après ces absorptions.

L'oxygène est dosé par le Pyrogallate potassique basique ou par le Phosphore.

Le sulfide carbonique, bien qu'existant en petite quantité dans le gaz d'éclairage, apporte de la perturbation dans les analyses par combustion. La potasse l'absorbe très-lentement, mais on le sépare aisément, ainsi que l'oxy-sulfure de carbone qui l'accompagne, au moyen d'un morceau de potasse trempé un instant dans de l'alcool; s'il reste de la vapeur d'alcool dans le réservoir à gaz, il faut l'enlever complétement avec du chlorure calcique sec et par un contact suffisamment prolongé.

L'Azote reste, comme après une analyse par combustion, et on le mesure.

II. — COMPOSÉS HYDROCARBONÉS.

Carbures éthyléniques et acétyléniques renfermant plus de quatre équivalents de carbone.

Le gaz sec privé des précédents et de la vapeur d'eau, est traité sur le mercure, par un vingtième de son volume d'acide sulfurique bouilli, qui absorbe ou condense les carbures éthyléniques et acétyléniques. Ceux qui renferment plus de quatre équivalents de carbone, c'est-à-dire le propylène, l'allylène, le butylène, le crotonylène, le diacétylène, l'amylène, le valérilène, l'hexylène, etc., sont immédiatement séparés du mélange gazeux, soit à l'état de combinaison éthéroso-sulfurique, soit à l'état de polymère (quelque peu de l'acétylène est aussi modifié) ; au bout *d'une minute* d'agitation, on mesure la diminution du volume. Il est nécessaire de vérifier si le gaz (transvasé dans une autre éprouvette) ne contient pas d'acide sulfureux, ce qui peut arriver avec un gaz très-riche en carbures de cette espèce ; dans ce cas, on absorbe l'acide sulfureux par la potasse solide, légèrement humectée.

Si l'on désire connaître la composition moyenne des gaz absorbés par l'acide sulfurique bouilli, on fait l'analyse par combustion du mélange gazeux, avant et après cette absorption, et la différence entre les deux systèmes d'équations eudiométriques donne la composition du gaz absorbé.

Quant à leur composition, elle ne peut être étudiée, dit M. Berthelot, que sur des masses considérables et en employant des épreuves analogues à celles décrites sur la synthèse des carbures hydriques et sur le gaz d'éclairage (*Annales de chimie et de Physique,* 3me série, t. 53, p. 161. — *Bulletin de la S. Ch.,* t. 26, p. 07).

Ethylène et *Acétylène.* — On prend le gaz, traité pendant *une minute* seulement par l'acide sulfurique bouilli, on l'introduit dans un petit flacon sec et bouché à l'émeri avec un dixième de son volume d'acide sulfurique bouilli, et on agite *constamment le tout pendant trois quarts d'heure* ; au bout de ce temps, l'éthylène et l'acétylène ont disparu, et on mesure le résidu.

L'existence de l'acétylène doit être vérifiée à l'avance, par une épreuve spéciale, et sa proportion relative peu être évaluée approximativement par l'emploi méthodique du chlorure cuivreux ammoniacal, c'est-à-dire jusqu'à ce que le gaz ne le précipite plus en rouge.

Comme contrôle, on peut faire l'analyse par combustion, avant et après l'absorption des deux gaz précédents, et retrancher le second système d'équations eudiométriques du premier.

Benzine et analogues. — Tous les carbures éthyléniques et acétyléniques étant éliminés, on transporte le restant du gaz sur l'eau ; on le mesure, en tenant compte de la tension de la vapeur d'eau, puis on le fait passer lentement à travers l'acide Nitrique fumant, qui transforme la Benzine en nitrobenzine, qu'on précipite par l'eau et qu'on pèse.

Comme contrôle de ces divers essais, on fait agir le brome sur une partie du gaz (privé d'acide carbonique et de sulfide hydrique), et l'absorption qu'il produit au bout de quelques minutes de réaction, doit être la somme de celles relatives aux carbures éthyléniques, acétyléniques, à la benzine et au sulfure de carbone.

Oxyde de carbone. — Le résidu final de la réaction prolongée de l'acide sulfurique ou du brome est traité par le chlorure cuivreux acide, à deux reprises successives, en employant chaque fois un volume du réactif liquide égal à la moitié du volume du gaz ; ce qui dissout la totalité de l'oxyde de carbone, ou plus exactement, ce qui n'en laisse pas dans le gaz une dose supérieure à la centième partie de la proportion primitive (d'après les lois relatives aux dissolvants proprement dits, confirmées dans le cas spécial de l'oxyde carbonique par des expériences directes). On sépare le résidu gazeux, on le prive de la vapeur chlorhydrique et de l'eau par la potasse solide, et on le mesure de nouveau : on obtient ainsi le volume de l'oxyde carbonique ; on analyse ensuite le résidu par combustion, ce qui donne le rapport des deux éléments dans un mélange d'hydrogène et de carbures forméniques.

Si l'on se proposait de distinguer ces derniers les uns des autres, il faudrait recourir à l'emploi méthodique des dissolvants ; mais ce procédé n'est applicable qu'aux gaz très-riches en carbures forméniques et dont on possède un grande quantité. Une condition essentielle de la réussite de ce procédé est que le mélange gazeux, qui renferme les vapeurs de divers carbures forméniques et Benzéniques, *ne doit pas être saturé* par aucune d'elles, *ni susceptible de le devenir* après la diminution de volume produite par un réactif absorbant, autrement l'action des absorbants déterminerait la condensation partielle de la vapeur hydrocarbonée, ce qui troublerait les résultats.

Depuis la publication des travaux de M. Berthelot sur l'analyse du gaz d'éclairage au moyen d'absorbants, M. Schobig a fait savoir (en 1877) qu'une solution de permanganate potassique, placée dans un flacon laveur, sur une hauteur de 10 centimètres, retient complétement les carbures hydriques du gaz d'éclairage qu'on y fait passer, à tel point que ce qui en sort est exempt de carbone.

MM. Varenne et Hebré ont constaté plus récemment qu'une solution de 100 p. de bichromate potassique dans 1000 d'eau et additionnée de 50 d'acide sulfurique ordinaire, agit de même sous une pression de 20 centimètres.

Il est bien entendu qu'au sortir de ces liquides absorbants, le gaz doit être lavé parfaitement à la potasse d'abord, ensuite à l'eau, et puis desséché.

Enfin, nous recommandons, en terminant cet ouvrage, les procédés de MM. Dumas, Boussingault, Régnault, Bunsen et Lévy pour analyser les gaz.

FIN.

TABLE DES MATIÈRES.

	Pages.
Préface	III
Introduction.	1
Divisions de l'Analyse quantitative.	4
Chapitre premier. — Essais par la voie sèche. — Réactifs.	7
Chapitre deuxième. — Essais par la voie mécanique.	35
Chapitre troisième. — Essais par la voie humide.	36
Analyse quantitative par la voie humide	37
Calcul des moyennes.	47
Analyses volumétriques ou par liqueurs titrées.	51
Chapitre quatrième. — Séparation et dosage des oxydes.	57
PREMIER GROUPE : Potassium, Sodium, Ammonium, Cæsium, Rubidium et Lithium	58
Essais des Potasses, des Soudes et de l'Ammoniaque.	67
DEUXIÈME GROUPE : Barium, Strontium, Calcium, Magnésium.	78
TROISIÈME GROUPE : Aluminium, Gallium, Glucium, Yttrium, Cérium, Chrome, Tantale, Thorium, Erbium, Lanthane, Zirconium, Didyme, Titane et Niobium.	87
QUATRIÈME GROUPE : Fer, Manganèse, Zinc, Nickel, Cobalt, Indium, Uranium et Vanadium	93
Docimasie du fer	93
Essai par la voie sèche. — Rédaction du procès-verbal. —	95
Essais des produits d'usines.	111
Dosage du fer par la voie humide.	115
Analyse proprement dite.	118
Séparation des oxydes Ferrique, Aluminique, Manganique, Calcique et Magnésique	121
Dosage des oxydes ferreux et ferrique.	131
Analyse de la Fonte	139

Pages.

Dosage du fer par la voie volumétrique   147
Essais des Manganèses   152
Docimasie du zinc.   157
Dosage du zinc par la voie humide.   159
    Idem.   par la voie volumétrique.   167
Docimasie du Nickel   170
Dosage par la voie humide . . . . , .   173
Dosage du cobalt . . . . , ·   179
Dosage de l'Indium.   183
Dosage de l'Uranium   184
Dosage du Vanadium.   185
CINQUIÈME GROUPE.   187
Docimasie du cadmium . . . , , ...   187
Dosage par la voie humide   187
Docimasie du Bismuth   189
Analyse du Bismuth par la voie humide . ·   192
Docimasie du cuivre   200
Analyse du cuivre par la voie humide.   207
Docimasie du Mercure.   226
Analyse du Mercure par la voie humide   230
Docimasie du Plomb   237
Analyse du Plomb par la voie humide.   244
Analyse du Thallium   257
Docimasie de l'Argent.   257
Analyse de l'Argent par la voie humide   270
SIXIÈME GROUPE.   283
Docimasie de l'Etain   284
Analyse de l'Etain par la voie humide.   288
Docimasie de l'Antimoine   303
Analyse de l'Antimoine par la voie humide   305
Docimasie de l'or   312
Analyse de l'or par la voie humide.   318
Docimasie du Platine.   325
Analyse du Platine par la voie humide   327
Dosage du Molybdène et du Tungstène   329
Chapitre cinquième. — Séparation et dosage des corps
    Electro-Négatifs.   330

Pages.

Dosage de l'Eau 330

PREMIER GROUPE DES ACIDES : de l'Antimoine, du Chrome, du Manganèse, de l'Etain, du Tungstène, du Titane et du Vanadium. 332

DEUXIÈME GROUPE : Acides du soufre, du sélénium, du Tellure, du Phosphore, de l'Arsenic, du Bore, du Fluor, du Carbone et du Silicium. 332

Dosage du soufre 332

Dosage par la voie volumétrique. 338

Dosage par la sulfhydrométrie 338

Dosage par la Chlorométrie renversée. 340

Dosage du Sélénium 340

Dosage du Tellure. 341

Dosage du Phosphore. 341

Dosage de l'Arsenic 349

Séparation de l'Arsenic d'avec l'Antimoine et l'Etain . . . 352

Dosage du Bore. 355

Dosage du Fluor 356

Dosage du carbone. 358

Dosage de l'acide Carbonique, de l'Eau, du Sulfide hydrique et du Chloride hydrique 365

Analyse du calcaire 366

Dosage du Silicium 366

Analyse des Argiles 370

TROISIÈME GROUPE : Chlore, Brome, Iode, Cyanogène . . . 373

Dosage du chlore 373

Chlorométrie 380

Dosage du Brôme 382

Dosage de l'Iode 384

Dosage du Chlore, du Brome et de l'Iode réunis. 387

Dosage du cyanogène. 389

TROISIÈME GROUPE : Azote et ses acides 393

Dosage de l'Azote 393

Dosage de l'Azote contenu dans la fonte 394

Dosage de l'Acide Nitrique libre 395

»   »   »   combiné   396

Dosage de l'acide Nitreux 398

Pages.

Chapitre sixième. — Analyse des eaux, des combustibles
et des gaz. . . . . , . 399
Analyse quantitative des Eaux 399
Analyse des combustibles. 407
Analyse des Gaz 414

Erratum.

Page 18, ligne 13ᵉ, au lieu de très-réfractère, lisez très-réfractaire.